高职高专食品类专业"十三五"规划教材

食品感官评定

SHIPIN GANGUAN PINGDING

●主编　徐明磊　张旭伟

郑州大学出版社

郑　州

内容提要

本书系统阐述了食品感官评定的概念、研究内容、发展史及未来趋势；详细介绍了食品的感官特性、人体感官的基础知识及感官体验的度量；重点分析了食品感评价员的选拔与培训、食品感官评定实验室的结构和特点、评定样品的制备和呈送及食品感官评定实验的组织与管理；依据实例介绍了食品感官评定中的差别检验、描述性检验和情感检验；选择生活中常见食品为例进行感官评定及鉴别的实践等内容。

本书可作为高职院校食品学科和相关学科感官评定课程的教科书，也可供食品专业技术人员、管理人员和科研人员的感官评定工作的参考资料。

图书在版编目（CIP）数据

食品感官评定/徐明磊，张旭伟主编. —郑州：郑州大学出版社，2018.11

ISBN 978-7-5645-5480-4

Ⅰ.①食…　Ⅱ.①徐…②张…　Ⅲ.①食品感官评价　Ⅳ.①TS207.3

中国版本图书馆 CIP 数据核字（2018）第 104507 号

郑州大学出版社出版发行

郑州市大学路 40 号　　　　　　　　　邮政编码：450052

出版人：张功员　　　　　　　　　　　发行部电话：0371-66966070

全国新华书店经销

河南龙华印务有限公司印制

开本：787 mm×1 092 mm　1/16

印张：16

字数：382 千字

版次：2018 年 11 月第 1 版　　　　　　印次：2018 年 11 月第 1 次印刷

书号：ISBN 978-7-5645-5480-4　　　　定价：36.00 元

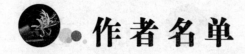# 作者名单

主　　编　徐明磊　张旭伟

副 主 编　刘　兵　罗双群　孟宇竹

参　　编　（按拼音排序）

韩二芳　何　丹　刘　兵

罗双群　孟宇竹　徐明磊

于瑞洪　张雯雯　张旭伟

前　言

随着食品工业的发展,食品感官评定日益受到食品生产企业、科研院所的重视。在日常生活中,食品感官评定也是评定食品质量、鉴别食品真伪、维护食品安全的重要手段之一。食品感官评定作为一门新兴学科,是随着食品科学、检验学、现代生理学、心理学、统计学等多门学科的发展而逐步发展、完善起来的。目前食品感官评定已在食品、化工等行业得到了广泛应用。

食品感官评定为食品新产品开发、产品改进、市场预测、质量控制等提供了科学支持。通过食品感官评定,不仅可以确定商品的价值及可接受性,而且可以得到商品的最佳性价比。食品感官评定不但在仪器的定位和评估中具有重要作用,在其他领域也有应用。本书针对课程特点,在系统介绍基本理论知识的同时,将理论知识和实践有机结合,引用大量食品生产实例,充分体现了实用性与技术性的统一。

本书由河南质量工程职业学院的徐明磊和张旭伟担任主编。具体编写分工如下:第1章、附录2由徐明磊(河南质量工程职业学院)编写,第2章由刘兵(商丘职业技术学院)编写,第3章3.1和第7章由罗双群(漯河食品职业学院)编写,第3章3.2~3.3和第4章由于瑞洪(黑龙江生物科技职业学院)编写,第5章、第6章由孟宇竹(河南质量工程职业学院)编写,第8章和第9章9.10~9.12由何丹(辽宁农业职业技术学院)编写,第9章9.1~9.5由张旭伟(河南质量工程职业学院)编写,第9章9.6~9.9由韩二芳(河南农业职业学院)编写,附录1由张雯雯(河南质量工程职业学院)编写。全书由河南质量工程职业学院的徐明磊和张旭伟统稿。

在本书编写过程中得到了许多专家同行的热心帮助和指导,同时得到了郑州大学出版社的大力支持,在此深表感谢!

由于编者水平有限,书中可能尚有不妥之处,敬请提出中肯意见,更希望与我们进行探讨与交流,促进本书、本学科的发展。

编　者
2017 年 11 月

目 录

1

附录1 食品感官评定实验

附录2 统计分析相关参数表

参考文献

第1章
绪论

1.1 食品感官评定概述

1.1.1 食品感官评定的定义

感官即感觉器官,由感觉细胞或一组对外界刺激有反应的细胞组成,这些细胞获得刺激后,能将这些刺激信号通过神经传导到大脑,从而形成感觉。食品感官评定就是凭借人体本身的感觉器官(眼、鼻、口、手等)对食品的质量状况做出客观的评定,对食品的色、香、味和外观形态进行全面的评定过程。

目前被广泛接受和认可的食品感官评定定义源于1975年美国食品科学技术专家学会的说法:食品感官评定是通过视觉、嗅觉、味觉和听觉感知用于唤起、测量、分析和解释食品的特征或者性质的一门学科。这个定义将感官评定限定在食品范围内,到1993年美国的Stone和Sidel将这个定义稍做了一些改动,将研究对象从食品扩展到了产品,这个产品可以是洗涤用品、化妆用品以及其他工业用品。在本书中侧重食品的感官评定。

1.1.2 食品感官评定的具体活动

食品的感官评定是根据人的感觉器官对食品的各种质量特征的感觉,如味觉、嗅觉、视觉、听觉等用语言、文字、符号或数据进行记录,再运用概率统计原理进行统计分析,从而得出结论,对食品的色、香、味、形、质地、口感等各项指标做出评定的方法。食品感官评定常包括四种活动:组织、测量、分析和结论。

(1)组织。包括评定员的筛选和培训、评定程序的建立、评定方法的设计和评定实验室的设置和样品的准备。其目的在于感官评定过程中,在一定控制条件下制备和处理样品,在规定的程序下进行实验操作,在科学规范的环境下进行评定,从而使各种误差和外部因素对结果的影响降到最低。

在食品感官评定中,准备样品和评定样品都要在一定的控制条件下进行,以最大限度地降低外界因素的干扰。例如,感官评定者通常应在单独的品尝室中进行品尝或检验,这样他们得出的结论就更为客观真实,不会受周围其他人或物的影响,被检测的样品也要进行随机编号,这样才能保证检验人员得出的结论是来自于他们自身的体验,而不受编号的影响。另外要做到使样品以随机的顺序提供给受试者,以平衡或抵消由于一个接一个检验样品而产生的连续效应。因此,在感官评定中要建立标准的操作程序,包括样品的温度、体积和样品呈送的时间间隔等,这样才能减少误差,提高测试的精确度和科学性。

(2)测量。测量既是评定员通过视觉、嗅觉、味觉、听觉和触觉的感官活动反映食品的感官特性,并转化为直观的且可以进行统计分析的数据,在产品性质和人的感知之间建立一种联系,从而表达产品的定性、定量关系。例如,可以参照一定的标准给食品的某一感官特性打出数值分数;可以通过受试者的反应,估计出某种产品的微小变化能够被分辨出来的概率,或者推测出一组受试者中喜爱某种产品的人数比例。

(3)分析。分析是对食品感官评定中获得的测量数据进行数学统计上的处理。感官评定中人被作为测量的工具,而参与者的情绪、动机、经历、对类似产品的熟悉程度、感官刺激先天的生理敏感性等因素会造成评定人员测量的不稳定性。如不同人员之间的偏差、人员在不同评定批次之间的偏差等。而通过这些人得到的数据通常具有不一致性,造成人对同一事物的反映的不同,为了提高感官评定的科学性和真实性,我们用统计学来对数据进行分析,只有这样才能在各种影响因素都被考虑到的情况下得到合理的结论。采用统计学的方法对来自评定员的数据进行分析统计,它是感官分析过程的重要部分,可借助计算机和优良软件完成。

(4)解释。感官评定的目的不仅是得到一些数据,还需要对这些数据进行合理解释并指导感官评定、食品生产或研究活动。包括感官评定实验所采用方法的局限性和可靠性等,并能够根据数据对实验提出相应的合理措施。感官评定人员或组织方应该最清楚如何对结果进行合理的解释、得到一定的结论以及所得到的结果对于生产实际的意义和作用。

作为一名感官评定人员或组织人员必须接受此定义中所涉及的所有四个阶段的训练,必须了解评定对象和测量仪器的人,以及统计分析和研究过程中的数据解释。

1.1.3 食品感官评定的特点

食品感官评定是利用人来评判食品的感官特性,并对结果进行分析和解释的过程,这决定了食品感官评定具有如下特点:

(1)食品感官评定具有很强的实用性、很高的灵敏度,且操作简便,省时省钱。

(2)食品感官评定实验均由不同类别的感官评定小组承担,实验的最终结论是评定小组中评定员各自分析结果的综合,在食品感官评定中,并不看重个人的结论如何,而是注重于评定小组的综合结论。

(3)食品感官评定是多学科交叉的应用学科,涉及实验学、心理学、生理学、统计学及食品科学等知识。

(4)影响食品感官评定结果可靠性的因素很多,如评定员的经验与状态、实验材料与容器、评定环境、评定方法、评定的内容以及结果分析所用的统计分析方法等,常常干扰评定结论的准确性和科学性。

由于食品感官评定是基于人的感官判定的一门科学,而人的感官状态又常受环境、感情等因素的影响,造成个人判断的不稳定。基于以上特点,食品感官科学还不完善,还有很大的发展空间。

1.2　食品感官评定的作用和意义

（1）食品感官评定是检验产品是否被消费者认可和接受的最终手段。多数消费者习惯上凭感官特性来决定商品的取舍。一个产品是否成功最终取决于市场销量和消费者接受度，消费者乐意接受并愿意购买也是食品企业一直追求的目标。情感实验是评定食品被消费者接受情况和消费者对食品偏爱性的重要方法。

（2）食品感官评定是食品和农产品质量分级的重要依据。食品和农产品因为原材料、生产工艺、生长环境、管理水平等原因造成质量的不同层次分布，而不同质量层次的产品在感官特性上有不同的表现。

（3）食品感官评定是避免食品安全事件发生的重要且常用的手段。食品中混有杂质、异物，发生霉变、分解、沉淀等不良变化，造成感官性状上灵敏的变化，通常会被人们的感官直观地评定出来。尤其重要的是，当食品的感官性状只发生微小变化，甚至这种变化轻微到有些仪器都难以准确发现。在食品的质量标准和卫生标准中，第一项内容一般都是感官指标，通过这些指标不仅能够直接对食品的感官性状做出判断，而且还能够据此提出必要的理化和微生物检验项目。因此，在食品检验中，感官评定具有一票否决的地位。

（4）食品感官评定是新产品研制的技术保障。每年食品的新产品、新种类不断推陈出新，新产品的研制即食品的营养和感官特性（色、香、味、形）的新组合。食品感官评定可以探究它们感官性质之间的相互作用，并反馈至工艺流程。

（5）食品感官评定可以降低生产成本、提高经济效益。通过感官评定可以合理选择原材料、优化生产工艺、科学确定保质期等，在保证产品质量的前提下，科学地降低生产成本，提高了企业的经济效益。

（6）食品感官评定是研究食品风味形成机理的重要手段。一些天然食品和传统食品有着独到的风味特征，理化方法可以分析其化学组成，但是很难重复风味特性。理化分析结合感官评定，便于研究食品风味特性的物质基础及形成机理。

食品感官评定不仅实用性强、灵敏度高、结果可靠，而且还解决了一般理化分析所不能解决的复杂生理感受问题。食品感官评定在世界许多发达国家已普遍采用，是从事食品生产、营销管理、产品开发以及广大消费者所必须掌握的一门知识。

1.3　食品感官评定的发展

人们利用感官来评定食品是人类和动物的最原始、最实用的择食本能，人们每天都在自觉不自觉地做着每一件食品的感官评定。对于广大消费者，甚至包括儿童，感官评定也是选择食品或其他商品的基本手段。直至今天，随着食品感官理论的发展和现代多学科交叉手段的运用，食品感官学科形成了一套完整的科学体系，成为现代食品科学中最具特色的学科，并以其理论性、实践性及技能性并重的特点，成为现代食品科学技术及食品产业发展的重要基础。

1.3.1　经验总结阶段

在人类的发展历史中,一直有着食品感官评定的陪伴和发展。这个阶段食品感官评定主要依赖一些人士或工匠的生活、生产经验的积累与传承,比如感官评价香水、香料、咖啡、茶、酒类等产品的历史源远流长。据此出现了相关的两个人群:美食家和技艺工匠。美食家是指善于品评食物,善于对美食从色、香、味、形方面提出专业独到的见解,以快乐的人生态度对食品进行艺术赏析、美学品味。技艺工匠是存在于食品生产、烹饪作业一线的技术工人,凭借多年生产经验,总结出各类食品不同层次的感官评定标准和方法,创新出新的产品或新的款式。这个时期突出的特点是食品生产规模小,通常以小作坊的方式开展生产活动。

1.3.2　食品感官科学体系的建立

20 世纪 30 年,近代大型食品工业的出现和发展,使完全依赖具有多年经验的少量专家意见来判定,以师傅教徒弟方式培养专家的速度满足不了食品企业的需要,同时统计学的缺乏使得专家的意见逐步失去了代表性,更为重要的是这些专家的经验无法真正反映消费者的意见,食品生产企业开始关注食品感官评定的作用和研究。在 20 世纪四五十年代,美国由于军队的需要及食品工业的大发展促进了感官评定科学的迅速成长。Amerine 等(1965 年)在《食品感官评定原理》一书中对该学科作了全面的回顾,标志着食品感官评定真正作为一门科学而产生了。Stone 和 Sidel(1985 年)也出版了名为《感官评定实践》的教科书。随后有多部英文专著问世,使这门学科的内容日臻完善。

1.3.3　1940—1970 年食品感官评定的起飞发展

食品接受性的研究起始于第二次世界大战期间,营养学家调配高营养军用食品时忽视了食品接受性,导致食品风味差、难以下咽而受到排斥。因此在 1945—1962 年间位于芝加哥的美军食品与容器研究所进行了大量关于食品接受性的研究工作。当时学术界与企业界为应对食品研发与销售方面数据的需求,开始投入技术力量,研究了如何收集人们对物品的感官反应以及形成这些反应的生理基础,发展出了测量消费者对食品喜爱性及接受性的评分方法,如 7 分评分法与 9 分评分法等,并对差异检验法作了综合性整理与归纳,详细说明了比较法、三角法、稀释法、评分法、顺位法等感官评价方法的优劣,并在此基础上开始出现专家型品评员。

1.3.4　20 世纪 80 年代以来食品感官评定的蓬勃发展

到了 20 世纪 80 年代,感官评定技术开始蓬勃发展,越来越多的企业成立感官评定部门,建立品评小组,各大学成立研究部门并纳入高等教育课程,感官评定成为食品科学领域五大学科领域(食品化学、食品工程、食品微生物、食品加工、食品感官评定)之一,美国标准检验方法(ASTM)也制定了感官评定实施标准。

进入 21 世纪以来,感官科学与感官评定技术不断融合了其他领域的知识,包括如统计学家引入更新的统计方法及理念,如心理学家或消费行为学家开发出新的收集人类感官反应的方法及心理行为观念,如生理学家修正收集人类感官反应的方法等,通过逐步融合多学科知识,才发展成为今日之感官科学。在技术方面,则不断同新科技结合发展出了更准确、更快速或更方便的方法,如计算机自动化系统、气相层析嗅闻技术、时间-强度研究等。

1.4　食品感官评定的标准化建设

目前,食品感官评定已经成为产品质量体系的一个重要组成部分,作为感官标准直接纳入食品标准中,这也表明食品感官评定已经成为一门成熟的科学与技术,在食品质量检测和分析评定方面被广泛接受。

我国自 1988 年开始,相继制定和颁布了一系列感官评定方法的国家标准,包括:GB 10220 感官分析方法总论;GB/T 10221 感官分析 术语;GB 10221.1 感官分析术语 一般性术语;GB/T 16291 感官分析 专家的选拔、培训和管理导则;GB/T 15549 感官分析 方法学检测和识别气味方面评定员的入门和培训;GB/T 16290 感官分析 方法学 使用标度评定食品;GB/T 16860 感官分析方法 质地剖面检验;GB/T 16861 感官分析 通用多元分析方法鉴定和选择用于建立感官剖面的描述词;GB 12311 感官分析方法 三点检验;GB/T 13868 感官分析 建立感官分析实验室的一般导则;GB/T 14195 感官分析 选拔与培训感官分析优选评定员导则。

除以上国家标准外,还有许多企业和行业标准,以及具体食品的感官评定标准,加上许多食品标准都包含有感官标准的内容,感官评定已经渗透到食品标准化体系的方方面面。这些标准一般都是参照或采用相关的国际标准(ISO 系列),具有较高的权威性和可比性,对推进和规范我国的感官评定方法起了重要作用,也成为执行感官评定的法律法规依据。

我国的感官评定标准广泛应用于食品企业、教学与科研、质量监督检验等领域。食品企业利用感官评定标准通过对原材料检验、工序检验、储藏检验、市场调查、消费群体的偏爱、一种新产品的推出是否会受到更多消费者的喜欢等来实现对产品质量的控制。另外,感官分析技术因其方便快捷的优点,成为质量监督检验部门进行市场监督和质量检验、防止假冒伪劣产品、保护消费者合法权益的主要手段。

1.5　食品感官评定的主要方法及分类

目前常用于食品领域中的感官分析方法有数十种之多,按应用目的可分为两种类型:分析型和偏爱型。分析型的对象是产品,评定员作为仪器使用,希望知道产品具有哪些性质、强度、感官差异,评定员要进行筛选和培训。分析型包括描述分析、差别检验、时间强度评定及阈限值测定。偏爱型的分析对象是消费者,通过市场调查来了解消费者对产品的反应。

按方法的性质可分为区别检验法、描述分析法和情感检验法(表 1.1)。

表 1.1 感官评定方法分类

种类	核心问题	具体方法
区别检验法	产品之间是否存在差别	成对比较法、三点检验、二-三点检验、"A"-"非 A"检验、五中取二检验
描述分析法	产品的某项感官特性如何	风味剖面法、定量描述分析法
情感检验法	喜爱哪种产品或对产品的喜爱程度如何	快感检验

(1)区别检验法。区别检验法是最简单的感官评定方法。它出现于 20 世纪 40 年代,仅仅是试图回答 2 种类型的产品间是否存在不同,基于频率与比率的统计学原理,计算正确和错误的答案数。这类检验包括多种方法,如成对比较检验、三点检验、二-三点检验、"A-非 A"检验、五中取二检验等。典型的例子是三点检验法,最早在嘉士伯(Carlsberg)啤酒厂和 Seagrems 蒸馏酒厂使用。在啤酒厂中,其主要作为一种筛选评定啤酒品评员的方法,以确保他们有足够的辨别能力。这一类检验应用普遍的原因是数据分析简单,感官技术人员仅仅需要计算正确回答的数目,借助于该表格就可以得到一个简单的统计结论,从而可以简单而迅速地报告结果。

(2)描述分析法。描述分析主要是对产品的感官性质感知强度量化的检验方法,它包括两种方法。第一种方法是风味剖面法,主要依靠经过培训的评定小组。这一方法首先以小组成员进行全面培训以使他们能够分辨一种食品的所有风味特点,然后通过评定小组成员达成一致性意见形成对产品的风味和风味特征的描述词汇、风味强度、风味出现的顺序、余味和产品的整体印象。此方法发展于 20 世纪 40 年代后期的 Arthur D. Little 咨询集团,通过培训小组成员使他们分辨一种食品的所有风味特点,并且用一种简单的分类标度来表示这些特点的强度并排出顺序。风味剖面分析法经过发展,在 20 世纪 60 年代早期已经可以量化风味特征。如质地剖面分析法来表述食品的流变学和触觉特性以及咀嚼时随时间的变化。第二种方法称为定量描述分析法,也是首先对评定小组成员进行培训,确定了标准化的词汇以描述产品间的感官差异之后,小组成员对产品进行独立评定。在 20 世纪 70 年代早期的斯坦福研究院提出了定量描述分析法,以弥补风味剖面法的缺点,这一方法不仅对口感和质地甚至对食品的所有感官特性有更广泛的应用性。描述分析法已被证明是最全面、信息量最大的感官评定工具,它适用于表述各种产品的变化和食品开发中的研究问题。

(3)情感检验法。情感检验法主要是对产品的好恶程度量化,又称快感检验法。快感检验是选用某种产品的经常性消费者 75～150 名,在集中场所或感官评定较方便的场所进行该检验。20 世纪 40 年代末期美国陆军军需食品与容器研究所开发的快感准则是此类检验的一个历史性的里程碑。该方法对喜好度进行均衡的 9 点设计来进行感官评定。

最普通的快感标度是以下的 9 点快感标度,这也是已知的喜爱程度的标度。这一标度已得到广泛的普及。样品被分成单元后提供给评定小组(一段时间内一个产品),要求评定小组表明他们对产品标度上的快感反应。

样品编号×××

☐极端喜欢 ☐非常喜欢 ☐一般喜欢 ☐稍微喜欢 ☐既不喜欢,也不厌恶
☐稍微厌恶 ☐一般厌恶 ☐非常厌恶 ☐极端厌恶

1.6 食品感官评定与其他分析方法的关系

(1)食品感官评定与理化检验。食品的质量通常包括感官指标、理化指标和卫生指标。理化指标和卫生指标主要涉及产品质量的优劣和档次、安全性等问题。在判断食品质量时,感官指标往往具有否决性,即如果某一产品的感官指标不合格,则不必进行其他的理化分析与卫生检验,直接判该产品为不合格产品。在此种意义上,感官指标享有一定的优先权。另外,某些用感官感知的产品性状,目前尚无合适的仪器与理化分析方法可以替代感官评定,使感官评定成为判断优劣的唯一手段。感官数据可以定性地得到可靠结论,但定量方面,尤其是差异标度方面,往往不尽如人意。

(2)食品感官评定与仪器分析。由于感官评定是利用人的感觉器官进行的实验,而人的感官状态又常受环境、身体、感情等很多因素的影响,人们也一直在寻求用仪器测试的方法来代替人的感觉器官,以期将主观的定性化语言描述转化为客观的定量化表达,如电子舌、电子鼻、食品感官机器人的开发和应用,可使评定结果更趋科学、合理、公正。实际上,感官分析应当与理化分析、仪器测定互为补充、相互结合来应用,才可以对食品的特性进行更为准确的评定。

1.7 食品感官评定的学习任务和方法

通过本课程的学习,将掌握以下方面的知识和技能。

(1)了解食品感官评定的定义、发展历程、意义作用和未来发展趋势。

(2)掌握食品感官特性和人体感官的特点、影响因素及相互作用。

(3)熟练食品感官评定实验的准备工作,能够组织实验开展的人员、样品、实验室的规划和设计。

(4)掌握常用感官评定方法的操作和数据的分析处理,规范撰写检验报告。

(5)了解常见食品的感官评定标准和方法。

食品感官评定是多学科交叉的一门学科,其信息量丰富,有大量需要记忆和实践的内容。针对学科和知识的特点,建议采取以下学习方法。

(1)循序渐进的学习过程。根据学科知识结构,本书按照食品感官评定概述,食品感官特性,人体感官特点、评定技巧和影响因素,感官体验的度量,食品感官评定方法,常见食品的感官检验,由浅入深、先理论后实践的顺序编写。在理顺本课程的基本框架后,全面、系统、准确地掌握本书的基本内容,并且找出共性,抓住规律,便于系统地开展学习。

(2)注重与实践结合的学习方式。食品感官评定学科的特点决定了需要与实践紧密结合。通过感官分析可以解析食品本身的感官特性,为产品研发者、质量管理人员提供关于产品感官性质的重要而有价值的信息,解决一般理化分析所不能解决的复杂生理感

受问题。在学习食品感官评定理论知识的同时,必须注重实践操作练习的训练,使感官评定的理论知识得到巩固和加强,并培养客观地进行观察、比较、分析、综合和解决实际问题的能力,为今后从事探索性的研究工作打下基础。

（3）注重细节的严谨认真的学习态度。食品感官评定是实验操作性较强的学科,需要严格遵照实验操作规程进行相关的操作。在一些食品比如白酒、咖啡等商品的评定中,评定的对象即是感官方面的一些细微差异。

（4）换位思考的学习理念。食品感官评定的理论知识繁多,特别是检验方法部分相对枯燥。学习过程中可以假设以企业研发经理、销售经理等角色来思考知识点的意义和作用,使学习过程有着明确的目的性和驱动力。

利用感官评定可以认识市场趋势和消费者的消费取向,建立与消费者有关的数据库,为食品的研发提供数据支持。随着市场和消费者消费习惯的变化,以及食品行业竞争的加剧,我们有理由相信:感官评定技术在食品工业中的应用会越来越广泛,作用也越来越明显。

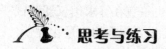 **思考与练习**

1. 食品感官评定的定义和主要活动是什么?
2. 食品感官评定如何分类? 不同类型的区别是什么?
3. 食品感官评定的特点是什么?
4. 感官评定与其他分析方法有什么关系?

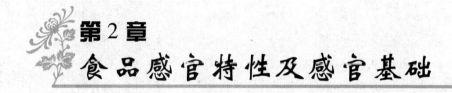

第2章　食品感官特性及感官基础

2.1　食品的感官特性

食品的感官特性,按照食用品评时的获取顺序是外观、气味、质地、风味、声音。在获取这些感官特性过程中,它们的大多数有重叠,即我们得到的是瞬间产生的许多感官特性的综合体,如果受试人没有接受过相关的训练,是不容易做到对每一种特性都能进行单独评价的。

2.1.1　外观

通常所指的食品外观包括以下几项。

(1)颜色是食品的主要表观特征之一,长期以来人们已经对食品的颜色有了固有的观念,因此颜色对人的影响不仅仅是视觉上的,而且赋予人们对食品品种、品质优劣、新鲜与否的联想。人们普遍喜爱鲜亮的颜色,因为鲜亮的颜色能够给予心灵的愉悦;看来不太鲜亮的颜色,一般印象不太好,因为这些颜色给人低沉与腐败的感觉。

人的心理和食感具有非常微妙和复杂的关系,即使味道很好的食品,如果色泽不正,往往可以使人索然无味或难以下咽。这些都是感觉转移所造成的心理判断。刺激食欲的颜色与喜好食品往往联系在一起。红苹果、橙蜜橘、粉红桃、嫩绿的蔬菜等,给人以好食感的色泽。同时一些腐败变质的食色也使人产生厌恶。即使同一种颜色,如果表现在不同的食品上,也会给人不同的感觉。

(2)大小和形状是指食品的长度、厚度、宽度、颗粒大小、几何形状(方的、圆的)等。大小和形状从一定意义上也可以说明产品质量的优劣。

(3)表面质地是指食品的表面的特性,比如,粗糙还是平滑,干燥还是湿润,软还是硬等。

(4)透明度指透明液体或固体的浑浊度以及肉眼可见的颗粒存在情况。比如,带果粒的果汁,果肉果冻中的果肉等。

(5)充气(CO_2)情况指充气饮料/酒类倾倒时的气泡度,可以通过专门的仪器(Zahm-Nagel测试仪)测试,测量的结果举例如表2.1。

表2.1　CO_2测量结果举例

充气的体积倍数[①]	充气的质量百分比[②]	产气程度	实例
<1.5	<0.27	没有	静止饮料
1.5~2.0	0.27~0.36	轻度	果味饮料
2.0~3.0	0.36~0.54	中度	啤酒,果汁
3.0~4.0	0.54~0.72	高度	香槟

注:①指与原来的体积相比;②指与原来的质量相比

2.1.2 气味

从食品中逸出的挥发性成分受食物的温度和食物本身的性质影响。此外,挥发性还受食物表面情况的影响:在一定温度下,从柔软、多孔、湿度大的表面逸出的挥发性成分要比从坚硬、平滑、干燥表面逸出的多。

还有许多食物的气味只有在食物切割时,发生酶促反应时才会产生,比如洋葱。气味分子必须通过介质才能运输,可以是空气、水蒸气或者工业气体,受试者感知的气味强度由进入其嗅觉接受系统中该气体的比例来决定。

2.1.3 质地

质地(或质构)原本用来表示织物的编织组织、材料构成等情况的概念,但随着对食品物性研究的深入,人们对食品从入口前到接触、咀嚼、吞咽时的印象,即对美味口感,需要有一个语言的表现,于是就借用了"质地"这一用语。质地包括黏稠性(同质的牛顿流体),均匀性(非牛顿流体或同质的液体和半固体)等。食品质地是与以下三方面感觉有关的物理性质:①用手或手指对食品的触摸感;②目视的外观感觉;③口腔摄入时的综合感觉,包括咀嚼时感到的软硬、黏稠、酥脆、滑爽感等。由此可见,食品的质地是其物理特性并可以通过人体感觉而得到感知。表2.2列出了食品的机械属性。

表2.2　食品的机械属性

机械属性	定义	描述
硬度	与强迫变形穿透所需要的力有关	坚硬(压缩)、硬(咬)
黏结性	样品变形的程度(未破裂)	黏着的、不易嚼碎的
黏附性	迫使样品从某表面移除	黏的(牙齿/上颚);黏的(牙缝)
密度	横截面的紧密度	稠密的、轻的/膨胀的
弹性	变形后恢复原来形状的比例	有弹性的

2.1.4 风味

风味作为食品、饮料、调味料的一项性质,是品尝过程中感知到的嗅感、味感和三叉神经感的复合感觉。它可能受触觉的、温度的、痛觉的和动觉效应的影响。

2.1.5 声音

某些食品断裂发出的声音可以为我们鉴定产品提供信息,因为这些声音和食品的硬度、紧密度、脆性等密切相关。比如,利用咀嚼苹果、土豆片的声音可以判断食品的新鲜程度;在美国,牛奶倒在麦片上发出的噼啪声长期以来,被美国经销商作为一个重要的销售策略。声音持续的时间也和产品的特性相关,比如强度、新鲜度、韧性、黏性等。食品常见的声音特性如表 2.3 所示。

表 2.3 食品的声音属性

声音属性	定义	描述
音调	声音的频率	松脆声
响度	声音的强度	嘎吱嘎吱声
持续性	声音的持续时间	尖利声

2.2 感觉概述

人类的感觉分成五种,即视觉、听觉、触觉、嗅觉和味觉。这五种基本感觉是由位于人体不同部位的感官受体,分别接受外界不同刺激而产生的。视觉是位于人眼中的视感受体接受外界不同的光波辐射刺激产生的;听觉是位于耳中的听感受体接受不同的声波的刺激产生的;触觉是遍布全身的触觉神经感受体接受不同的外界压力刺激产生的。这些刺激都是物理刺激,不发生化学变化,所以,视觉、听觉和触觉是由物理变化产生的,被称为物理感觉。化学物质引起的感觉不是化学物质本身会引起感觉,而是化学物质与感觉器官发生一定的化学反应后出现的。比如,人体口腔内的味感受体和鼻腔内的嗅感受体,当它们分别与呈味物质或呈嗅物质发生化学反应时,就会产生相应的味觉和嗅觉。人体有三种主要的化学感受,它们是味觉、嗅觉和三叉神经感觉。味觉通常用来辨别进入人口腔中的不挥发性的化学物质;嗅觉用来辨别进入鼻腔中的挥发性的物质;三叉神经的感受体分布在黏膜和皮肤上,它们对挥发性和不挥发性的化学物质都有反应,更重要的是能区别刺激及化学反应的种类。在香味感觉过程中,三个化学感受系统都参与其中,但嗅觉起的作用远远超过了其他两种感觉。除上述五种基本感觉外,人类可分辨的感觉还有温度觉、痛觉、疲劳觉等。

2.2.1 感觉的属性

感觉是由感官产生的,具有以下属性。

(1)人的感觉可以反映外界事物的属性。事物的属性是通过人的感官反映到大脑,并被人们所认知的,感官是感觉事物的必要条件。

（2）人的感觉不仅反映外界事物的属性，同时也反映人体自身的活动和舒适情况。人之所以知道自己是躺着还是站着，心情是愉快还是忧郁，正是凭着对自身状态的感觉，得出的结论。

（3）感觉虽然是最低等的反应形式，但它是一切高级复杂心理的基础和前提。有了感觉才会有随后的高级心理感受（情绪活动和意志活动），所以感觉对人的生活有重要作用和影响。比如，对于一个有经验的食品评定员，根据食品的成分表，他可以粗略地判断出该食品可能具有的感官特性。

（4）感觉的敏感性因人而异，受先天和后天因素的影响。人的某些感觉可以通过后天的强化培训获得特别的发展，即敏感性增强。反之，某些感觉器官发生障碍时，其敏感性降低甚至消失。比如，评酒大师的嗅觉和味觉具有超出常人的敏感性；香水制造师的嗅觉的敏感性更是超出常人水平很多。食品感官品评人员必须具有非常敏锐的感觉能力，对食品中微弱的品质差别均能分辨。这些食品感官品评人员的感官并不是天生就非常敏感，大多都是通过后天的强化培训使敏感性增强。在感官分析中，品评人员的选择实际上主要是对候选品评人员感觉敏感性的测定。比如，参加评试酒的评定员，至少要具有正常的味觉能力，否则测试结果难以说明问题。

2.2.2 感官的特征

感官的主要特征是对周围环境和机体内部的化学和物理变化非常敏感。除此之外，感官还具有下面几个特征。

（1）一种感官只能接受和识别一种刺激。比如眼睛是视觉的感受器官，口腔是味觉的感受器官，鼻子是嗅觉的感受器官，耳朵是听觉的感受器官。

（2）只有刺激量在一定范围内才会对感官产生影响。这是感觉刺激阈值的问题。比如，视觉只能感受波长范围为 380 ~ 780 nm 的光；听觉只能感受频率在 20 ~ 20 000 Hz 的声波。

（3）某些刺激连续施加到感官上一段时间后，感官会产生疲劳（适应）现象，感官灵敏度随之明显下降。几乎所有的感官均存在这种现象。比如，吃第二块糖总觉得不如第一块糖甜；刚刚进入医院时，会闻到强烈的消毒水味，随着在医院逗留时间的延长，所感受到的消毒水味逐渐变淡甚至可以忽略。这些都是感官的疲劳现象。

（4）心理作用对感官识别刺激有很大的影响。感觉是人通过感觉器官对客观事物的认知，但是在接受感觉器官刺激时受心理作用的影响也是非常巨大的。人的饮食习惯和生活环境对食品是否被接受起着决定性作用，比如南方人喜欢吃清淡食品，让其评价川菜，一般不会给予很高评价。同时，感官评定时评定员的心情也会极大地影响感官评定的结果，心情好时给予食品较高的评价，反之，则会降低食品的评价。

（5）不同感官在接受信息时会相互影响。人对事物的认知是通过感觉器官进行的，多个感觉器官形成的各种感觉综合为一种事物的属性，而各种感官接收到的刺激又相互影响。比如在具有强烈不愉快气味的环境中进行食品的感官评定时，就很难对食品产生强烈的食欲和做出正确的评定。

2.2.3 感觉阈值

感觉器官并不是对所有的刺激都会产生反应，只有当引起感觉器官发生变化的外界刺激处于适当范围内时,才能产生正常的感觉。刺激量过大或过小都会造成感觉器官无反应而不产生感觉或者反应过于强烈而失去感觉。也就是说,必须有适当的刺激强度才能引起感觉,我们把这个强度范围称为感觉阈。它是指从刚能引起感觉,到刚不能引起感觉的刺激强度范围,如人的眼睛,只能对波长范围在 380~780 nm 的光波长产生感觉。在此范围以外的光刺激,均不能引起视觉,这个波长范围的光称为可见光,也就是人的视觉阈。对各种感觉来说,都有一个感受体所能接受的外界刺激的变化范围。

每种感觉的阈分为刺激阈、识别阈、差别阈、极限阈。

(1)刺激阈,也叫察觉阈或感觉阈值下限,指引起感觉所需要的感官刺激的最小值。

(2)识别阈,指能引起明确的感觉的刺激的最小值;低于所指阈的刺激称为阈下刺激,超过所指阈的刺激称为阈上刺激。通常我们听不到一根羽毛落地的声音,也察觉不到落在皮肤上的灰尘,是因为它们的刺激太低,不足以引起我们的感觉。但是刺激强度过大,超出正常范围,该种感觉就会消失并且会导致其他不舒服感觉。阈下刺激和阈上刺激都不能引起相应的感觉。

(3)极限阈,又称感觉阈值上限,指刚好导致感觉消失的最大刺激量。

(4)差别阈,指感知到的刺激强度差别的最小值。当刺激物引起感觉之后,如果刺激强度发生微小的变化,人的主观感觉能否觉察到这种变化,就是差别阈研究的问题。差别阈不是一个恒定值,它会随一些因素而变化。比如以质量感觉为例,把 100 g 砝码放在手上,若加上 1 g 或减去 1 g,一般是感觉不出质量变化的。只有其增减量达到 3 g 时,才刚刚能够觉察出质量的变化,3 g 就是质量感觉在原值量 100 g 情况下的差别阈。

2.3　味觉

味觉是人的基本感觉之一,是可溶性呈味物质溶解在口腔中对味觉感受体进行刺激后产生的反应,神经感受系统搜集和传递信息到大脑的味觉中枢,经大脑的综合神经中枢系统的分析处理,产生味觉。

2.3.1　味觉器官及其理论

纯粹的味感应是堵塞鼻腔后,将接近体温的试样送入口腔内而获得的感觉。通常,味感是味觉、嗅觉、温度觉和痛觉等几种感觉在嘴内的综合反映,不是味觉的单一表现。所以我们经常对味觉的表述词是味道,而且总是加一些相应的修饰词,比如发霉的味道,桃子的味道等。

2.3.1.1　味觉器官

(1)味感受体。我们口腔内的舌头上密集着很多隆起的部位——舌乳头是最主要的味感受器。在每个舌乳头上面,有长着像花蕾一样的东西——味蕾。人类对味的感受就是主要依靠这些味蕾及自由神经末梢。正常成年人有一万多个味蕾,绝大多数分布在舌头上面,尤其是舌尖部分和舌侧面,口腔的腭、咽等部位也有少量的味蕾。

味蕾是味的受体。味蕾在婴儿期最多,甚至在脸颊、上颚咽头、喉头的黏膜上也有分布。不同年龄阶段,轮廓乳头上味蕾数量不等(表2.4)。随着年龄增长,味蕾的分布区域逐渐集中在舌尖、舌缘等部位有轮廓乳头上,舌乳头上的味蕾约有 2/3 逐渐萎缩,造成角化增加,味觉功能下降。

表 2.4 年龄与轮廓乳头中味蕾数的关系

年龄	0~11 个月	1~3 岁	4~20 岁	30~40 岁	50~70 岁	74~85 岁
味蕾数	241	242	252	200	214	88

由于舌表面的味蕾乳头分布不均匀,而且对不同味道所引起刺激的乳头数目不同,因此造成舌头各个部位感觉味道的灵敏度有差别。一般来说,舌尖部、舌两边的味觉敏感,中间和舌根部较迟钝。此外,舌头的不同部位对不同味觉的敏感度也不同,舌尖对甜味最敏感,舌尖和舌前侧边缘对咸味敏感,舌后侧靠腮的两边对酸味最敏感,舌根部对苦味最敏感,舌的不同部位对味觉的敏感性及各部位的味觉阈限也不同(表 2.5)。

表 2.5 舌各部位的味觉阈值 （单位:s）

味道	呈味物质	舌尖	舌边	舌根
咸	食盐	0.25	0.24~0.25	0.28
酸	盐酸	0.01	0.06~0.07	0.016
甜	蔗糖	0.49	0.72~076	0.79
苦	硫酸奎宁	0.000 29	0.000 2	0.000 05

从刺激味觉感受器到出现味觉,一般需要 0.15~0.4 s。其中咸味的感觉最快,苦味的感觉最慢。所以,一般苦味总在最后才有感觉。

(2)口腔唾液腺。食品要呈味,首先是呈味物质必须溶解,因此,唾液对味觉有很重要的影响,口腔内腮腺、颌下腺、舌下腺和无数小唾液腺分泌的唾液是食物最天然的溶剂。唾液分泌的数量和成分受食物种类的影响。此外,唾液还有清洁的作用,有利于味蕾准确地辨别各种味道。

(3)味觉神经。各个味细胞反映的味觉,由神经纤维分别通过延髓、中脑、视床等神经核送入中枢。延髓、中脑、视床等神经核还掌管反射活动,控制唾液的分泌和吐出等动作,即使没有大脑的指令,也会由延髓等反射而引起相应的反应。大脑皮质中的味觉中枢是非常重要的部位,如果其因为手术,患病或其他原因受到破坏,将导致味觉全部丧失。

2.3.1.2 味觉理论

关于味觉的产生,许多学者都从不同的角度提出过自己的理论,限于实验技术和缺乏统一标准,至今仍没有一个经实验证实的完整的味觉理论。现在影响较大的味觉理论主要有伯德罗理论、生物酶理论、物理吸附理论及化学反应理论等。现在普遍接受的味觉机理是:呈味物质分别以质子键、盐键、氢键和范德华力形成 4 类不同化学键结构,并对应酸、咸、甜、苦四种基本味。在细胞膜表层,呈味物质与味受体发生一种松弛、可逆的结合反应过程,刺激物与受体彼此诱导相互适应,通过改变彼此构象实现相互匹配契合,进而产生适当的键合作用,形成高能量的激发态,此激发态是亚稳态,有释放能量的趋势,从而产生特殊的味感信号。不同的呈味物质的激发态不同,产生的刺激信号也不同。由于甜味受体穴位是由按一定顺序排列的氨基酸组成的蛋白体,若刺激物极性基的排列次序与受体的极性不能互补,则将受到排斥,就不可能有甜感;换句话说,甜味物质的结构是很严格的。由表蛋白结合的多烯磷脂组成的苦味受体,对刺激物的极性和可极化性同样也有相应的要求。因受体与磷脂头部的亲水基团有关,对咸味剂和酸味的结构限制较小。

2.3.2　食品的基本味

味的分类方法各国均不同。在我国,人们常把酸、甜、苦、咸、辣称为五味。欧洲则分为甜、酸、苦、金属味、碱味等,1985 年,国外科学家指出,"鲜味"是一种独立的味道,与甜、酸、咸、苦同属基本味。

目前,被大众所接受的是德国人海宁提出的一种假设,味觉与颜色的三原色相似,具有四原味,即甜、酸、咸、苦四种基本味。他认为,所有的味觉都由四原味组合而成。以四原味各为一个顶点构成味的四面体,所有的味觉可以在味四面体中找到位置。四原味以不同的浓度和比例组合时就可形成自然界各种千差万别的味道。例如,无机盐溶液带有多种味道,这些味道都可以用蔗糖、氯化钠、酒石酸和奎宁以适当的浓度混合而复现出来。

2.3.2.1　四种基本味的味觉识别

制备甜(蔗糖)、咸(氯化钠)、酸(柠檬酸)和苦(咖啡因)四种呈味物质的两个或三个不同浓度的水溶液,按规定号码排列顺序(见表 2.6)。然后,依次品尝各样品的味道。

品尝时应注意品味技巧:样品应一点一点地啜入口中,并使其滑动时接触舌的各个部位(尤其应注意使样品能够达到感觉酸味的舌边缘部位)。样品不得吞咽,在品尝两个样品的中间应用 35 ℃的温水漱口去味。

表 2.6　四种基本味的识别

样品序号	基本味觉	呈味物质	实验溶液/(g/100 mL)
A	酸	柠檬酸	0.02
B	甜	蔗糖	0.40
C	酸	柠檬酸	0.03
D	苦	咖啡因	0.02
E	咸	氯化钠	0.08
F	甜	蔗糖	0.60
G	苦	咖啡因	0.03
H	—	水	—
I	咸	氯化钠	0.15
J	酸	柠檬酸	0.04

2.3.2.2 四种基本味的察觉阈实验

味觉识别是味觉的定性认识,阈值实验是味觉的定量认识。制备一系列浓度不等的一种呈味物质(蔗糖、氯化钠、柠檬酸或咖啡因)的水溶液(表2.7)。然后,按浓度增加的顺序依次品尝,以确定这种味道的察觉阈。

表2.7 四种基本味的察觉阈

样品	四种基本味水溶液的质量浓度/(g/100 mL)			
	蔗糖(甜)	氯化钠(咸)	柠檬酸(酸)	咖啡因(苦)
1	0.00	0.00	0.000	0.000
2	0.05	0.02	0.005	0.003
3	0.10	0.04	0.010	<u>0.004</u>
4	0.20	0.06	0.013	0.005
5	0.30	0.08	<u>0.015</u>	0.006
6	<u>0.40</u>	0.10	0.018	0.008
7	0.50	<u>0.13</u>	0.020	0.010
8	0.60	0.15	0.025	0.015
9	0.80	0.18	0.030	0.020
10	1.00	0.20	0.035	0.030

注:带下画线的数据为平均值

2.3.3 影响味觉的因素

(1)温度。温度对味觉感受的影响很大,感觉不同的味道所需要的最适宜温度各不相同,即使是相同的呈味物质,相同的浓度,也因温度的不同而感觉不同。一般来说,在温度范围10~40 ℃最能刺激味觉。其中以接近舌温的30 ℃时最为敏感,高于或低于此温度,味觉都稍有减弱。比如甜味在50 ℃以上时,感觉明显迟钝。一般来说,甜味和酸味的最佳感觉温度在35~50 ℃,咸味的最适感觉温度为18~35 ℃,而苦味则是10 ℃。

温度对味觉的影响还表现在味察觉阈值的变化上,这种变化在一定温度范围内是有规律的。比如,甜味的阈值在17~37 ℃范围内逐渐下降,而超过37 ℃则又回升;咸味和苦味阈值在17~42 ℃范围内都是随温度的升高而提高;酸味在此温度范围内阈值变化不大。

(2)年龄。年龄对味觉的敏感性是有影响的,不同年龄的人对呈味物质的敏感性不同。在青壮年时期,生理器官发育成熟,并且也积累了相当的经验,处于感觉敏感期。随着年龄的增长,味觉逐渐衰退,对味觉敏感性降低。因而老年人会经常抱怨很多食物吃起来无味,造成这种情况的原因,一方面是年龄增长到一定程度后,舌乳头上的味蕾数目会减少,另一方面是老年人自身所患的疾病也会降低对味道感觉的敏感性。

(3)性别。目前,性别对味觉的影响存在两种截然不同的看法。一些研究者认为在感觉基本味的敏感性上性别无影响;另一些研究者则指出性别对不同味觉的敏感性有差别,如女性在甜味和咸味方面比男性更加敏感,而男性对酸味比女性敏感,而苦味方面基本不存在性别上的差别。

(4)生理状态。人的身体状况对味觉影响很大,当身体患有某些疾病时,会导致失味、味觉迟钝或变味。有些疾病引起的味觉变化是暂时的,等身体恢复后味觉可以恢复正常,有些则是永久性的变化。若用钴源或 X 射线对舌头两侧进行照射,七天后舌头对酸味以外的其他基本味的敏感性均降低,大约两个月后味觉才能恢复正常。体内缺乏某些营养物质也会造成对某些味道的喜好发生变化。比如:体内缺乏维生素 A 时,会对苦味的厌恶甚至拒绝食用带有苦味的食物,若这种维生素 A 缺乏症持续下去,则对咸味也拒绝接受。通过注射补充维生素 A 以后,对咸味的喜好性可恢复,但对苦味的喜好却不能恢复。患某些疾病时,味觉会发生变化。比如,患黄疸病,对苦味的敏感性明显下降;长期缺乏抗坏血酸,对酸味的敏感性明显下降;患糖尿病,会降低对甜味的敏感性。

(5)呈味物质的水溶性。味觉的强度和味觉产生的时间与呈味物质的水溶性有关。完全不溶于水的物质实际上是无味的,只有溶解在水中的物质才能刺激味觉神经,产生味觉。因此,呈味物质与舌接触后,先在舌表面溶解,而后才产生味觉。味觉产生的时间和味觉维持的时间因水溶性而有差异。水溶性好的物质,味觉产生的快,消失的也快;水溶性差的物质,味觉产生的慢,消失的也慢,但维持的时间较长。

(6)介质。介质的性质会降低呈味物质的可溶性或抑制呈味物质有效成分的释放。辨别味道的难易程度随呈味物质所处介质的黏度而变化。通常黏度增加,味道辨别能力降低。比如,四种基本味的呈味物质处于水溶液时,最容易辨别;处于胶体状介质时,最难辨别;而处于泡沫状介质时,辨别能力居中。

在生理上有酸、甜、苦、咸四种基本味觉,除此之外,还有辣味、鲜味、碱味、金属味、涩味等。但研究者认为这些不是真正的味觉,而是触觉、痛觉或是味觉与触觉、嗅觉等融合在一起的综合反应。如辣味是刺激口腔黏膜引起的痛觉,并伴有鼻黏膜的痛觉,同时皮肤其他部位也可感到痛觉。而涩味则是舌头黏膜的收敛作用。

2.3.4　各种味之间的相互作用

自然界中大多数呈味物质的味道不是单纯的基本味,而是两种或两种以上味道组合而成。食品就经常含有两种、三种甚至全部四种基本味,不同味道之间的相互作用对味觉的影响很大。味之间的相互作用受多种因素的影响,呈味物质相混合并不是味道的简单叠加,因此,味之间的相互作用,只能通过感官评定员去感受味相互作用的结果。

(1)味觉的对比效应。把两种或两种以上不同味道的呈味物质以适当的浓度调和在一起,其中一种呈味物质的味道更为突出的现象,叫作味觉的对比效应。比如在 15% 的砂糖水中加入 0.017% 的食盐后,会感到其味道比不加食盐时更甜。不纯的白砂糖比纯的白砂糖甜;味精与食盐在一起,其鲜味会增加;在舌的左边沾点酸味物质,舌的右边沾点甜味物质,只会感到舌右边的甜味增加。

(2)味觉的拮抗。把两种或两种以上的呈味物质以适当浓度混合后,使每种味觉都减弱的现象,叫作味的拮抗。如把下列任意两种物质,即食盐、奎宁、盐酸以适当浓度混合后,会使其中任何一种物质的味道比混合时都有减弱。

（3）味觉的转换。由于味器官接连受到两种不同味道的刺激而产生另一种味觉的现象,叫作味的转换。当尝过食盐或奎宁后,立即饮无味的清水会感到水略有甜味。

（4）味觉的协同作用。把两种或两种以上的呈味物质以适当浓度混合后,使其中一种味觉大大增加的现象,叫作味的协同效应。如味精与核苷酸共存时,会使鲜味大大增强;把麦芽糖加入饮料或糖果中,能大大加强其甜味。

表2.8列出了对咸味(氯化钠)、酸味(盐酸、柠檬酸、醋酸、乳酸、苹果酸、酒石酸)和甜味(蔗糖、葡萄糖、麦芽乳糖、果糖)相互之间的补偿作用和竞争作用的研究结果。补偿作用是指某种呈味物质中加入一种物质后阻碍了它与另一种相同浓度呈味物质进行味感比较的现象。竞争作用是指在呈味物质中加入另一种物质而没有对原呈味物质味道产生味觉影响的现象。

表2.8　基本味之间的补偿作用和竞争作用

实验物	对比物											
	氯化钠	盐酸	柠檬酸	醋酸	乳酸	苹果酸	酒石酸	蔗糖	葡萄糖	果糖	乳糖	麦芽糖
氯化钠	···	±	+	+	+	+	+	−	−	−	−	−
盐酸	···	···	···	···	···	···		−	−	−		−
柠檬酸	···	···	···	···	···	···	···					
醋酸	···	···	···	···	···	···	···					
乳酸	···	···	···	···	···	···	···					
苹果酸	···	···	···	···	···	···	···					
酒石酸	···	···	···	···	···	···	···					
蔗糖	+	±	+	±	+	+	+	···	···	···	···	···
葡萄糖	+	−	±	−	±	±	±	···	···	···	···	···
果糖	+	±	±					···	···	···	···	···
麦芽糖	+	···	···	···	···	···	···	···	···	···	···	···
乳糖	+	···	···	···	···	···	···	···	···	···	···	···

注:"±"表示竞争作用;"+"和"−"表示补偿作用;"···"表示未实验

2.3.5　食品味觉的检查

2.3.5.1　食品的味

（1）酸味。酸味是由于舌黏膜受到氢离子刺激而引起的,因此凡是在溶液中能电离出氢离子的化合物都具有酸味。酸味的强弱不仅与氢离子浓度或 pH 值有关。在 pH 值相同时,有机酸的酸感比无机酸要强,因为舌黏膜对有机酸阴离子比对无机酸的阴离子容易吸附。酸味物质的阴离子还能对食品的风味有影响,多数有机酸具有爽快的酸味,而无机酸却具有苦涩味,因此调味酸常用有机酸,如醋酸、柠檬酸、乳酸、酒石酸、葡萄糖酸及苹果酸等。

(2)甜味。食品的甜味不但可以满足人们的爱好,同时也能改进食品的可口性和某些食用性质,并且可提供给人热能。甜味的高低称为甜度,蔗糖为测量比甜度的基准物质,规定以5%或10%的蔗糖溶液在20 ℃时甜度为1(或100),其他各种糖与之比较而得。糖的甜度受很多因素影响,其中最重要的因素是浓度。一般随着糖溶液的浓度增大,其甜度也增加,但增高的幅度对不同的糖来说不一样。比如低浓度下葡萄糖的甜度低于蔗糖,但其甜度随浓度增高的程度比蔗糖大,当质量分数达到40%以上时,两者的甜度就很难区别了。市场上销售的蔗糖有不同大小的晶体,如粗砂糖、细砂糖和绵白糖。一般人认为绵白糖比砂糖甜,其实不然,只是糖结晶的大小影响着糖的溶解度,从而影响着甜味的感觉,小晶体与唾液的接触面大,溶解速度快,能很快达到较高的浓度,所以感觉甜度高。常用的甜味剂有山梨糖醇、麦芽糖醇、木糖醇以及糖类中的葡萄糖、果糖、蔗糖、麦芽糖、乳糖等。

(3)苦味。单纯的苦味让人难以接受,但在调节味觉和丰富食品的风味等方面有着有益的作用。许多食品都有苦味,比如茶叶、可可、啤酒花、咖啡、苦瓜等,但却深受人们的喜爱。

(4)咸味。咸味在食物调味中颇重要,咸味是中性盐所显示的味,只有NaCl才能产生纯正的咸味,其他盐类因含有KCl、$MgSO_4$、$MgCl_2$等其他盐类而带有苦味。为了防止因缺碘引起甲亢病,在精盐加工时加入少量碘酸钾,制成碘盐。对于一些特殊病患者如肾病患者,往往用苹果酸钠和葡萄糖酸钠代替食盐制成无盐咸味料,供食用。

(5)其他味感物质。

1)辣味。辣的感觉是物质刺激触觉神经引起的痛觉,嗅觉神经和其他感觉神经可同时感觉到这种刺激和痛感,包括舌、口、鼻,同时皮肤也可感觉,这些属于机械刺激现象。辣味按其刺激性不同,分为火辣味和辛辣味两类。适当的辣味有增进食欲、促进消化液分泌的作用,因此辣味在调味中广泛应用。

2)涩味。当口腔黏膜蛋白质凝固时,会引起收敛的感觉,此时感觉到的滋味就是涩味,因此涩味不作用于味蕾而是由于刺激到触觉的神经末梢而产生的。引起食品涩味的物质主要是多酚类化合物,其中单宁最典型,其次是铁等金属离子、明矾、草酸、香豆素、奎宁酸、醛类等。

3)鲜味。鲜味是食物的一种复杂美味感,鲜味物质有氨基酸、核苷酸、酰胺肽、有机酸等。味精是最常用的鲜味剂,其主要成分是谷氨酸钠,具有强烈的肉类鲜味,添加到某些食品中,可以大大提高食品的可口性。当味精与食盐共存时,其鲜味尤其显著。

4)碱味。是OH^-离子的呈味属性,溶液中只要含0.01%即可感知。

5)清凉味。清凉味的典型是薄荷糖。

6)金属味。由于与食品接触的金属与食品之间可能存在着离子交换关系,存放时间长的罐头食品中常有一种令人不愉快的金属味。

2.3.5.2 食品的味觉评定

食品的味觉检查一般从食品滋味的正异、浓淡、持续长短来评定食品滋味的好坏。滋味的正异是最为重要的,因为食品有异味或杂味就意味着该食品已腐败或有异物混入。滋味的浓淡要根据具体情况加以评定。滋味悠长的食品优于滋味维持时间短的食品。

进行味觉评价前,我们要求评定员不能吸烟或吃刺激性强的食品,以免降低感官的灵敏度。评价时取出少量被检食品,放入口中,细心咀嚼、品尝,然后吐出,用温水漱口,再检验第二个样品。几种不同味道的食品在进行感官评价时,应当按照刺激性由弱到强的顺序,最后评定味道强烈的食品。在进行大量样品评定时,中间必须休息。

2.4 嗅觉

嗅觉比视觉原始,比味觉复杂。在人类没有进化到直立状态之前,主要依靠嗅觉、味觉和触觉来判断周围的环境。随着人类转变成直立姿态,视觉和听觉成为最重要的感觉,而嗅觉等退至次要地位。尽管现在嗅觉已不是最重要的感觉,但嗅觉的敏感性还是比味觉敏感性高很多。最敏感的气味物质——甲基硫醇只要在 $1\ m^3$ 空气中有 $4\times10^{-2}\ mg$($约为 1.41\times10^{-10}\ mol/L$)就能感觉到;而最敏感的呈味物质——马钱子碱的苦味,要达到 $1.6\times10^{-6}\ mol/L$ 才能感觉到。嗅觉器官能够感受到的乙醇溶液的浓度要比味觉感官所能感受到的浓度低得多。

嗅觉是人类的一种基本感觉,产生令人喜欢感觉的挥发性物质叫香气,产生令人厌恶感觉的挥发性物质叫臭气。食品的味道和气味共同组成食品的风味特性,影响人类对食品的接受性和喜好性,同时对内分泌亦有影响。因此,嗅觉与食品密切相关,是进行感官评定时所使用的重要感官之一。

2.4.1 嗅觉概念

尽管气味遍布我们周围,我们也时刻都在有意识或无意识地接受它们,但是气味至今没有明确的定义。按通常的概念,气味就是"可以嗅到的物质",这种定义非常模糊。有些物质人类嗅不出来,但某些动物却能够嗅出其气味,这类物质按上述定义很难确定是否为气味物质。有些学者根据气味被感觉的过程给气味提出了一个现象学上的定义,即"气味是物质或可感受物质的特性"。

许多感官科学工作者都试图将气味进行分类,但由于气味没有确切的定义,而且很难定量测定,所以气味的分类比较混乱。不同的研究者都从各自的角度对气味进行分类。两类典型的气味分类方法是索额底梅克氏(Zwardemaker)分类法和舒茨氏(Schutz)分类法,见表2.9。

表 2.9　两种典型的气味分类方法

索额底梅克氏分类法（Zwardemaker）		舒茨氏分类法（Schutz）	
气味类别	实例	气味类别	实例
芳香味	樟脑、柠檬醛	芳香味	水杨酸甲酯
香脂味	香草	羊脂味	乙硫醇
刺激辣味	洋葱、硫醇	醚味	1-丙醇
羊脂味	辛酸、奶酪	甜味	香草
恶臭味	粪便	哈败味	丁酸
腐臭味	某些茄类植物气味	油腻味	庚醇
醚味	水果味、醋酸	焦煳味	愈创木醇
焦煳味	吡啶、苯酚	金属味	乙醇
		辛辣味	苯甲醛

　　此外，海宁（Henning）曾提出过气味的三棱概念，他将气味分为六种基本气味：芳香味、腐败味、醛味、辛辣味、树脂味和焦臭味。所划分的六种基本气味分别占据三棱体的六个角。海宁相信所有的气味都是由这六种基本气味以不同的比例混合而成的，因此每种气味在三棱体中有各自的位置。所有这些分类方法都存在一定的缺陷，不能准确而全面地对所有气体进行划分。

　　现在比较公认的食品领域气味分类方法是如下 8 大类。

　　(1)动物气味，包括野味、脂肪味、腐败味、肉味、麝香味、猫尿味等。比如在葡萄酒中，这类气味主要是麝香味和一些陈年老酒的肉味以及脂肪味等。

　　(2)香脂气味，指芳香植物的香气，包括所有的树脂、刺柏、香子兰、松油、安息香等气味。在葡萄酒中，这类气味主要是各种树脂的气味。

　　(3)烧焦气味，包括烟熏、烤面包、巴旦杏仁、甘草、咖啡、木头等的气味；此外，还有动物皮、松油等气味。在葡萄酒中，除各种焦、烟熏等气味，烧焦气味主要是在葡萄酒成熟过程中单宁变化或溶解橡木成分形成的气味。

　　(4)化学气味，包括酒精、丙酮、醋、酚、苯、硫醇、硫、乳酸、碘、氧化、酵母、微生物等气味。葡萄酒中的化学气味，最常见的有味硫、醋、氧化等不良气味。

　　(5)香料气味，包括所有用作作料的香料，主要有月桂、胡椒、桂皮、姜、甘草、薄荷等的气味。这类香气主要存在于一些优质、陈酿时间长的红葡萄酒中。

　　(6)花香，包括所有的花香，常见的有山楂、玫瑰、柠檬、茉莉、天竺葵、刺葵、椴树、葡萄等的花香。

　　(7)果香，包括所有的果香，常见的有覆盆子、樱桃、草莓、石榴、醋栗、杏、苹果、梨、香蕉、核桃、无花果等的气味。

　　(8)植物与矿物气味，主要有青草、落叶、块根、蘑菇、湿禾秆、湿青苔、湿土、青叶等的气味。

2.4.2 嗅觉器官及嗅觉生理学

2.4.2.1 嗅觉器官及其机制

鼻腔是人类感受气体的嗅觉器官,在鼻腔的上部有一块对气味异常敏感的区域,称为嗅区,它位于上鼻道及鼻中隔后。嗅区内的嗅黏膜是嗅觉感受体,其上布满了嗅细胞、支持细胞和基细胞。嗅觉细胞是嗅觉感受体中最重要的成分,人类鼻腔每侧约有 2 000万个嗅细胞。每一嗅细胞末端(近鼻腔孔处)有许多手织样的突起,即纤毛。每个嗅细胞有纤毛约 1 000 条,纤毛增加了收纳器的感受面,因而使 5 cm^2 的表面面积实际上增加到了 600 cm^2。这一特点有助于嗅觉敏感性。空气中气味物质的分子在呼吸作用下,首先进入嗅感区,吸附和溶解在嗅黏膜表面,进而扩散至嗅纤毛,被嗅细胞所感受,然后嗅细胞将所感受到的气味刺激通过传导神经以脉冲信号的形式传递到大脑,从而产生嗅觉。

2.4.2.2 嗅觉的特征

(1)嗅觉的敏感性。人的嗅觉可感觉到一些浓度很低的嗅感物质,这点超过化学分析中仪器方法测量的灵敏度。不同的人嗅觉差别很大,即使嗅觉敏锐的人也会因气味而异。通常认为女性的嗅觉比男性敏锐,但世界顶尖的调香师都是男性。对气味极端不敏感的嗅盲则是由遗传因素决定的。

(2)嗅觉疲劳。嗅觉疲劳是嗅觉的重要特征之一,它是嗅觉长期作用于同一种气味刺激而产生的适应现象。嗅觉疲劳比其他感觉的疲劳都要突出。比如人闻芬芳香水时间稍长就不觉其香,同样长时间处于恶臭气味中也能忍受。因一种气味的长期刺激可使嗅觉中枢神经处于负反馈状态,感觉受到抑制,产生对其的适应。另外,注意力的分散会使人感觉不到气味,时间长些便对该气味形成习惯。由于疲劳、适应和习惯这 3 种现象是共同发挥作用的,因此很难彼此区别。嗅觉疲劳有 3 个特征:①从施加刺激到嗅觉疲劳,嗅感减弱到消失有一定的时间间隔(疲劳时间);②在产生嗅觉疲劳的过程中,嗅觉阈逐渐增加;③嗅觉对某种刺激产生疲劳后,嗅感灵敏度再恢复需要一定的时间。

(3)嗅味的相互影响。当两种或两种以上的气味混合到一起时,可能会产生下列结果之一:①气味混合后,某些主要气味特征受到压制或消失,从而无法辨认混合前的气味;②产生中和作用,也就是几种气味混合后气味特征变为不可辨认的特征,即混合后无味,这个现象就称为中和作用;③混合中某些气味被压制而其他的气味特征保持不变,即失掉了某种气味;④混合后原来的气味特征彻底改变,形成一种新的气味;⑤混合后保留部分原来的气味特征,同时又产生一种或者几种新的气味。

气味混合中,比较引人注意的是用一种气味去改变或掩盖另一种不愉快的气味,即"掩盖"。有时为了去除某种讨厌的或难闻的气味,就用其他强烈气味加以掩盖,或者使某些气味和其他气味混合后性质发生改变,成为令人喜欢的气味。在日常生活中,气味掩盖应用广泛。比如,香水就是一种掩盖剂,它能赋予其他物质新的气味或改变物质原有的气味。除臭剂也是一种通过掩盖臭味或与臭味物质反应来抵消或消除臭味的物质。房间、卫生间常用的空气清新剂就是采用掩盖作用达到清新空气的目的。气味掩盖在食品上也经常应用。比如,添加肌苷二钠盐能减少或消除食品中的硫味;在鱼或肉的烹调过程中加入葱、姜等调料可以掩盖鱼、肉的腥味。

2.4.3 食品的嗅觉识别

2.4.3.1 嗅技术

把头部稍微低下对准被嗅物质,进行适当用力地吸气或煽动鼻翼做急促的呼吸,使气味物质自下而上地进入鼻腔,使空气易形成急驶的涡流。气体分子较多地接触嗅上皮,从而引起嗅觉的增强效应。这样一个嗅过程就是所谓的嗅技术。

注意:嗅技术并不适应所有气味物质,比如一些能引起痛感的含辛辣成分的气体物质。因此,使用嗅技术要非常小心。通常对同一气味物质使用嗅技术不超过 3 次,否则会引起"适应",使嗅敏度下降。

2.4.3.2 气味识别

(1)范氏实验。一种气体物质不送入口中而在舌上被感觉出的技术,就是范氏实验。首先,用手捏住鼻孔通过张口呼吸,然后把一个盛有气味物质的小瓶放在张开的口旁(注意:瓶颈靠近口但是不能咀嚼),迅速地吸入一口气并立即拿走小瓶,闭口,放开鼻孔使气流通过鼻孔流出(口仍闭着),从而在舌上感觉到该物质。

(2)识别气味。各种气味就像学习语言那样可以被记忆。人们时时刻刻都可以感觉到气味的存在,但由于无意识或习惯性也就并不察觉它们。因此要记忆气味就必须设计专门的实验,有意识地加强训练这种记忆(注意:感冒者例外),以便能够识别各种气味,详细描述其特征。

训练实验通常是选用一些纯气味物质(十八醛、对丙烯基茴香醚、肉桂油、丁香等)单独或者混合用纯乙醇作为溶剂稀释成 10 g/mL 或 1 g/mL 的溶液(当样品具有强烈辣味时,可制成水溶液),装入试管中或用纯净无味的白滤纸制备尝味条(长 150 mm、宽 10 mm),借用范氏实验训练气味记忆。

2.4.3.3 香识别

(1)啜食技术。由于吞咽大量样品不卫生,品茗专家和鉴评专家发明了一项专门的技术——啜食技术,来代替吞咽的感觉动作,使香气和空气一起流过鼻部被压入嗅味区域。这种技术是一种专门技术,对一些人来说要用很长时间来学习正确的啜食技术。

品茗专家和咖啡品尝专家使用匙把样品送入口内并用力地吸气,使液体杂乱地吸向咽壁(就像吞咽一样),气体成分通过鼻后部到达嗅味区。吞咽变得不必要,样品可以被吐出。品酒专家随着酒被送入张开的口中,轻轻地吸气并进行咀嚼。酒香比茶香和咖啡香具有更多挥发性成分,因此品酒专家的啜食技术更应谨慎。

(2)香的识别。香识别训练首先应注意色彩的影响,通常多采用红光以消除色彩的干扰。训练用的样品要有典型,可选食品中最具典型香的食品进行。果蔬汁最好用原汁,糖果蜜饯类要用纸包原块,面包要用整块,肉类应该采用原汤,乳类应注意异味区别的训练。训练方法用啜食技术,并注意必须先嗅后尝,以确保准确性。

2.4.4 食品的嗅觉检查

一般从食品香气的正异、强弱、持续长短等几个方面来评定食品香气的好坏。香气不正,通常会认为食品不新鲜或者已腐败变质。食品香气的强度一般与食品的成熟度相关。香气强弱不能作为判断食品香气好坏的依据,要具体分析,有时香气太强,反而使人生厌。一般来说,放香时间长的食品较好。

在生产、检验和鉴定方面,嗅觉检查起着十分重要的作用,有许多方面的分析是无法用仪器和理化分析代替的。如在食品的风味化学研究中,通常由色谱和质谱将各风味组分定性和定量,但整个过程中提取、搜集、浓缩等都必须伴随嗅觉检查才可保证实验过程中风味组分无损失。另外,食品加工原料新鲜度的检查;鱼类、肉类是否因蛋白质分解而产生氨味或腐败味;油脂是否因氧化而产生哈喇味;新鲜果蔬是否具有应有的清香味;化妆品调香、酒的调配等也需要用嗅觉来评判,才可最后投入生产。

2.5　视觉

视觉是人类重要的感觉之一,是认识周围环境,建立客观事物第一印象的最直接和最简捷的途径。在食品感官检验分析中,外观评价对食品的检验占有重要位置,几乎所有食品的检验都离不开视觉的检查。比如,市场上"第一印象"(视觉印象)差的食品,其很难受到消费者的欢迎。由于视觉在各种感觉中占据非常重要的地位,因此在食品感官分析上(尤其是消费者喜好实验中),视觉起着重要的作用。

2.5.1　视觉产生机理

视觉的刺激物质是光波,但不是所有的光波都能被人的视觉系统所感受,只有波长在 380～780 nm 的光波才是人眼睛可接受的光波,即我们平时所说的可见光。这部分光只占所有电磁波很小的一部分,超出或低于此波长范围的光波都不能刺激人的视觉系统。能被人眼所感受的光有两种类型:一类是由发光体直接发射出来的,如阳光、灯光等;另一类是光源照射到物体表面,由反光体把光反射出来,如月光等。我们平时所见的光多数是反射光。

由于光线的特性,人眼对光线的刺激可以产生复杂的反应,表现有多种功能。外界物体发出或反射的光线,从眼睛的角膜、瞳孔进入眼球,穿过如放大镜的晶状体,使光线聚焦在眼底的视网膜上,形成物体的像。图像刺激视网膜上的感光细胞,产生神经冲动,沿着视神经传到大脑的视觉中枢,在那里进行分析和整理,产生具有形态、大小、明暗、色彩和运动的视觉。由于晶状体的凸度可以由睫状肌调节,因此在一定范围内,不同远近的物体,都可以形成清晰的图像落在视网膜上。儿童和少年的眼睛调节能力强,所以视觉特别敏锐。

2.5.2　视觉的特征

(1)适应性。当从明亮处转向黑暗时,会出现视觉短暂消失而后逐渐恢复的情形,这样一个过程称为暗适应。暗适应一般要经历 4～6 min,完全适应需经 30～50 min。亮适应正好与此相反,是从暗处到亮处视觉逐步适应的过程。亮适应过程所经历的时间要比暗适应短。开始几秒钟内感受性迅速降低,大约 30 s 后降低速度变得缓慢,经过 60 s 达到完全适应。所以,食品感官检验的视觉检查应在相同的光照条件下进行,特别是同一次实验过程中的样品检查。

(2)对比效应。当我们同时观看黑色背景上的灰点和白色背景上的灰点时,会感到后者比前者亮一些;观察彩色时也有类似情况,即暗背景中的彩色看起来比亮背景中的彩色明亮一些,这种对比效应称为亮度对比效应。用同样大小的红色小卡片分别贴在亮度相等的灰色和红色纸板上,相比之下,会感到红色纸板上的红色小纸片饱和度较低,这称为彩色饱和度对比效应。当我们把一张橘红色的纸放在红色纸旁边观看时,感到其比单独观看时更黄一些;而如果与黄色纸靠近,则橘红色显得更红些。两张同样大小的绿色纸片分别放在黄色和蓝色纸板上,相比之下,黄色纸板上的绿色带有蓝色,而蓝色纸板上的绿色带有黄色,这称为色调的对比效应。面积不同的彩色样品,其色感不同。面积大的与面积小的相比,前者给人的明亮度和饱和度都有增强的感觉,这是面积对比效应。如果一种彩色包围另一种彩色,而且被包围彩色的面积非常小,则被包围彩色的主观效果有向周围彩色偏移的同化效应。

2.5.3　视觉的感官评定

2.5.3.1　视觉检验的重要性

视觉虽然不像味觉和嗅觉那样对食品感官评定起决定性作用,但仍有重要影响。食品的颜色变化会影响其他感觉。实验证实,只有当食品处于正常颜色范围内才会使味觉和嗅觉在对该种食品的评定上正常发挥,否则这些感觉灵敏性会下降甚至不能正确感觉。另外,食品感官评定顺序中先由视觉判断食物的外观,确定食物的外观、色泽。颜色对分析评定食品具有下列作用:

(1)便于挑选食品和判断食品的质量。食品的颜色比另外一些因素,诸如形状、质构等对食品的接受性和食品质量影响更大、更直接。

(2)食品的颜色和接触食品时环境的颜色显著增加或降低对食品的食欲。

(3)食品的颜色也决定其是否受人欢迎。备受喜欢的食品常常是因为这种食品带有使人愉快的颜色。没有吸引力的食品,颜色也不受欢迎是一个重要因素。

(4)通过各种经验的积累,可以掌握不同食品应该具有的颜色,并据此判断食品所应具有的特性。

任何食品都有一定的外观及形态特征,而食品形态特征的变异,往往与其内在质量密切相关。如从表面的光泽、色泽即可判断鱼类或肉类的新鲜度;从色泽可以判断水果、蔬菜的成熟状况;从包装的外观情况,可以判断食品是否胀罐或泄漏。面包和糕点的烘烤,可以通过视觉检查控制烘烤温度和时间。随着科学技术的发展,有些外观指标可以由仪器测定或控制。比如香肠的颜色就可以用仪器测定,但哪一种食品的包装或造型,会受到消费者的欢迎,哪种颜色可引起人们对这种食品的食欲,是仪器不能代替的,必须通过视觉评价。可见,视觉检验在食品感官评定中,尤其是喜好性分析中占有重要的地位。

视觉评价,一般情况下在自然光或类似自然光下进行。先检查整体外形及外包装,然后再检查内容物,液体食品还要注意观察有无沉淀。

2.5.3.2 食品的颜色

食品颜色是评定食品质量的一个极为重要因素，也是首要因素。食品呈现的颜色主要来源于食品中固有的天然色素和各种人工色素。

食品中的天然色素是指在新鲜原料中，眼睛能够感受到的有色物质，或者无色而能引起化学反应导致变色的物质。天然色素的种类繁多，按来源的不同可以分为三大类：植物色素，如蔬菜的绿色（叶绿素），胡萝卜的橙红色（胡萝卜素），草莓、苹果的红色（花青素）等；动物色素，如肌肉的红色色素（血红素），虾、蟹的表皮颜色（类胡萝卜素）等；微生物色素，如红曲米的红曲色素等。在这三种色素中以植物色素最为缤纷多彩，是构成食物色泽的主体。按化学结构不同可分为四吡咯衍生物、异戊二烯衍生物、多酚类衍生物和酮类衍生物。按溶解性质的不同可分为水溶性色素和脂溶性色素。

褐变现象也是食品颜色的一个来源。在大多数情况下，我们不希望发生酶促褐变，但是在茶叶、可可豆的生产中适当的酶促褐变能够增加产品的风味和形成一定的颜色。

在食品加工过程中，生产者为了使产品的色彩满足消费者的欣赏要求，吸引消费者购买或为了保持食品原料中原有的诱人色彩，常常需要添加一些与食品色彩有关的物质，用以调整食品的颜色，特别是外表颜色，这些物质统称为食品调色剂，包括脱色剂（漂白剂）、发色剂和着色剂三类。

（1）脱色剂。脱色剂作用是将食品中原来的颜色脱去。脱色剂除了具有很好的漂白作用外，还具有防腐作用。一般在食品中允许使用的脱色剂有亚硫酸钠、低亚硫酸钠、焦亚硫酸钠或亚硫酸氢钠等，在蜜饯、饼干、水果罐头、葡萄糖、食糖、冰糖等食品生产中起漂白和防腐作用。

（2）发色剂。发色剂作用是使食品的色泽显示出来，主要有硝酸钠和亚硝酸钠，应用在肉制品中。但这些物质可以和肉中存在的仲胺类进行反应，生成亚硝酸胺类的致癌物，因此，其使用量受到严格控制。国家标准规定，在肉制品中亚硝酸根残留量不得超过30 mg/kg。

（3）着色剂。食用色素有天然色素和合成色素两大类。食品合成着色剂比天然着色剂色彩鲜艳、性质稳定，并且成本低廉、使用方便，因此很受食品生产者的欢迎，但其安全性令人怀疑。天然着色剂是直接来自动植物组织的色素，一般对人体无害，有些还有一定的营养价值，已逐渐受到人们的重视，是今后的发展方向。

2.5.3.3 食品视觉检验

对食品来说，不同的色泽会给人带来不同的感觉，要评价食品色泽的好坏，必须全面衡量和比较食品的色泽的色调、明度和饱和度，这样才能得出公正、准确的结论。

对食品色泽的色调、明度和饱和度的微小变化都能用语言或其他方式恰如其分地表达出来，是食品感官评定员必须掌握的知识。色调对食品的色泽影响最大，因为肉眼对色调的变化最为敏感，如果某食品的色泽色调不是该食品特有的颜色色调，说明该食品的品质低劣或不符合质量标准。明度和食品的新鲜程度关系密切，新鲜食品常有较高的明度，明度降低往往意味着食品不新鲜。饱和度和食品的成熟度有关，成熟度较高的食品，其色泽往往较深。

2.6　听觉

听觉是人通过听觉器官对外界声音刺激的反应,是人类认识周围环境的主要感觉之一。听觉在食品感官评定中虽然没有味觉和嗅觉那么重要,但也是一种必不可少的重要感觉,主要应用于某些特定食品(如膨化谷物食品)和食品的某些特性(如质构)的评析上。

2.6.1　听觉器官

人类感受声音的器官就是我们熟知的耳,它的结构十分精巧,比我们想象的复杂得多。迄今为止,科学家们还没有完全研究清楚它的复杂功能。人们把耳区分为外耳、中耳和内耳。外耳搜集声音刺激,中耳将声音的振动传送到内耳,内耳的感受器将振动的机械能转化为神经脉动。

由声源振动引起空气产生的声波,通过外耳和中耳组成的传音系统传递到内耳,经内耳的感觉毛细胞将声波的机械能转变为听神经纤维上的神经冲动,后者传送到大脑的听觉皮质,从而产生听觉感受。

2.6.2　听觉的生理特点

听觉的刺激是声音,它产生于物体的振动。物体振动时,能量通过媒介传递到人耳,从而产生听觉。当声波的振动频率为 $16 \sim 20\ 000$ Hz 时,便引起听觉,通常把这段频率范围称为可听声波。低于每秒 16 次的次声波和高于每秒 20 000 次的超声波,人都是听不到的。声波是物体振动所产生的一种纵波,声波必须借助于气体、液体或固体的媒介物才能传播。

2.6.3　听觉的感官评价

人耳对一个声音的强度或频率的微小变化是很敏感的。利用听觉进行感官检验的应用范围十分广泛。食品的质感特别是咀嚼食品时发出的声音,在决定食品质量和食品接受性方面起重要作用。如焙烤制品的酥脆、薄冰、爆米花和某些膨化制品,在咀嚼时应该发出特有的声音,否则可认为质量已发生变化。对于同一物品,在外来机械敲击下,应该发出相同的声音。但当其中的一些成分、结构发生变化后,会导致原有的声音发生一些变化。据此,可以检查许多产品的质量。如敲打罐头,用听觉检查其质量,生产中称为打检,从敲打发出的声音来判断是否出现异常,另外容器有无裂缝等,也可通过听觉来判断。果蔬食品挑选成熟度,也可以用此方法,如挑选西瓜。

2.7　触觉

食品的触觉是口和手与食品接触时产生的感觉,通过对食品的形变所加力产生刺激的反应表现出来。

2.7.1 触觉感官特性

（1）颗粒的大小和形状。口腔能够感受到食品组成的大小和形状。Tyle（1993年）评定了颗粒的大小、形状和硬度对糖浆沙粒性口部知觉的影响。研究发现：柔软的、圆的，或者相对较硬的、扁的颗粒，大小到约 80 μm，人们都感觉不到沙粒。然而，当硬的、有棱角的颗粒为 11～22 μm 时，人们就能感觉到口中有沙粒。

（2）口感。口感特征表现为触觉，通常其动态变化要比大多数其他口部触觉的质地特征更少。原始的质地剖面法只有单一与口感相关的特征——"黏度"。

（3）口腔中的相变化（熔化）。人们并没有对食品在口腔中的熔化行为以及与质地有关的变化进行扩展研究，由于在口腔中温度的增加，因此，许多食品在口中经历了一个相的变化过程，巧克力和冰激凌就是很好的例子。Hyde 和 Witherly 提出了一个"冰激凌效应"，他们认为动态地对比是冰激凌和其他产品高度美味的原因所在。

（4）手感。纤维或纸张的质地评定经常包括用手指对材料的触摸。这个领域中的许多工作都来自于纺织品艺术。感官评定在这个领域和食品领域一样，具有潜在的应用价值。Civille 和 Dus 描述了与纤维和纸张相关的触觉性质，包括机械特性（强迫压缩、有弹力和坚硬）、几何特性（模糊的、有沙砾的）、湿度（油状的、湿润的）、耐热特性（温暖）以及非触觉性质（声音）。

2.7.2 触觉识别阈

（1）皮肤的识别阈。皮肤的触觉敏感程度，常用两点识别阈表示。所谓两点识别阈，就是对皮肤和黏膜表面两点同时进行触觉刺激，当距离缩小到开始要辨认不出两点位置时的尺寸，即可以清楚分辨两点刺激的最小距离。显然这一距离越小，说明皮肤在该处的触觉最敏感。人的口腔及身体部位的两点识别阈如表 2.10 所示。

表 2.10   人的口腔及身体部位的两点识别阈

部位	纵向/mm	横向/mm	部位	纵向/mm	横向/mm
舌尖	0.80±0.55	0.68±0.38	颊黏膜	8.57±6.20	8.60±6.04
嘴唇	1.45±0.96	1.15±0.82	前额	12.50±4.26	9.10±2.73
上颚	2.40±1.31	2.24±1.14	前腕	19.00	42.00
舌表面	4.87±2.46	3.24±1.70	指尖	1.80	0.20
齿龈	4.13±1.90	4.20±2.00			

从表 2.10 可以看出，口腔前部感觉敏感。这也符合人的生理要求，因为这里是食品进入人体的第一关，需要敏感地判断食物是否能吃，需不需要咀嚼。这也是口唇、舌尖的基本功能。感官品尝实验，这些部位都是非常重要的检查关口。

口腔中部因为承担着用力将食品压碎、嚼烂的任务，所以感觉迟钝一些。从生理上讲也是合理的。口腔后部的软腭、咽喉部的黏膜感觉也比较敏感，这是因为咀嚼过的食物,在这里是否应该吞咽,要由它们判断。

口腔皮肤的敏感程度也可用压觉阈值或痛觉阈值来分析。压觉阈值的测定是用一根细毛,压迫某部位,把开始感到疼痛时的压强称作这一部位的压觉阈值。痛觉阈值是用微电流刺激某部位,当觉得有不快感时的电流值。这两种阈值都同两点识别阈一样,反映出口腔各部位的不同敏感程度。例如,口唇舌尖的压觉阈值只有 $10 \sim 30$ kPa,而腭黏膜在 120 kPa 左右。

(2)牙齿的感知功能。在多数情况下,对食品质地的判断是通过牙齿咀嚼过程感知的。因此,认识牙齿的感知机理,对研究食品的质地有重要意义。用牙齿咀嚼时,感觉是通过牙龈膜中的神经感知的。门齿的感觉非常敏锐,而后面的臼齿要迟钝得多。安装假牙的人,由于没有牙龈膜,所以比正常人的牙齿感觉迟钝得多。

(3)颗粒大小和形状的判断。在食品质地的感官评定中,试样组织颗粒的大小、分布、形状及均匀程度,也是很重要的感知项目。例如,某些食品从健康角度需要添加一些钙粉或纤维质成分。为了使消费者感觉不到因颗粒较大而造成粗糙的口感,就需要把这些成分粉碎到口腔感知阈以下。一般在考虑颗粒大小的识别阈时,需要从两方面分析。一是口腔可感知颗粒的最小尺寸,二是对不同大小颗粒的分辨能力。

(4)口腔对食品中异物的识别能力。口腔识别食品中异物的能力很高。例如,吃饭时,食物中混有毛发、线头、灰尘等很小异物,往往都能感觉得到。那么一些果酱糕点类食品中,由于加工工艺的不当,产生的糖结晶或其他正常添加物的颗粒,就可能作为异物被感知。因此,异物的识别阈对感官评定也很重要。Manly 曾对 10 人评审组做了如下的异物识别阈实验:在布丁中混入碳酸钙粉末,当添加量增加到 2.9% 时,才有 100% 的评审成员感觉到了异物的存在。对安装假牙的人,这一比例要增加到 9% 以上。

Dwall 把不同直径的钢粉分别混入花生、干酪和爆米花中去,让 10 人评审组用牙齿去感知。实验发现钢粉直径的感知阈为 50 μm 左右,且与混入食物的种类无关。以上说明,对异物的感知与其浓度和尺寸大小都有一定的关系。总之,人对食品美味(包括质地)的感觉机理十分复杂,它不仅与味觉、口腔触觉有关,还和人的心理、习惯、唾液分泌,以及口腔振动、听觉有关。深入了解感觉的机理,对设计感官评定实验和分析食品质地品质都有很大帮助。

2.8　其他感觉

除前已述及的味觉、嗅觉、视觉、听觉、触觉外,还有一些与食品感官评定相关的感觉,诸如痛觉、温度觉等。

痛觉是一种难以定义的感觉。在许多情况下,过度的热接触、过强的光线和味道的刺激都会引发痛觉。甚至有时酥痒也伴随有痛觉。痛觉有时被看作是触觉的一种特殊感觉,是因为体内绝大多数痛觉感受点上的痛觉末端器官就是触觉末端器官。每个人对痛觉的敏感程度差别很大,因而对一些人是不愉快的痛觉刺激,对另一些人却是愉快的感觉。比如,某些人就特别喜欢辣椒的"热辣"痛感和烈性白酒的"灼烧"痛感。对这些食品的喜好除了在生理上的差别外,也有对这些食品适应程度上的差别。某些化学物质在口中会产生收敛性痛觉,这是由于这些化学物质含有收敛性鞣质或其他物质改变了口腔中的表皮细胞而产生的感觉。

人体很多部位都能感受温度差别。在这些能感受温度的区域内有许多冷点和温点,当不同的温度分别刺激这些冷点和温点时,便产生温度觉。不同部位对温度觉的敏感性不同,一般躯干部皮肤对冷的敏感性比四肢皮肤大。

适宜的温度(10~60 ℃)刺激冷、温感受体均能产生温度觉,但温觉和冷觉的划分却是以皮肤表面温度(又叫皮肤的生理零度)为标准。高于皮肤表面温度的刺激产生温觉,低于皮肤表面温度的刺激产生冷觉,皮肤表面温度也不是固定不变的,它随皮肤对外界温度的适应而变化。温度觉受三个因素影响:①皮肤的绝对温度即生理温度;②皮肤的绝对温度的变化速率;③受刺激区域的面积。

温度对食品有较大的影响,因此温度觉对食品感官评定有相应的作用。在分辨食品表面的冷、热程度时,气温和检查场所的环境温度、检查者的体温等,都能给食品的温度觉产生感觉误差。各种食品都有其适宜的食用温度,如冰激凌适宜的食用温度为0 ℃,咖啡和茶则为50~60 ℃。温度变化时,会对其他感觉产生一定影响,气味物质的挥发也与温度有关。这些问题在控制食品感官评定条件时应充分考虑。

2.9　影响感官判断的因素

从理论上讲,要求感官品评人员能够像仪器一样不受自身和外界因素的影响而精确地进行测量工作,但人不是仪器,还容易出现偏差。为了消除或降低这些偏差的影响,感官分析人员有必要了解一些影响感官判断的基本生理和心理因素。

2.9.1　生理因素

(1)疲劳现象。当一种刺激长时间施加在一种感官上后,该感官的敏感性降低,即会产生感官疲劳。感官疲劳是最常发生的一种感官基本规律,各种感官在同一刺激施加一段时间后,均会发生不同程度的疲劳。疲劳的结果是感官对刺激感受的灵敏度急剧下降。嗅觉器官若长时间嗅闻某种气味,就会使嗅感受体对这种气味产生疲劳,敏感性下降。随着刺激时间的延长甚至达到忽略这种气味存在的程度。比如,刚刚进入出售新鲜鱼品的水产鱼店时,会嗅到强烈的鱼腥味,随着在鱼店逗留时间的延长,所感受到的鱼腥味渐渐变淡。对长期工作在鱼店的人来说甚至可以忽略这种鱼腥味的存在。对味觉也有类似的现象发生。比如,吃第二块糖总觉得不如第一块糖甜。除痛觉外,几乎所有的感觉都存在这种现象。感觉的疲劳程度依所施加刺激强度的不同而有所变化,在去除产生感觉疲劳的强烈刺激之后,感官的灵敏度会逐渐恢复。一般情况下,感觉疲劳产生越快,感官灵敏度恢复就越快。值得注意的是,强烈刺激的持续作用会使感觉产生疲劳,敏感度降低,而微弱刺激的结果会使敏感度提高。感官品评人员的培训正是利用了这一特点。

(2)对比现象。当两个刺激同时或连续作用于同一感觉器官时,由于一个刺激的存在造成另一个刺激增强的现象称为对比增强现象。在感觉这两个刺激的过程中,两个刺激量都未发生变化,而感觉上的变化只能归于这两种刺激同时或先后存在对人心理上产生的影响。同时给予两个刺激时称作同时对比,先后连续给予两个刺激时,称作先后对比。比如,在 15 g/100 mL 蔗糖溶液中加入 17 g/L 的 NaCl 后,会感觉甜度比单纯的 15 g/100 mL 蔗糖溶液要甜;两只手拿过不同质量的砝码后,再换相同质量的砝码时,原先拿着轻砝码的手会感到比另一只手拿的砝码要重;在吃过糖后,再吃山楂会感觉山楂特别酸;吃过糖再吃中药,会觉得药更苦,这些都是常见的先后对比增强现象。比如,在舌头的一边舔上低浓度的食盐溶液,在舌头的另一边舔上极淡的砂糖溶液,即使砂糖的甜度浓度在阈值下,也会感觉到甜味;同一种颜色,将深浅不同的两种放在一起观察,会感觉深颜色者更深,浅颜色者更浅。这是常见的同时对比增强现象。

与对比增强现象相反,若一种刺激的存在减弱了另一种刺激,称为对比减弱现象。对比现象改变了两个同时或连续刺激的差别反应。因此,在进行感官评定时,应尽量避免对比现象的发生。比如,在品尝评比几种食品时,品尝每种食品从前都要彻底漱口,以避免对比效应带来的影响。

(3)变调现象。当两个刺激先后施加时,一个刺激造成另一个刺激的感觉发生本质的变化现象,称为变调现象,比如,尝过 NaCl 或奎宁后,即使再饮用无味的清水也会感觉有微微的甜味。对比现象和变调现象虽然都是前一种刺激对后一种刺激的影响,但变调现象影响的结果是本质的改变。

(4)相乘现象。当两种或两种以上的刺激同时施加时,感觉水平超出每种刺激单独作用效果叠加的现象,称为相乘现象。比如,同时用海带和木松鱼煮食,可获得鲜味,因为海带中含有谷氨酸钠,木松鱼中含有肌苷酸,尽管两者都具有鲜味,但如果同时使用,鲜味则明显增强;20 g/L 的味精和 20 g/L 的核苷酸共存时,会使鲜味明显增强,增强的强度超过 20 g/L 味精单独存在的鲜味与 20 g/L 核苷酸单独存在的鲜味的加和;麦芽酚添加到饮料或糖果中能增强这些产品的甜味。用数学表达式表示为 MIX>A+B,其中 MIX 代表混合物,A 表示未混合前 A 物质的强度,B 代表未混合前 B 物质的强度。相乘作用的效果广泛应用于复合调味料的调配中。

(5)阻碍作用。由于某种刺激的存在导致另一种刺激的减弱或消失,称为阻碍作用或拮抗作用。当两个强度相差较大的声音同时传到双耳,我们只能感觉到其中一个声音,这就是典型的拮抗效应。再比如,产于西非的神秘果会阻碍味感受体对酸味的感觉,在食用过神秘果后,再食用带酸味的物质就感觉不到酸味。匙羹藤酸能阻碍味感受体对苦味和甜味的感觉,而对咸味和酸味无影响。嚼过匙羹藤叶(内含匙羹藤酸)后,再食用带有甜味和苦味的物质也感觉不到味道,吃砂糖就像嚼沙子一样无味。

2.9.2　心理因素

(1)期望误差。在对某一样品进行评价时,我们所知道的样品的信息可能会影响对样品的判断,因为我们总会在样品中发现事先预期的东西。比如,在进行阈值测定的实验中,所测定样品的浓度一般是不断增加的,如果品评人员意识到这一点,那么即使他所检测的样品的浓度不是依次递增的,他也会得出浓度递增的结论;如果品评人员听说所检测的样品是过期而销售商返回的产品时,他会很容易在样品中感受到与过期食品相关的气味;啤酒品评人员如果得知啤酒花的含量,将会对苦味的判定产生误差。期望误差会直接破坏测试的有效性,在进行实验时,一定不能向品评人员透漏任何关于样品的信息。样品应被随机编号,并随机呈送给品评人员。有时,我们认为优秀的品评人员不会受到样品信息的影响,然而,实际上品评人员自己也不知道他的判断会在多大程度上受到这些信息的影响,所以,最好的方法是品评人员对样品的情况一无所知。

(2)习惯误差。人是一种习惯性动物,甚至可以说"人类是习惯的奴隶"。在感觉世界里存在着习惯,并由此引起另一种错误判断——习惯误差。这种误差来源对对缓慢递增或递减的刺激给出的是相同的反应,忽视了这种变化趋势,甚至不能察觉偶然错误的样品。习惯误差是非常常见的,可以通过改变产品种类或将有缺陷的产品故意混到正常产品中去等方法克服。

(3)刺激误差。刺激误差产生于某些条件参数,比如容器的外形或颜色会影响品评人员。如果条件参数上存在差异,即使完全一样的样品品评人员也会认为它们会有所不同。比如,拧盖的瓶子装的葡萄酒的价格通常比较低,有人做过这样的实验,由同一批人分别对拧盖装葡萄酒和软木塞装葡萄酒打分,结果是拧盖装的得分比软木塞装的得分要低。较晚提供的样品一般被划分在口味较重的一档中,因为品评人员知道了为了减小疲劳,组长总是会将口味淡的样品放在前面进行鉴评。避免这种情况发生的措施:避免留下相关的线索,鉴评小组的时间安排要有规律,但提供样品的顺序或方法要经常进行不规律的变化。

(4)逻辑误差。逻辑误差常发生在品评人员将两个或两个以上特征联系起来时,就会产生逻辑误差。颜色越黑的啤酒口味越重,颜色越深的蛋黄酱越不新鲜,知道这些类似的知识会导致品评人员更改他的结论,而忽视自身的感受。要想降低逻辑误差,一定要使被评价的样品各方面都一致,比如,啤酒的颜色不能有深有浅,将外观上的差异通过有颜色的眼镜或者灯光屏蔽掉。而有些误差不能屏蔽,但可以通过其他方式做到,比如味道苦的啤酒通常获得的酒花香气的分值较高,为了打破苦味和啤酒花香气之间的逻辑关系,可以将加了奎宁的低酒花含量的啤酒混入被检样品中,以打破这种逻辑误差。

(5)光环效应。当评价样品一个以上的属性时,这些属性会发生相互影响,这就是光环效应。这种效应表现是对产品的几个属性或总体接受性同时打分时与对各属性单独打分得到的结果不一样。比如,在对橘子汁的消费测试中,品评人员不仅要按照自己对橘子汁的整体喜好程度来评分,还要对其他的一些属性进行评分。结果是,总体喜好程度高的样品的其他属性(甜度、酸度、新鲜度、风味、口感)得分也高,而总体喜好得分低的样品,各项属性的得分也很低。当任何特定的属性对产品的评定结果很重要时,为了避免光环效应,我们可以对该属性单独评价。

(6)样品的呈送顺序。呈送样品的顺序至少可能产生以下5种误差。

1)对比效应:在评定劣质样品前,先呈送优质样品会导致劣质样品的等级降低(与单独评定相比);反之亦然。举个简单的例子,进行各种表演比赛时或演出时,谁都不希望在实力最强或者名气最大的参赛者或者演员后面出场,因为那样只能做陪衬。

2)组群效应:如果将一个质量好的样品放在一组质量差的样品中被一起评价,那么它的得分一定比单独评价要低。这和对比效应的结果正好相反。

3)中心趋势:误差在呈送样品的过程中,位于中心附近的样品会比那些在末端的更受欢迎。比如,三点实验中,位于中间位置的样品被选择为"不一样"的样品的机会总是大于其他位置。在标尺的使用上也有同样的问题,即品评人员倾向于使用标尺的中间部分的刻度,而较少使用两端的刻度。

4)呈送方式:影响品评人员将会利用一切可用的线索很快猜测出样品呈送顺序内在的规律。

5)时间效应/位置效应:品评人员对样品的态度经历了一系列的变化,从对第一个样品的期待、渴望,到对最后一个样品的疲惫甚至漠然。第一个样品在通常情况下都是格外地受欢迎(或被拒绝)。一个短时间的实验会对第一个样品产生偏差,而长时间的实验则会对最后一个样品产生偏差。

所有以上这些影响都要通过使用随机的、平均的呈送顺序来抵消或降低到最低限度。"随机"意味着样品的编号是按随机号码编排的,而且每一种组合被选择的顺序也是随机的。"平均"意味着每一种可能的组合被呈送的次数都是一样的,每一个样品在每个实验中,出现在呈送顺序的各个位置上的次数都是一样的。

(7)相互建议。一个品评人员的反应可能受到其他品评人员的影响。对于这一点可以采用品评人员在单独的品评室进行,防止他的判断被其他人脸上的表情所影响,也不允许口头表达对样品的意见。并且实验区还应保持安静和没有其他可能分散注意力的外界因素的干扰,同时要远离准备区。

(8)缺少积极性。品评人员是否能够努力去分辨产品之间细微的差别,为某种感觉找到一个合适的描述方式或者在为产品打分上得到前后一致,对实验的结果都起着决定性的作用。实验组织者应该营造好的环境,让品评人员充分感觉到鉴评工作的重要性,充分调动他们的工作热情,这样可以使鉴评工作更有效率地、精确地完成。

(9)标尺的使用方法。不同的品评人员使用标尺的习惯不同,有的习惯使用两个极端,有的习惯使用中间部分,这样就使评分结果的差异性比较大。为了获得更为准确、有意义的结果,鉴评小组的组长应该每天监控新的品评人员的评分结果,以样板(已经评估过的样品)给予指导。

2.9.3　身体状况的影响

身体患某些疾病或发生异常时,会导致失味、味觉迟钝或变味。品评人员有下列情况的,应该不参加品评工作:①感冒或者发热,触摸人员有皮肤或者免疫系统失调;②有口腔疾病或牙齿疾病;③精神沮丧或工作压力大。

人处在饥饿状态下会提高味觉敏感性,但是对于喜好性实验几乎没有影响。一般的品尝实验要安排在三餐之后的 2 h 后进行。对于每天都要参加品评工作的人来说,工作的最佳时间是上午 10:00 到午饭时间。一般来说,每个品评人员的最佳时间取决于生物钟:一般为一天中最清醒和最有活力的时间。

吸烟者参加品评实验的话,一定要在实验开始 30 ~ 60 min 之前不要吸烟,习惯饮用咖啡的人也要在实验前 1 h 不饮咖啡。

思考与练习

1. 感觉有哪些基本规律？感觉评定时应如何应用这些规律？

2. 解释：感觉阈、绝对阈、差别阈、极限阈。

3. 影响感觉的主要因素有哪些？

4. 什么是味觉？简述味觉理论及食品的味觉识别相关知识。

5. 什么是嗅觉，嗅觉有哪些特征？

6. 怎么进行食品的嗅觉检查？

7. 视觉有何感觉特征？视觉对感官评定有何影响？

8. 感官的相互作用有哪些？

9. 什么是感觉的疲劳现象、对比现象、变调现象、相乘作用和阻碍作用？

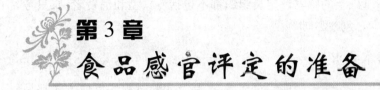

第3章
食品感官评定的准备

3.1 食品感官品评员的选拔

食品感官评定是以人的感觉为基础,通过感官评价食品的各种属性后,再经统计分析而获得客观结果的实验方法。食品感官评定过程中,其结果受客观条件和主观条件的影响。食品感官评定的客观条件包括外部环境条件和样品的制备,而主观条件涉及参与感官评定实验人员的基本条件和素质。

因此,对于食品感官评定实验,参与实验的评定员、外部环境条件和样品的制备是食品感官评定实验得以顺利进行并获得理想结果的三个必备要素。当客观条件具备时,食品感官品评员的选择和训练是使感官评定实验结果可靠和稳定的首要条件。

3.1.1 食品感官品评员的类型

根据感官实验人员在感官评价上的经验及相应的训练层次可以把参加感官评定实验的人员分为专家型、消费者型、无经验型、有经验型及训练型等五类。

(1)消费者型。是食品感官品评员中代表最广泛的一类。通常由各个阶层的食品消费者的代表组成。消费者型感官品评员仅从自身的主观愿望出发,目的是评价是否喜爱或接受所实验的产品及喜爱和接受的程度。这类人员不对产品的具体属性或属性间的差别做出评价。

(2)无经验型。只对产品的喜爱和接受程度进行评价,但这类人员不及消费者型代表性强。一般是在实验室小范围内进行感官评定。由与所试产品有关人员组成,无须经过特定的筛选和训练程序,根据情况轮流参加感官评定实验。

(3)有经验型。经过感官品评员筛选实验并具有一定差别分辨能力的感官品评实验人员,他们可专职从事差别类实验,但是要经常参与有关的差别实验,以保持分辨差别的能力。

(4)训练型。从有经验型感官品评员中经过进一步筛选和训练而获得的感官品评员。通常他们都具有描述产品感官品质特性及特性差别的能力,专门从事对产品品质特性的评价。

(5)专家型。食品感官品评员中层次最高的一类、专门从事产品质量控制、评估产品特定属性与记忆中该属性标准之间的差别和评选优质产品等工作。专家型鉴评人员数量最少而且不易培养,如品酒师、品茶师。他们不仅需要积累多年的专业工作经验和感官评定经历,而且在特性感觉上具有一定的天赋,在特征表述上具有突出的能力。

通常建立在感官实验室基础上的感官评定员组织都不包括专家型和消费者型,只考虑其他三类人员(无经验型、有经验型、训练型)。

3.1.2 候选评定员的基本要求

感官评价是用人来对样品进行测量。他们对环境、产品及实验过程的反应方式都是实验潜在的误差因素。因此,食品感官评定人员对整个实验是至关重要的,需要重视食品感官评定人员的筛选和培训的工作。筛选过程包括筛选候选人员和在候选人员中确定通过特定实验手段筛选两个方面。

3.1.2.1 候选评定员信息的获取

感官评价实验组织者可以通过发放问卷或面谈的方式获得相关信息。

问卷要精心设计,不但要求包含候选人员选择时应该考虑的各种因素,而且要能够通过答卷人的问答获得准确信息。调查问卷的设计一般满足以下几方面的要求:①问卷应能提供尽量多的信息;②问卷应能满足组织者的需求;③问卷应能初步识别合格与不合格人选;④问卷应能通俗易懂、容易理解;⑤问卷应容易回答。

面谈能够得到更多的信息。通过感官评价实验组织者和候选人员的双向交流,可以直接获取候选人员的有关情况。在面谈中,候选人员会提出相关的问题,而组织者也可以向候选人员谈谈感官评价方面的信息资料,以及从对方获得相应的反馈信息。面谈可以收集问卷调查中没有或者不能反映的问题,从而可获得更丰富的信息。面谈应以感官评价组织者的精心准备和其所拥有的感官评价知识和经验为基础,否则很难达到预期的效果。为了使面谈更富有成效,应注意以下几点:①感官评价组织者应具有专业感官分析知识和丰富的感官评价经验;②面谈之前,感官评价组织者应准备所有的要咨询的问题要点;③面谈的气氛应轻松融合、不能严肃紧张;④感官评价组织者应认真记录面谈内容;⑤面谈中提出的问题应遵循一定的逻辑性,避免随意发问。

3.1.2.2 候选评定员的基本要求

食品感官评定实验将人作为特殊的"分析仪器",由于每个感官评价人员在感官上的差别(如稳定性、灵敏度、误差等)是一种天性,是难以避免的。因此根据实验的特性对参与感官评定实验的人员会提出具体的标准和要求。

(1)兴趣和动机。兴趣和动机是挑选候选人员的前提条件,是调动一个人主观能动性的基础。只有对感官评定工作有兴趣的人才会认真学习感官评价相关知识,才会根据实验要求正确操作,才能在感官评定实验中集中精力,并圆满完成实验所规定的任务。候选人员对感官评价的兴趣与他对该实验重要性的认识和理解有关。因此,在候选人员的挑选过程中,组织者要通过一定的方式,让候选人员知道进行感官评价的意义和参加实验人员在实验中的重要性。之后,通过反馈的信息判断各候选人员对感官评价人员的兴趣。

(2)健康状况。要求候选评定员健康状况良好,感觉正常、无过敏症或疾病。不应服用会减弱其对产品感官特性真实评价能力的药品,戴假牙者不宜担任某些质地特性的感官评价。但感冒或某些暂时状态(例如怀孕等)不应成为淘汰候选评定员的理由。年龄最好在 20～50 岁。

(3)表达能力。感官评定实验所需的语言表达和叙述能力与实验方法相关。对差别实验只要求参加实验者具有良好的分辨能力;而对描述性检验,评定员的表达和描述感觉的能力特别重要,这种能力可在面试和筛选检验中显示出来。因此,在选拔描述检验的候选评定员时要特别重视这方面的能力。

(4)准时性。候选评定员应能参加培训和以后的评价工作,感官评定实验要求参加实验的人员每次必须按时出席。实验人员迟到不仅会浪费别人的时间,而且会造成实验样品的损失和破坏实验的完整性。那些经常出差或工作繁重的人不宜参加感官评定工作。

(5)对评价对象的态度。应了解候选评定员是否对某些评价对象(例如食品或饮料)特别厌恶或喜欢,特别是对将来可能评价对象的态度,自我意识太强、个人好恶和偏见明显者不宜参加品评。同时应了解是否由于文化上、种族上、宗教上或其他方面的原因而禁忌某种食品。

除上述几个方面外,另外有些因素在挑选人员时也应充分考虑,诸如职业、教育程度、工作经历、感官评价经验、性别、出生地等。是否吸烟也可记录,但不作为淘汰候选评定员的理由。

3.1.2.3　候选评定员的筛选

筛选指通过一定的筛选实验方法观察候选人员是否具有感官鉴评能力,诸如普通的感官分辨能力;对感官鉴评实验的兴趣;分辨和再现实验结果的能力和适当的感官鉴评人员行为(合作性、主动性和准时性等)。

食品感官鉴评人员的筛选工作在初步确定感官鉴评候选人后进行。筛选实验通常包括基本识别实验(基本味或气味识别实验)和差异分辨实验(三点实验、顺位实验等)。根据筛选实验的结果获知参加筛选实验人员在感官鉴评实验上的能力,决定候选人员适宜作为哪种类型的感官鉴评或不符合参加感官鉴评实验的条件而淘汰。

有时根据需要也会设计一系列实验来多次筛选人员或者将初步选定的人员分组进行相互比较性质的实验。有些情况下也可以将筛选实验和训练内容结合起来,在筛选的同时进行人员训练。

在筛选评定员之前,必须清楚以下几点:①不是所有的候选人都符合感官评定员的要求;②大多数人不清楚他们对产品的感觉能力;③每个人的感官评价能力不都是一样的;④所有人都需要经过指导才会知道如何正确进行实验。

3.1.3　区别检验品评人员的筛选和培训

3.1.3.1　感官功能的测试

感官评价人员应具有正常的感觉功能,每个候选人都要经过各有关感官功能的检验,以确定感官功能是否有视觉缺陷、嗅觉缺失、味觉缺失等。此过程可采用相应的敏感性检验来完成,可对候选人进行基本味道识别能力的测定,按表 3.1 进行制备四种基本味道的储备液,然后分别按照几何系列或算术系列制备稀释溶液,见表3.2和表3.3。

表3.1　四种基本味道储备液

基本味道	参比物质	浓度/(g/L)
酸	DL-酒石酸(结晶)$M=150.1$	2
	柠檬酸(一水化合物结晶)$M=210.1$	1
苦	盐酸奎宁(二水化合物)$M=196.9$	0.020
	咖啡因(一水化合物结晶)$M=212.12$	0.200
咸	无水氯化钠 $M=58.46$	6
甜	蔗糖 $M=342.3$	32

注:M为物质的分子量;酒石酸和蔗糖溶液在实验前几小时配制;试剂均为分析纯

表3.2　四种基本味道几何系列稀释液

稀释液	成分		试液溶液浓度/(g/L)					
	储备液/mL	水/mL	酸		苦		咸	甜
			酒石酸	柠檬酸	盐酸奎宁	咖啡因	氯化钠	蔗糖
G_6	500	稀释至1 000	1	0.5	0.010	0.100	3	16
G_5	250		0.5	0.25	0.005	0.050	1.5	8
G_4	125		0.25	0.125	0.002 5	0.025	0.75	4.0
G_3	62		0.12	0.062	0.001 2	0.012	0.37	2
G_2	31		0.06	0.030	0.000 6	0.006	0.18	1
G_1	16		0.03	0.015	0.000 3	0.003	0.09	0.5

表3.3　四种基本味液算术系列稀释液

稀释液	成分		试液溶液浓度/(g/L)					
	储备液/mL	水/mL	酸		苦		咸	甜
			酒石酸	柠檬酸	盐酸奎宁	咖啡因	氯化钠	蔗糖
A_9	250	稀释至1 000	0.50	0.250	0.005 0	0.050	1.50	8.0
A_8	225		0.45	0.225	0.004 5	0.045	1.35	7.2
A_7	200		0.40	0.200	0.004 0	0.040	1.20	6.4
A_6	175		0.35	0.175	0.003 5	0.035	1.05	5.6
A_5	150		0.30	0.150	0.003 0	0.030	1.0	4.8
A_4	125		0.25	0.125	0.002 5	0.025	0.75	4
A_3	100		0.20	0.100	0.002 0	0.020	0.60	3.2
A_2	75		0.15	0.075	0.001 5	0.015	0.45	2.4
A_1	50		0.10	0.050	0.001 0	0.010	0.30	1.6

选用几何系列 G_6 稀释溶液或算术系列 A_9 稀释溶液,分别放置在 9 个已编号的容器内,每种味道的溶液分别置于 1 ~ 3 个容器中,另有一容器盛水,评定员按随即提供的顺序分别取约 15 mL 溶液,品尝后按表 3.4 填写。表 3.5 为某一评定员的味觉测定实例。

表 3.4　四种基本味道识别能力测定记录表

姓名:				年　月　日
容器编号	未知样	酸味	苦味	咸味	甜味

表 3.5　味觉测定实例

姓名:				年　　月　　日
容器编号	未知样	酸味	苦味	咸味	甜味
132		×			
740	×				
576				×	
928			×		
299		×			
737			×		×
485				×	
172	×				
822					×

注:容器编号取自随机数表

3.1.3.2　筛选实验

不同类型的感官分析实验要求评定员具有不同的能力,对于区别检验评定员要求其具有以下能力:区别不同产品之间性质差异的能力;区别相同产品某项性质程度的大小、强弱的能力。因此,在确定区别检验候选者具有正常的感官功能后,应对其进行感官灵敏度测试,常用的方法有以下几种。

(1)匹配实验。用来评判评定员区别或者描述几种不同物质(强度都在阈值之上)的能力。实验方法是给候选者第一组样品,4 ~ 6 个,并让他们熟悉这些样品。然后再给他们第二组样品,8 ~ 10 个,让候选者从第二组样品中挑选出与第一组相似或者相同的样品。以下实例是做匹配实验常用的样品或问卷。实验结束后,匹配正确率低于 75% 和气味的对应物选择正确率低于 60% 的候选人将不能参加实验。

1)识别检验。用于判断评定员识别明显高于阈限水平的具有不同感官特征的材料样品。制备明显高于阈水平的材料的样品(检验味道所用材料的例子见表 3.6)。每个样品都编上不同的随机三位数码。向候选评定员提供每种类型的一个样品并让其熟悉这些样品。然后向他们提供一系列同材料但带有不同编码的样品。让候选评定员与原来的样品配比并描述他们的感觉。若候选评定员对表 3.6 中所给出的不同材料的浓度配比的正确率小于 80%,则不能选为优选评定员。同时要求对样品产生的感觉做出正确描述。

表 3.6　检验味道所用材料举例

味道	材料	室温下水溶液浓度/(g/L)
甜	蔗糖	16
酸	酒石酸或柠檬酸	1
苦	咖啡因	0.5
咸	氯化钠	5
涩	鞣酸[①]	1
	或豕草花粉苷(栎精)	0.5
	或硫酸铝钾	0.5
金属味	水合硫酸亚铁($FeSO_4 \cdot 7H_2O$)[②]	0.01

注:①该物质不易溶于水;②尽管该物质有最典型的金属味,但其水溶液有颜色,所以最好在彩灯下用密闭不透明的容器提供这种溶液

2)对味觉灵敏度测试。可按表 3.2 或表 3.3 的稀释液,自清水开始依次从低浓度到高浓度送交评定员,品尝后按表 3.7 填写。

表 3.7　4 种基本味道不同阈值的测定记录表

姓名:												年　月　日
容器顺序	水	1	2	3	4	5	6	7	8	9	10	11
容器编号												
记录												

品尝时要求评定员细心品尝每种溶液。如果溶液不咽下,需含在口中停留一段时间。每次品尝后,用清水漱口,在品尝下一个基本味道之前,漱口后等待 1 min。表 3.8 为测定实例。

表 3.8　阈值测定实例

姓名:												年　　月　　日
容器顺序	水	1	2	3	4	5	6	7	8	9	10	11
容器编号		816	601	123	482	704	591	185	962	285	360	683
记录	○	○	○	×	××	××	×××	×××	×××	×××	×××	×××

注:①○无味,×察觉阈,××识别阈,×××识别不同,浓度递增,增加×数;
②若候选评定员对味觉的灵敏度不高则不能选为优选评定员

3）对嗅觉灵敏度的测试。实验中常用的样品和调查试卷如表3.9和表3.10所示。

表3.9　嗅觉灵敏度测试(气味、香气①)常用样品举例

气味描述	刺激物	气味描述	刺激物
薄荷	薄荷油	香草	香草提取物
杏仁	杏仁提取物	月桂	月桂醛
橘子皮	橘子皮油	丁香	丁子香粉
青草	顺–3–己烯醇	冬青	甲基水杨酸盐

注：①将能够吸香气的纸浸入香气原料，在通风橱内风干30 min，放入带盖的广口瓶拧紧

表3.10　嗅觉灵敏度测试常用的匹配实验问答卷

匹配实验问答卷
实验指令：用鼻子闻第一组风味物质，每闻过一个样品之后，要稍作休息。然后闻第二组物质，比较两组风味物质，将第二组物质编号写在与其相似的第一组物质编号的后面。 第一组、第二组风味物质① 068 813 712 564 234 675 ①请从下列物质中选择符合第一组、第二组风味的物质，依次决定候选人能否参加后面的区别检验。 冬青　姜青草　茉莉 月桂　丁香　薄荷　橘子 花香　香草　杏仁　茴香

（2）区别检验。此项检验用来区别候选人区分同一类型产品的某种差异能力。可以用三点检验或二–三点检验来完成。样品之间差异可以是同一类产品的不同成分或者不同加工工艺。常用的实验物质如表3.11所示。实验结束后，对结果进行统计分析。在三点检验中，正确识别率低于60%则被淘汰。在二–三点检验中，识别率低于75%则被淘汰。

表3.11　区别检验建议使用的物质及其浓度

材料	室温下的水溶液浓度	材料	室温下的水溶液浓度
咖啡因	0.27 g/L	蔗糖	12 g/L
柠檬酸	0.60 g/L	3–顺–己稀醇	0.4 mg/L
氯化钠	2 g/L		

（3）排序和分级检验。此实验用来确定候选人员区别某种感官特征的不同水平的能力，或者判定样品性质强度的能力。具体做法参见 GB/T 12315—2008。在每次检验中将一系列具有不同特性强度的样品以随机的顺序提供给候选评定员。要求他们以强度递增的顺序将样品排序。检验回答表格式样见表 3.12。应以相同的顺序向所有候选评定员提供样品以保证候选评定员排序结果的可比性而避免由于提供顺序的不同而造成的影响。实验中常用的样品材料及其浓度的例子见表 3.13。

表 3.12　检验回答表格式样

姓名：　　　　　日期：　　　　　检验号：
请按从左至右顺序品尝每个样品,并在下面表格中以甜味增加的顺序写出样品编号：

甜度	最不甜				最甜	
编码						

注释：

表 3.13　排序和分级检验建议使用材料举例

检验项目	材料	室温下水溶液浓度/(g/L)或特性强度
味道辨别	酸:柠檬酸	0.4,0.2,0.10,0.05
	甜:蔗糖	10,20,50,100
	苦:咖啡因	0.3,0.6,1.3,2.6
	咸:氯化钠	1.0,2.0,5.0,10
气味辨别	丁子香酚	0.30,0.10,0.03
质地辨别	要求有代表性的产品	豆腐、豆腐干,质地从硬到软
颜色辨别	布或者颜色标度等	布,颜色从强到弱(如从暗红到浅红)

应根据具体产品来确定实际排序水平的可接受程度。对表 3.13 中规定的浓度,候选评定员如果将顺序排错 1 个以上,则认为该候选评定员不适宜于作为该类分析的优选评定员。

3.1.3.3　区别检验品评人员的培训

每个感官评定员在感官上的差别是一种天性,是难以避免的。但培训好的评定员,可以使每个人的反应保持稳定,这对于产品的分析结果能否作为依据是非常重要的。因此,要想得到可靠的、有效的实验结果,对感官评定员的培训是必不可少的。通过培训,可以发现有的人对某种食物或者制品具有特殊的挑战能力。这种能力是通过培训获得的,启迪后具备的。有人发现对七名品评人员分别进行 4 h、60 h、120 h 的培训,在每次培训之后都对 3 种市售番茄酱进行品尝比较,在经过短期培训之后,品评人员可以发现 3 种市售番茄酱某些感官和风味上的差异,在培训 60 h 后,可发现更多的差别,在培训 120 h 后,每个品评都可以发现 3 种产品之间的所有质地上的差异和绝大部分风味上的差异,说明通过培训能够使得评定员辨别能力增强。

在实验前,要告诉感官评定员一些注意事项。比如,在培训期间尤其是培训的开始阶段不能接触或使用有气味的化妆品及洗涤剂;避免感受器受到强烈刺激,不能喝咖啡、嚼口香糖、吸烟;除嗜好性感官实验外,评定员在鉴评过程中不能掺杂个人情绪;如果评定员感冒、头疼或睡眠不足,则不应该参加实验等。

在开始实验时,要认真向评定员讲解本次实验的正确操作步骤,要求评定员阅读实验指导书并严格执行。正式培训时,要遵循由易到难的原则来设计培训实验,让感官评定员理解整个实验。感官评价组织者还要向受培训的人员讲解感官评定的基本概念、感官分析程度及感官评定的基本用语的定义及内涵,从基本感官分析技术和实验技能两方面对感官评定员进行培训。

(1)基本感官分析技术的培训。感官分析技术的培训又包括认识感官特性的培训、接受感官刺激的培训和使用感官检验设备的培训。认识感官特性的培训是使评定员能认识并熟悉各有关感官特性,如颜色、质地、气味、味道、声响等。而接受感官刺激的培训是培训候选评定员正确接受感官刺激的方法,例如在评价气味时,应浅吸而不应该深吸,并且吸的次数不要太多,以免嗅觉混乱和疲劳。对液体和固态样品,当用嘴评价时应事先告诉评定员可吃多少,样品在嘴里停留的大约时间,咀嚼的次数以及是否可以咽下,另外要告知如何适当地漱口以及两次评价之间的时间间隔以保证感觉恢复,但是要避免间隔时间过长以免失去区别能力。使用感官检验设备的培训是培训候选评定员正确并熟练使用有关感官检验设备。

(2)实验技能的培训。区别检验品评人员实验技能的培训主要采用差别检验方法培训。候选评定员需要熟练掌握差别检验的各种方法,包括成对比较检验(GB/T 12310—2012)、三点检验(GB/T 12311—2012)、"A-非 A"检验(GB/T 12316—1990)等。

在培训过程中样品的制备应体现由易到难循序渐进的原则。如有关味道和气味的感官刺激的培训,刺激物最初可由水溶液给出,在有一定经验后用实际的食品或饮料代替,也可以使用两种成分的按不同比例混合的样品。

用于培训和检验样品应具有市场产品的代表性。同时应尽可能与最终评价的产品相联系。表3.14 列出了培训阶段所使用的样品的例子。

3.1.3.4　区别检验品评人员的考核

进行了一个阶段的培训后,需要对评定员进行考核以确定优选评定员的资格。从事特定检验的评价小组成员就从具有优选评定员资格的人员中产生。每种检验所需要的评定员小组的人数见 GB/T 10220—2012 及各项专项方法标准。

表3.14

考核主要是检验评定员操作的正确性、稳定性和一致性。正确性是考察每个候选评定员是否能正确地评价样品。例如是否能正确区别、正确分类、正确排序、正确评分等。稳定性是考察每个候选评定员对同一组样品先后评价的再现程度。一致性是考察各候选评定员之间是否掌握同一标准做出一致的评价。

不同类型的感官分析评价实验要求评定员具有不同的能力,对于区别检验评定员要求其具有以下能力:区别不同产品之间性质差异的能力;区别相同产品某项性质程度的大小、强弱的能力。

（1）区别能力的考核。采用三点检验法考核评定员的区别能力。使用实际中将要评价的材料样品。提供三个一组共10组样品。让候选评定员将每组样品区分开来。根据正确区别的组数判断候选评定员的区别能力。

（2）稳定性考核。经过一定的时间间隔，再重复3.1.3.4（1）的实验，比较两次正确区别的组数，根据两次正确区别的样品组数的变化情况判断该候选评定员的操作稳定性。

（3）一致性考核。用同一系列样品组对不同的候选评定员分别进行3.1.3.4（1）的实验，根据各候选评定员的正确区别的样品组数判断该候选评定员区别检验的一致性。

3.1.3.5　区别检验品评人员的再培训

已经接受过培训的优选评定员若一段时间内未参加感官评价工作，其评价水平可能会下降，因此对其操作水平应定期检查和考核，达不到规定要求的应重新培训。

3.1.4　描述分析实验品评人员的筛选和培训

描述分析检验品评人员需要符合以下条件，首先要求自愿参加；其次要求能够参加80%以上的品评工作，不能因某些原因经常不参加；此外，还要求身体健康。感官功能的测试同3.1.3.1。

3.1.4.1　描述分析实验品评人员的筛选实验

对于参加描述分析实验的评定员来说，只有分辨产品之间差别的能力是不够的，他们还应具有对于关键感官性质进行描述的能力，并且能够从量上正确的描述感官强度的不同。他们应具有的能力包括：对感官性质及其强度进行区别的能力；对感官性质进行描述的能力，包括用语言来描述性质和用标尺来描述强度；抽象归纳的能力。

表达能力的测试一般可以分两步进行。

（1）区别能力测试。可以用三点检验或二-三点检验，样品之间的差异可以是温度、成分、包装或加工过程，样品按照差异的被识别程度由易到难的顺序呈送。三点检验中，正确识别率在50%~70%，二-三点检验中，识别率在60%~80%为及格。

（2）描述能力测试。呈送给参试人员一系列差别明显的样品，要求参选人员对其进行描述，参加人员要能够用自己的语言对样品进行描述，这些词语包括化学名词、普通名词或者其他有关词汇等。这些人必须能够用这些词汇描述出80%的刺激感应，对剩下的那些能够用比较一般的、不具有特殊性的词汇进行描述，比如，甜、咸、酸、涩、一种辣的调料，一种浅黄色的调料等。此检验可通过气味描述检验和质地描述检验来完成。

1）气味描述检验。此实验用来检验候选人描述气味刺激的能力。向候选人提供5~10种不同的嗅觉刺激物。在这些刺激物样品最好与最终评价的产品想联系。样品系列应包含熟悉的、比较容易识别的样品和一些生疏的、不常见的样品。刺激物的刺激强度应在识别阈值之上，但不能比实际产品中含量高出太多。此实验中样品的制备方法可以为直接法或者鼻后法。

将吸有样品气味的石蜡或者棉绒置于深色无味的50 mL的有盖玻璃瓶中，使之有足够的样品材料挥发在瓶子的上部。再将样品提供给评定员之前应检查一下气味的强度。

一次只能提供给候选人一个样品,要求候选人描述或记录他们的感受。初次讨论后,组织者可主持一次小型研讨会,以便更多地了解候选人描述刺激的能力。所用材料如表3.15所示。

表 3.15　气味描述实验常用材料示例

材料	由气味引起的通常联想物的名称	材料	由气味引起的通常联想物的名称
苯甲醛	苦杏仁	茴香脑	茴香
新烯-3-醇	蘑菇	香兰醛	香草素
苯乙酸-2-乙酯	花卉	β-紫罗酮	紫罗兰、悬钩子
2-烯丙基硫醚	大蒜	丁酸	发哈的黄油
樟脑	樟脑丸	乙酸	醋
薄荷醇	薄荷	乙酸异戊酯	水果
丁子香酚	丁香	二甲基噻吩	烤洋葱

当实验结束后,即可对结果进行分析评价。一般可按照以下的标度给候选人打分:描述准确的5分;仅能在讨论后才能较好描述的4分;联想到产品的2~3分;描述不出的1分。

应根据所使用的不同材料规定出合格的操作水平。气味描述检验候选人得分应该达到满分的65%,否则不宜做这类检验。

2)质地描述检验。该测试是检验候选评定员描述不同质地特性的能力。以随机的顺序向候选评定员提供一系列样品,并要求描述这些样品的质地特征。固态样品应加工成大小不同的形状,液体样品应置于不透明的容器内提供。所用材料见表3.16。

表 3.16　质地描述检验常用的材料示例

材料	由产品引起的对质地的联想	材料	由产品引起的对质地的联想
橙子	多汁	栗子泥	面团状的,粉质的
油炸土豆片	脆的,有嘎吱响声	奶油冰激凌	软的,奶油状的,光滑的
梨	多汁的,颗粒感	藕粉糊	胶水般的,软的,糊状的,胶状的
结晶糖块	结晶的,硬而粗糙的	炖牛肉	明胶状的,弹性的,纤维质的
胡萝卜	硬的,有嘎吱响声		

实验结束后,对结果进行分析。可按以下标度给候选评定员的操作打分:描述准确的5分;仅能在讨论后才能较好描述的4分;联想到产品的2~3分;描述不出的1分。

应根据所使用的不同材料规定出合格的操作水平。质地描述检验候选人得分应该达到满分的65%,否则不宜做这类检验。

3.1.4.2　描述检验品评人员的培训

相比较于区别检验来说,对描述检验品评人员的培训显得尤为重要。有人发现同样是描述咖啡的17种感官指标,在培训之前,每个评定员能够识别的指标都低于6种,而在培训之后,有8人至少能够识别出其中的8种,有2人能够识别出12种以上。所以说通过培训,小组成员对产品和品评技术都更加熟悉,整个品评小组的辨别能力得到了增强,每个品评人员的识别能力也得到了增强。

每次感官评定实验结束后,评定员都应集中到一起,对结果和不同观点进行评论,使意见达到一致,这对提高评定员的描述和表达能力具有十分重要的意义。

(1)设计和使用描述词的培训。通过提供一系列简单样品并要求制定出描述其感官特性的术语和词汇,特别是那些能将样品区别的术语或词汇。向品评人员介绍这些描述性的词汇,包括外观、风味、口感和质地方面的词汇,并使之与事先准备好的这些词汇相对应的一系列参照物,要尽可能多地反映样品之间的差异。同时,向品评人员介绍一些感官特性在人体产生感应的化学和物理原理。从而使品评人员更丰富的知识背景,让他们适应各种不同类型的产品的感官特性。

基本味道:独特味道的任何一种——酸味/复合酸味、苦味、咸味、甜味、鲜味、其他基本味道(碱味和金属味)。

酸味:由某些酸味物质(柠檬酸、酒石酸等)的稀水溶液产生的一种基本味道。

复合酸味:由于有机酸的存在而产生的味觉的复合感觉。

苦味:由某些物质(奎宁、咖啡因等)的稀水溶液产生的一种基本味道。

咸味:由某些物质(氯化钠)的稀水溶液产生的一种基本味道。

甜味:由天然或人造物质(蔗糖或阿斯巴甜)的稀水溶液产生的一种基本味道。

碱味:由pH>7.0的碱性物质(氢氧化钠)的稀水溶液产生的味道。

鲜味:由特定种类的氨基酸或者核苷酸(谷氨酸钠、肌苷酸二钠)的水溶液产生的基本味道。

涩味:由某些物质(柿单宁、黑刺李单宁)产生的使口腔皮层或黏膜表面收缩、拉紧或起皱的一种复合感觉。

化学反应:与某物质(苏打水)接触,舌头上产生的刺痛样化学感觉。

灼热的、温暖的:描述口腔中的热感觉。例如乙醇产生温暖感觉、辣椒产生灼热感觉。

刺激性的:醋、芥末、山葵等刺激口腔和鼻黏膜并引起的强烈感觉。

化学冷感:由某些物质(薄荷醇、薄荷、茴香)引起的降温感觉。

物质冷感:由低温物质或溶解时吸热物质(山梨醇)或易挥发物质(丙酮、乙醇)引起的降温感觉。

化学热感:由诸如辣椒素、辣椒等物质引起的升温感觉。

物质热感:接触高温物质(温度高于48 ℃的水)时引起的升温感觉。

气味:嗅某些挥发性物质时,嗅觉器官所感受到的感官特性。

异常气味:通常与产品腐败变质或转化作用有关的一种非正常气味。

风味:品尝过程中感知到的嗅觉、味觉和三叉神经感的复合感觉。

异常风味:通常与产品的腐败变质或转化作用有关的一种非正常风味。

风味增强剂：一种能使某种产品的风味增强而本身又不具有这种风味的物质。

沾染：与该产品无关,由外部污染产生的气味或味道。

芳香：一种带有愉快或不愉快内涵的气味。

芳香：品尝时鼻子后部的嗅觉器官的感官特性。

酒香：用以刻画产品(如葡萄酒、烈性酒等)的特殊嗅觉特征群。

主体：产品的稠度、质地的致密性、丰满度、浓郁度、风味或构造。

特征：可区别和可识别的气味或风味特色。

异常特征：通常与产品的腐败变质或转化作用有关的一种非正常特征。

个性特征：食品中可感知的感官特性,即风味和质地(机械、几何、脂肪和水分等质地特性)。

色感：由不同波长的光线对视网膜的刺激而产生的色泽、章度、明度等感觉。

颜色：能引起颜色感觉的产品特性。

色泽：与波长的变化相应的颜色特征。

章度：表明颜色纯度的色度学尺度。

明度：与一种从纯黑到纯白的序列标度中的中灰色相比较得到的视觉亮度。

对比度：周围物体或颜色的亮度对某个物体或颜色的视觉亮度的影响。

透明度、透明的：可使光线通过并出现清晰映像。

半透明度、半透明的：可使光线通过但无法辨别出映像。

不透明度、不透明的：不能使光线通过。

光泽度、有光泽的：表面在某一角度反射出光能最强时呈现的一种发光特性。

质地：在口中从咬第一口到完全吞咽的过程中,由动觉和体觉感应器,以及在适当条件下视觉及听觉感受器感知到的所有机械的、几何的、表面的和主体的产品特性。

硬度：与使产品达到变形、穿透或碎裂所需力有关的机械质地特性。

黏聚性：与物质断裂前的变形程度有关的机械质地特性,它包括碎裂性、咀嚼型和胶黏性。

碎裂性：与黏聚性、硬性和粉碎产品所需力量有关的机械质地特性。

咀嚼性：与咀嚼固体产品至可被吞咽所需的能量有关的机械质地特性。

咀嚼次数：产品被咀嚼至可被吞咽稠度所需要的咀嚼次数。

胶黏性：与柔软产品的黏聚性有关的机械质地特性。

黏性：与抗流动性有关的机械质地特性。

稠度：由刺激触觉或视觉感受器而觉察到的机械特性。

弹性：与变形恢复速度有关的机械质地特性,以及与解除形变压力后变形物质恢复原状的程度有关的机械质地特性。

黏附性：与移动附着在嘴里或黏附于物质上的材料所需力量有关的机械质地特性。

重、重的：与饮料黏度或固体产品紧密度有关的特性。

紧密度：产品完全咬穿后感知到的,与产品截面结构紧密性有关的几何质地特性。

粒度：与感知到的产品中粒子的大小、形状和数量有关的几何质地特性。

构型：与感知到产品中粒子形状和排列有关的几何质地特性。

水感：口中的触觉接收器对食品中水含量的感觉,也与食品自身的润滑特性有关。

水分:描述感知到产品吸收或释放水分的表面质地特性。

干、干的:描述感知到产品吸收水分的质地特性。例如奶油硬饼干。

脂质:与感知到的产品脂肪数量或质量有关的表面质地特性。

充气、充气的:描述含有小而规则小孔的固体、半固体产品。小孔中充满气体(通常为二氧化碳或空气),且通常为软孔壁所包裹。

起泡、起泡的:液体产品中,因化学反应产生气体,或压力降低释放气体导致气泡形成。

口感:刺激的物理和化学特性在口中产生的混合感觉。

清洁感、清洁的:吞咽后口腔无产品滞留的后感特性。例如水。

腭清洁剂、清洁用的:用于除去口中残留物的产品。例如水、奶油苏打饼干。

后味、余味:在产品消失后产生的嗅觉和(或)味觉。有别于产品在嘴里时的感觉。

后感:质地刺激移走后,伴随而来的感受。此感受可能是最初感受的延续,或是经过吞咽、唾液消化、稀释以及其他影响刺激物质或感觉阈的阶段后所感受到的不同特性。

滞留度:刺激引起的响应滞留于整个测量时间内的程度。

乏味的:描述一种风味远不及期望水平的产品。

平味的:描述风味不浓且无特色的产品。

中味的:描述无任何明显特色的产品。

平淡的:描述对产品的感觉低于所期望的感官水平。

(2)使用标度的培训。运用一些实物作为参照物,向品评人员介绍标度的概念、使用方法等。通过按样品的单一特性强度将样品排列的过程给评定员介绍名义标度、顺序标度、等距离标度和比率标度的概念(GB/T 10220—2012)。在培训中强调"描述"和"标度"在描述分析当中同样重要。让品评人员既注重感官特性,又要注重这些特性的强度,让他们清除地知道描述分析是使用词汇和数字对产品进行定义和度量的过程。在培训中,最初使用的是水,然后引入实际的食品和饮料以及混合物。表 3.17 为味道和气味培训阶段所使用的样品举例。

表 3.17   标度培训常用材料示例

序号	材料	浓度/(g/L)
1	柠檬酸	0.4,0.2,0.1,0.05
2	丁子香酚	1,0.3,0.1,0.03
3	咖啡因	0.15,0.22,0.34,0.51
4	酒石酸	0.05,0.15,0.4,0.7
5	乙酸己酯	0.5×10^{-3},5×10^{-3},0.02,0.05
6	不同硬度的豆腐干	
7	果胶冻	
8	柠檬汁及其稀释液	0.010,0.050
9	布(辨色)	颜色强度从强到弱(如从暗红到浅红)

(3)产品知识的培训。通过讲解生产过程或到工厂参观向评定员提供所需评价产品的基本知识。内容包括:商品学知识,特别是原料、配料和成品的一般的和特殊的质量特征的知识;有关技术,特别是会改变产品质量特性的加工和储藏技术。

3.1.4.3　描述检验品评人员的考核

已经接受过培训的优选评定员若一段时间内未参加感官评价工作其评价水平可能会下降,因此对其操作水平应定期检查和考核。达不到规定要求的应重新培训。

(1)定性描述检验评定员的考核。定性描述检验的评定员的考核主要在培训过程中考查和挑选,也可以提供对照样品以及一系列描述词,让候选评定员识别与描述。若不能正确地识别和描述 70% 以上的标准样品,则不能通过该项考核。

(2)定量描述检验评定员的考核。对定量描述检验的评定员的描述能力的考核可以按照定性描述检验的评定员的考核方法,而对于定量描述能力的考核则可以采用提供3 个一组共 6 组不同的样品。使用评分检验的评定员的考核方法来进行考核候选评定员的定量描述的区别能力、稳定性和一致性。

3.1.5　食品感官品评员培训的作用

(1)提高和稳定感官评价人员的感官灵敏性。经过精心选择的感官训练方法,可以增加感官评定人员在各种感官实验中运用感官能力,减少各种因素对感官灵敏度的影响,使感官经常保持在一定水平上。

(2)降低感官评价人员之间及感官评价结果之间的偏差。通过特定的训练,可以保证所有感官评定人员对他们所评价物质的特性、评价标准、评价系统、感官刺激量和强度间关系等有一致的认识。特别是在用描述性词汇作为度量值的评分实验中,训练的效果更加明显。通过训练可以使评价人员统一对评分系统所用描述性词汇所代表的分度值充分认识,减少感官评定人员之间在评分上的差别及误差方差。

(3)降低外界因素对评价结果的影响。经过培训后,感官评定人员能增强抵抗外界干扰的能力,将注意力集中于感官评价中。感官评价组织者在训练中不仅要选择适当的感官评价实验以达到训练的目的,也要向训练人员讲解感官评价的基本概念、感官分析程度和感官评价基本用语的定义和内涵,从基本感官知识和实验技能两个方面对感官评定人员进行训练。

感官评价人员训练的组织者在实施训练过程中应注意下列问题。

(1)训练期间可以通过提供已知差异程度的样品做单向差异分析或通过评析与参考样品相同的试样的感官特性,了解感官评价人员训练的效果决定何时停止训练,开始实际的感官评价工作。

(2)参加训练的感官评价人员比实际需要的人数多,一般参加培训的人数应是实际需要的评定员人数的 1.5~2 倍。以防止因疾病、度假或因工作繁忙造成人员调配困难。

(3)已经接受过培训的感官评价人员,若一段时间内未参加感官评价工作,要重新接受简单训练之后才能再参加感官评价工作。

(4)训练期间,每个参加人员至少应主持一次感官评价工作,负责样品的制备、实验设计、数据收集整理和讨论会召集等,使每个感官评价人员都熟悉感官实验的整个程序和进行实验所应遵循的原则。

（5）除嗜好感官实验外,在训练中应反复强调实验中客观评价样品的重要性,评价人员在评析过程中不能掺杂个人情绪。另外,应让所有参加训练的人员明确集中注意力和独立完成实验的意义,实验中应尽可能避免评价人员之间的谈话和讨论结果,使品评人员能独立进行实验,从而理解整个实验,逐渐增强自信心。

（6）在训练期间,尤其是训练开始阶段应严格要求感官评价人员在实验前不接触或避免使用气味化妆品及洗涤剂,避免味感受器官受到强烈刺激,如喝咖啡、嚼口香糖、吸烟等。在实验前 30 min 不要接触食物或者香味物质;如果在实验中有过过敏现象发生,应如何通知品评小组负责人;如果有感冒等疾病,则不应该参加实验。

（7）实验中应留意品评人员的态度、情绪和行为的变化。这可能起因于对实验过程的不理解,或者对实验失去兴趣,或者精力不集中。有些感官评价的结果不好,可能是由于产品评价人员的状态不好,而实验组织者不能及时发现而造成的。

根据实验目的和方法的不同,评价人员所接受的培训也不相同,作为最基本的要求,每个参评人员在实验之前,至少要对以下有所了解。

（1）实验程序。比如每次所要品尝的样品的数量,用什么餐具,与产品接触的方式（吸吮、轻轻地嗅、咬或者嚼）,品尝后应如何处理样品,是吞食还是吐出等。

（2）问答卷的使用。包括如何打分、回答问题以及涉及的一些术语的解释。

（3）评价的方法。在培训当中要使参评人员清楚他们的任务,是对产品进行区别、描述,表明自己对产品的接受程度,还是在所实验产品中选出自己喜爱的产品。

（4）实验时间。对于没有接受太多培训的评定员,最好安排他们在该产品通常被使用的时间进行实验,比如牛奶安排在早上,比如比萨安排在中午,味道浓的产品和酒精类产品一般不在早上实验。还要避免在刚刚用餐、喝过咖啡后进行实验,如果食用过味道浓重的食物,比如辛辣类零食、口香糖等,都要在对口腔和皮肤做过一定处理之后才能参加实验,因为这些都会对实验结果产生影响。

3.1.6   品评人员的参评记录和鼓励

如果经常性地开展感官品评实验,长期地进行感官人员的筛选培训、使用等工作,应该建立一个参评人员档案。对每个参加的实验名称、时间、次数进行记录,这样做有利于管理和实验的安排,因为不能让品评人员过于频繁地参加实验,选择参评人员时,可以以此为基础。为了建立一个长期适应的品评人员数据库,确保每次实验有足够的合格参评人员,而且有的实验要求不断重复,有必要对品评人员实行一些鼓励措施,以使他们对感官检验一直具有兴趣。如果现有的感官评定人员不得不经常性地参加实验,非常容易使他们产生厌烦心理,感官的敏锐性也会下降,而且会缺席实验,这些都会对实验产生不利影响。下面是实行鼓励的一些建议:①参评人员受到奖励,仅仅是因为参加了实验,而不是回答问题正确;②本公司内部人员的鼓励形式应该以货币以外的方式;③每次实验结束以后都要准备一些事物和饮料,以对参评人员表示感谢,而且每次的食物和饮料应该有所不同;④品评人员连续参加 4 周实验之后,应该休息至少 1 周。

其实,能够使参评人员一直持有较高热情不是一件容易的事,许多人开始来参加实验都是因为好奇,等到他们对实验熟悉之后,神秘感消失,兴趣就会减退,参加实验的积极性也会随之降低。除了以上建议之外,很重要的一点就是尽可能使备选人员数据库增大,这样就不会将希望仅寄托在少数几个人的身上。

　　对品评人员奖励的方式常见的是现金或购物券,发放的时间是在每次实验结束之后,有的实验只要求品评人员参加一次或两次,那么就在每次实验之后发放,而有的实验,比如描述分析,要求品评员连续五六次参加实验,这种情况,就在整个实验进行完之后,将现金或购物券一次发放,对于公司内的工作人员,应该培养他们的这种意识,那就是他们有义务参加这些为了提高本公司产品的质量而进行的感官实验,这是他们工作职责的一部分。当然,可以根据公司的实际情况,制定一些相应的措施,可以依此设定"员工贡献奖"之类的奖励措施,这样既可以对职工的行为进行约束,也可以保持员工参加实验的热情。

3.1.7　品评员筛选常用实例

　　调查表是进行品评员筛选的第一步,进行不同的感官评价要使用内容不同的调查表,通过这一步,可以了解到候选人的一些基本情况,并能够将一些不适合做感官品评工作的人筛选掉,为下一步的工作节省时间与精力。

3.1.7.1　风味品评人员筛选调查表实例

　　个人情况:

　　姓名:　　性别:　　年龄:　　联系电话:　　职业:　　地址:

　　你从何处听说我们这个项目?

　　时间:

　　1.一般来说,一周中,你的时间怎样安排? 空余时间是哪天?

　　2.从×月×日到×月×日之间,你要外出吗? 需要多长时间?

　　健康状况:

　　1.你是否有下列情况?

　　戴假牙

　　糖尿病

　　口腔或牙龈疾病

　　食物过敏

　　高血压

　　2.你是否在服用对感官有影响的药物,尤其对味觉和嗅觉有影响的药物?

　　饮食习惯:

　　1.你目前是否在限制饮食? 如果有,限制的是哪种食物?

　　2.你每月有几次外出就餐?

　　3.你每月吃速冻食品有几次?

　　4.你每月吃几次快餐?

　　5.你最喜欢的食物是什么?

　　6.你最不喜欢的食物是什么?

7.你不能吃什么食物?

8.你不愿意吃什么食物?

9.你认为你的味觉和嗅觉的辨别能力如何?

高于平均水平　平均水平　低于平均水平

10.你目前的家庭成员中有人在食品公司工作吗?

11.你目前的家庭成员中有人在广告公司或市场研究机构工作吗?

12.你是否抽烟?

风味小测试:

1.如果一种配方需要玫瑰香味物质,而手头又没有,你会用什么来替代?

2.还有哪些食物吃起来感觉像酸奶?

3.为什么往肉汁里面加咖啡会使其风味更好?

4.你怎样描述风味和香味之间的区别?

5.你怎样描述风味和质地之间的区别?

6.用于描述啤酒的最合适的词语(一个字或两个字)。

7.请对果酱的风味进行描述。

8.请对某种火腿的风味进行描述。

9.请对可乐的风味进行描述。

3.1.7.2　香味品评人员筛选调查表实例

个人情况:

姓名:　　　性别:　　　年龄:　　　联系电话:　　　职业:　　　地址:

你从何处听说我们这个项目?

时间:

1.一般来说,一周中,你的时间怎样安排? 空余时间是哪天?

2.从×月×日到×月×日之间,你要外出吗? 需要多长时间?

健康状况:

1.你是否有下列情况?

鼻腔疾病

低血糖

过敏史

经常感冒

2.你是否在服用对感官有影响的药物,尤其对嗅觉有影响的药物?

日常生活习惯:

1.你是否喜欢使用香水?

如果用,是什么牌子?

2.你喜欢带香味的还是不带香味的物品? 如香皂等。

请陈述理由。

3.请列出你喜欢的香味产品。

它们是何种品牌?

4. 请列出你不喜欢的香味产品。

请陈述理由。

5. 你最讨厌那些气味?

请陈述理由。

6. 你最喜欢哪些气味或香气?

7. 你认为你嗅觉的辨别能力如何?

高于平均水平　　平均水平　　低于平均水平

8. 你目前的家庭成员中有人在香精、食品或者广告公司的工作吗?

如果有,是在哪一家?

9. 品评人员在品评期间不能用香水,在品评小组成员集合之前 1 小时不能吸烟,如果你被选为品评人员,你愿意遵守以上规定吗?

香气检测:

1. 如果某些香水类型是"果香",你还可以用什么词汇来描述它?

2. 哪些产品具有植物气味?

3. 哪些产品有甜味?

4. 哪些气味与"干净""新鲜"有关?

5. 你怎么描述水果味和柠檬味之间的不同?

6. 你用哪些词汇来描述男用香水和女用香水的不同?

7. 哪些词汇可以用来描述一篮子刚洗过的衣服的气味?

8. 请描述一下面包坊里的气味:

9. 请描述一下某种品牌的洗涤剂气味。

10. 请描述一下某种品牌的香皂气味。

11. 请描述一下地下室的气味。

12. 请描述一下某食品店的气味。

13. 请描述一下香精开发实验室的气味。

3.2　食品感官评定实验室

3.2.1　食品感官评定实验室的类型和特点

环境条件对食品感官评定有很大影响,这种影响体现在两个方面:对评定员心理和生理上的影响以及对样品品质的影响。食品感官评定的一个基本要求是要有评定测试专用的设施,因此,这里所说的感官评定环境主要是指食品感官评定实验室。食品感官评定实验室分为分析研究型食品感观实验室和教学研究型食品感官实验室两种类型。

3.2.1.1　分析研究型食品感官实验室

分析研究型食品感观实验室主要用于企业和研究机构中。此类实验室主要对食品原料、产品等的感官品质进行分析评价并指导产品配方、工艺的确定和改进等。

3.2.1.2 教学研究型食品感官实验室

教学研究型食品感官实验室主要用于高等院校或教育培训机构中。此类实验室主要用于食品专业学生及感官评定从业人员的培训,兼具分析研究型实验室的部分功能。

3.2.2 食品感官评定实验室的要求

食品感官评定实验室的环境条件在一定程度上对感官评定员的感觉基础有影响,所以实验室在建设时应该考虑更多的因素,以符合评定要求。

3.2.2.1 检验区要求

(1)一般要求

1)位置。检验区应紧邻样品准备区,以便于提供样品。但是两个区域应隔开,以减少气味和噪声等干扰。为避免对检验结果带来偏差,不允许评定员进入或离开检验区时穿过准备区。

2)温度和相对湿度。检验区的温度应可控。如果相对湿度会影响样品的评价时,检验区的相对湿度也应可控。除非样品评价有特殊条件要求,检验区的温度和相对湿度应尽量让评定员感到舒适。

3)噪声。检验期间应控制噪声。宜使用降噪地板,最大限度地降低因步行或移动物体等产生的噪声。

4)气味。检验区应尽量保持无气味。一种方式是安装带有活性炭过滤器的换气系统,需要时,也可利用形成正压的方式减少外界气味的侵入。检验区的建筑材料应易于清洁,不吸附和不散发气味。检验区内的设施和装置(如地毯、椅子等)也不应散发气味干扰评价。根据实验室用途,应尽量减少使用织物,因其易吸附气味且难以清洗。使用的清洁剂在检验区内不应留下气味。

5)装饰。检验区墙壁和内部设施的颜色应为中性色,以免影响对被检样品颜色的评价。宜使用乳白色或中性浅灰色(地板和椅子可适当使用暗色)。

6)照明。感官评价中照明的来源、类型和强度非常重要。应注意所有房间的普通照明及评价小间的特殊照明。检验区应具备均匀、无影、可调控的照明设施。尽管不要求,但光源应是可选择的,以产生特定照明条件。例如:色温为 6 500 K 的灯能提供良好的、中性的照明,类似于"北方的日光";色温为 5 000 ~ 5 500 K 的灯具有较高的显色指数,能模仿"中午的日光"。

进行产品或材料的颜色评价时,特殊照明尤其重要。为掩饰样品不必要的、非检验变量的颜色或视觉差异,可能需要特殊照明设施。可使用的照明设施包括调光器、彩色光源、滤光器、黑光灯、单色光源如钠光灯等。在消费者检验中,通常选用日常使用产品时类似的照明。检验中所需照明的类型应根据具体检验的类型而定。

7)安全措施。应考虑建立与实验室类型相适应的特殊安全措施。若检验有气味的样品,应配置特殊的通风橱;若使用化学药品,应建立化学药品清洗点;若使用烹调设备,应配备专门的防火设施。

无论何种类型的实验室,应适当设置安全出口标志。

（2）评价小间

1）一般要求。许多感官评价要求评定员独立进行评价。当需要评定员独立评价时，通常使用独立评价小间以在评价过程中减少干扰和避免相互交流。

2）数量。根据检验区实际空间的大小和通常的检验类型确定评价小间的数量，并保证检验区有足够的活动空间和提供样品的空间。

3）设置。推荐使用固定的评价小间，也可以使用临时的、移动的评价小间。

若评价小间是沿着检验区和准备区的隔墙设立的，则宜在评价小间的墙上开一窗口以传递样品。窗口应装有静音的滑动门或上下翻转门等。窗口的设计应便于样品的传递并保证评定员看不到样品准备和样品编号的过程。为方便使用，应在准备区沿着评价小间外壁安装工作台。

需要时应在合适的位置安装电器插座，以供特定检验条件下需要的电气设备方便使用。若评定员使用计算机输入数据，要合理配置计算机组件，使评定员集中精力与感官评价工作。例如，屏幕高度应适合观看，屏幕设置应使眩光最小，一般不设置屏幕保护。在令人感觉舒适的位置，安装键盘和其他输入设备，且不影响评价操作。

评价小间内宜设有信号系统，以使评定员准备就绪时通知评价主持人，特别是准备区与检验区由隔墙分开时尤为重要。可通过开关打开准备区一侧的指示灯或者在送样窗口下移动卡片。样品按照特定的时间间隔提供给评价小组时例外。

评价小间可标有数字或符号，以便评定员对号入座。

4）布局和大小。评价小间内的工作台应足够大以容纳以下物品：样品，器皿，漱口杯，水池（若必要），清洗剂，问答表，笔或计算机输入设备。

同时工作台也应有足够的空间，能使评定员填写问答表或操作计算机输入结果。

工作台长最少为 0.9 m，宽 0.6 m。若评价小间内需要增加其他设备时，工作台尺寸应相应加大。工作台要高度合适，以使评定员可舒适地进行样品评价。

评价小间侧面隔板的高度至少应超过工作台表面 0.3 m，以部分隔开评定员，使其专心评价。隔板也可从地面一直延伸至天花板，从而使评定员完全隔开，但同时要保证空气流通和清洁。也可采用固定于墙上的隔板围住就座的评定员。

评价小间内应设一舒适的座位，高度与工作台表面相协调，供评定员就座。若座位不能调整或移动，座位与工作台的距离至少为 0.35 m。可移动的座位应尽可能安静地移动。

评价小间内可配备水池，但要在卫生和气味得以控制的条件下才能使用。若评价过程中需要用水，水的质量和温度应是可控的。抽水型水池可处理废水，但也会产生噪声。

如果相关法律法规有要求，应至少设计一个高度和宽度适合坐轮椅的残疾评定员使用的专用评价小间。

5）颜色。评价小间内部应涂成无光泽的、亮度因数为 15% 左右的中性灰色（如孟塞尔色卡 N4 至 N5）。当被检样品为浅色和近似白色时，评价小间内部的亮度因数可为 30% 或者更高（如孟塞尔色卡 N6），以降低待测样品颜色与评价小间之间的亮度对比。

（3）集体工作区。感官评定实验室常设有一个集体工作区，用于评定员之间以及与检验主持人之间的讨论，也用于评价初始阶段的培训，以及任何需要讨论时使用。

集体工作区应足够宽大,能摆放一张桌子及配置舒适的椅子供参加检验的所有评定员同时使用。桌子应较宽大以能放置以下物品:供每位评定员使用的盛放答题卡和样品的托盘或其他用具;其他的物品,如用到的参比样品、钢笔、铅笔和水杯等;计算机工作站(必要时)。

桌子中心可配置活动的部分,以有助于传递样品。也可配置可拆卸的隔板,以使评定员相互隔开,进行独立评价。最好配备图表或较大的写字板以记录讨论的要点。

3.2.2.2　样品准备区要求

(1)一般要求。准备样品的区域(或厨房)要紧邻检验区,避免评定员进入检验区时穿过样品准备区而对检验结果造成偏差。

各功能区内及各功能区之间布局合理,使样品准备的工作流程便捷高效。准备区内应保证空气流通,以利于排除样品准备时的气味及来自外部的异味。地板、墙壁、天花板和其他设施所用材料应易于维护、无味、无吸附性。

准备区建立时,水、电、气装置的放置空间要有一定余地,以备将来位置的调整。

(2)设施。准备区需配备的设施取决于要准备的产品类型。通常主要有:工作台;洗涤用水池和其他供应洗涤用水的设施;必要设备,包括用于样品的贮存、样品的准备和准备过程中可控的电器设备,以及用于提供样品的用具(如容器、器皿、器具等),设备应合理摆放,需校准的设备应于检验前校准;清洗设施;收集废物的容器;储藏设施;其他必需的设施。

用于准备和贮存样品的容器以及使用的烹饪器具和餐具,应采用不会给样品带来任何气味或滋味的材料制成,以避免污染样品。

3.2.2.3　办公室要求

(1)一般要求。办公室是感官评价中从事文案工作的场所,应靠近检验区并与之隔开。

(2)大小。办公室应有适当的空间,以能进行检验方案的设计、问答表的设计、问答表的处理、数据的统计分析、检验报告的撰写等工作,需要时也能用于与客户讨论检验方案和检验结论。

(3)设施。根据办公室内需进行的具体工作,可配置以下设施:办公桌或工作台、档案柜、书架、椅子、电话、用于数据统计分析的计算器和计算机等。

也可配置复印机和文件柜,但不一定放置在办公室中。

3.2.2.4　辅助区要求

若有条件,可在检验区附近建立更衣室和盥洗室等,但应建立在不影响感官评价的地方。设置用于存放清洁和卫生用具的区域非常重要。

3.2.3　食品感官评定实验室的设置

3.2.3.1　感官评定实验室的基本环境

(1)感官评定实验室设计基本原则。感官评价场所应该靠近可能的评定员,而不能位于有外来气味和/或噪音的区域中。这就意味着在一家肉类加工厂,感官评价实验室不应该靠近熏房;而在葡萄酒厂,感官评价实验室应位于装瓶线噪声的听觉范围之外。感官评定室区域对于评定员来说,必须是便利的区域,如果是消费者评定员或者距离较远的评定员所使用的感官设施,应该有充分的、易于停靠的车位。这经常也意味着感官场所应该位于建筑物的底层,而且该区域应该靠近入口。出于安全的考虑,感官准备区应该位于安全区域内,但评定员的等候室,还有感官品评室应该在比较方便的、并不保密的场所。

设计感官检验实验室时,应该对评定员的交通方式加以考虑,评定员进出场地时不应该经过准备区和办公区,这是为了防止评定员通过身体或视觉的接触,得到可能会给他们的反应带来偏见的信息。例如,如果评定员碰巧看到垃圾桶里有一些某特定牌子的饮料瓶,而且他们认为要将这一牌子作为他们的一个编码样品进行评价,这可能会使他们的反应产生偏差。

最简单的评价场所也需要一个评价区。这可能就像一间大房子,里面有桌子或者将桌子隔成临时性的品评室一样简单。如果在一个安静的、没有干扰的方式下进行评价,那么会增加成功的可能性。评定员之间不要产生相互影响,这一点尤其重要。如果没有临时性的品评室,感官专家至少应该在房间中将桌子安排好,使得评定员彼此不会碰面。如果有可能的话,用简易的夹板在品评室内将评定员分隔开。如果色泽和外观都很重要,就应该使用日光型荧光灯以确保评价区得到良好的照明。

但是,在感官评价作为产品开发和产品质量保证体系的一个完整部分的情况下,应该建立一个更为固定的评价区域。大多数感官评价场所中,评价区应该包含讨论区、品评室区,通常还有评定员的等候室区。等候区应该有舒适的设施,良好的照明,干净整洁。该区域经常给予评定员对品评场所的第一印象,应该使他们感到场地布置是专业的并且组织有序。感官专家应该尽量缩短评定员的等候时间,但有时这也是无法避免的情况。为了缓和等待时的烦闷,该区应该备有一些轻松的读物。在有些场所内,也应包括为评定员的孩子准备的儿童区。在这种情况下,必须采取措施,防止儿童区的噪声和精神上的干扰在产品评定时对评定员注意力产生的影响。

(2)讨论区。在一些消费者检验场所,讲解区可能就在等候室旁边,或者可能就在等候室中。如果房间中的座椅以直列或半圆形放置,该区域就显得非常有用。在他们进入检验品评室或讨论室之前,可以立刻向全体成员传达有关步骤的说明,有问题立即可以得到答复,有困难的志愿评定员可以得到进一步的说明或被淘汰掉。

讨论室通常布置得与会议室相似,但室内装饰和家具设施应该简单,而且色彩不会影响评定员的注意力。该区对于评定员和准备区来说,应该比较方便,但评定员的视线或身体不应接近准备区。

(3)品评室区。在许多感官评价场所中,品评室区是设施的中心。该区应与准备区相隔离,而且应该是舒适的场所,但表面上不能太随意。该区应该保持清洁,并且表现出专业的样子。中性的或不会引起注意力转移的色彩同样是适当的。房间应保持安静,这有助于评定员集中注意力。

品评室桌面的高度通常要么是书桌或办公桌的高度(76 cm),要么是厨房操作台的高度(92 cm)。品评室桌面的高度受品评室另一边送样窗口服务台高度的限制。我们曾经见到这样的品评室:服务台的高度与厨房操作台相同,而品评桌与办公桌高度相同。当样品从较高的厨房操作台向较低的品评桌传送时,可能会造成混乱。一般情况下,也有采用柜台高度的。办公桌高度相同的桌子可使评定员坐在舒适的椅子中,但要求感官技术人员弯腰,通过服务窗口传送样品。当桌子的高度与厨房操作台相同时,弯腰的次数最少,但必须向评定员提供可调节高度的椅子。

服务窗口应足够大,以适合样品盘和打分表,但也应尽量小,尽可能减小评价小组对准备/服务区的观察。窗口一般约45 cm 宽、40 cm 高,但确切的尺寸应取决于评价场所所使用的样品托盘的大小。最普通的服务窗口是滑门型和面包盒型。滑门型有一个朝上方或朝边上滑动的门,这些门的优点:它们既不会占据品评室,也不会占据服务台的空间。主要的缺点是评定员能够通过这一开放的空间看到准备区。面包盒形的设计有一个金属的窗口,既开口于品评室区,也开口于服务区,但不能同时打开。优点是面包盒可以将评定员与服务/准备区在视觉上互相隔离,但缺点是这一窗口既占据了品评室的同时,也占据了服务台的桌面空间。服务窗口应该平滑地安装于桌面上,感官技术人员就能将样品较方便地滑进滑出品评室。

(4)准备区。准备区根据在特定场合所评价的产品类型的不同而异。例如,专用于冷冻甜点的场所设计就不需要烤箱,但需要足够的冰箱空间。另外,肉类评价的场所设计就需要冰箱和冷藏柜空间以及烤箱、炊具和其他一些用于烹调肉类的用具。由于这些原因,对准备区所需用具定下许多规定有一些困难,但也有一些用具和要素在几乎所有准备区都是需要的。

该区域需要许多贮存空间,对于评定员样品、参照标样和食品处理剂(刺激剂)的冷藏保存是必要的。如果样品要求冷冻,需要有冷冻保存空间。此外,器具、样品碟、服务托盘等需要留有充分的贮存空间。

容易造成拥挤的是感官评定设施所要求的水平空间。桌面空间应该足够大,这样可以允许工作人员能同时放置1~2组样品盘。如果使用食品服务托盘和垂直的食品服务推车作为样品呈送前的一个存放空间,该空间则可重复使用。整个区域应该用易于清洗和保持的材料建成。洗碗机、垃圾处理接收槽和杂物罐应放置在准备区内。也应供应大量的干净用水以便清洗,还有评定员在检验样品期间漱口用的无臭无味的水。

3.2.3.2　感官评定实验室的建立

感官评定实验室的建立应根据是否为新建实验室或是利用已有设施改造而有所不同。典型的实验室设施一般包括:供个人或小组进行感官评定工作的检验区(包括集体工作区、评价小间等);样品准备区;办公室;更衣室和盥洗室;供给品储藏室;评定员休息室。感官评定实验室的设计图例参见图3.1～图3.7。

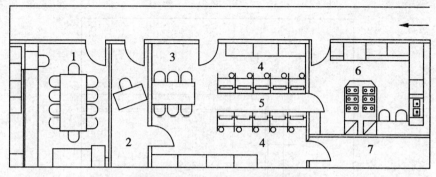

图 3.1　感官评定实验室平面图例 1

1-会议室;2-办公室;3-集体工作区;4-评价小间;5-样品分发区;6-样品准备区;7-储藏室

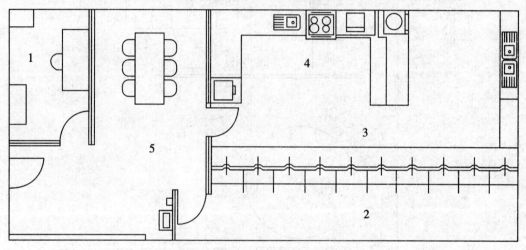

图 3.2　感官评定实验室平面图例 2

1-办公室;2-评价小间;3-样品分发区;4-样品准备区;5-会议室和集体工作区

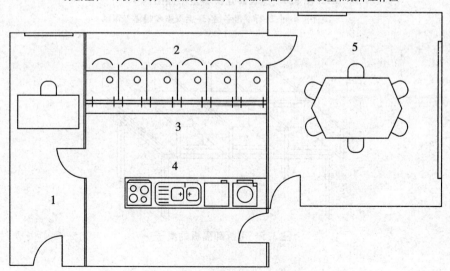

图 3.3　感官评定实验室平面图例 3

1-办公室;2-评价小间;3-样品分发区;4-样品准备区;5-会议室和集体工作区

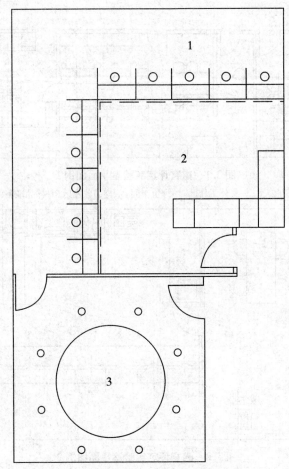

图 3.4 感官评定实验室平面图例 4
1-评价小间;2-样品准备区;3-会议室和集体工作区

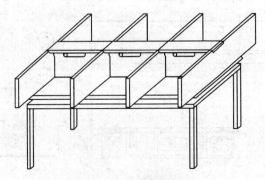

图 3.5 可拆卸隔板的桌子

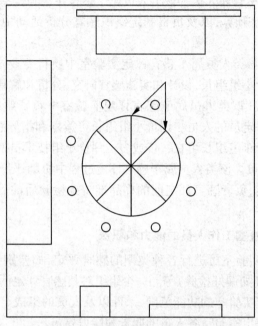

图 3.6　用于个人检验或集体工作的检验区

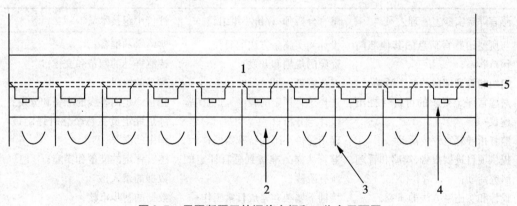

图 3.7　用隔断隔开的评价小间和工作台平面图

1-工作台;2-评价小间;3-隔板;4-小窗;5-开有样品传递窗口的隔断

3.2.4　食品感官评定实验室的工作人员

3.2.4.1　感官评定实验室工作人员的分类

感官评定实验室人员指的是实现感官评定实验室主要功能的人员,包括管理人员、科研和技术人员以及操作人员等。

评定员未纳入感官评定实验室人员之中,因该类人员的基本职责与组织或管理感官检验活动无关,评定员的职责见其他标准。

(1)感官评定实验室管理人员。该类人员属于感官评定实验室中高层或中层管理人员,负责行政管理和经济预算,以及负责制定组织感官分析活动中涉及的培训、技术、科研和质量管理制度等。

(2)感官分析师。该类人员属于感官评定实验室中履行专业技术职能的人员,负责监管一个或若干个评价小组组长,设计和实施感官研究,分析和解释感官分析数据等。

(3)评价小组组长。该类人员属于感官评定实验室中负责组织管理评价小组的活动、招聘、培训及监管评定员的人员。评价小组组长可策划和指导感官评定,并分析和解释感官分析数据。评价小组组长可在一位或多位评价小组技术员的协助下完成任务。

(4)评价小组技术员。该类人员属于感官评定过程中协助评价小组组长或感官分析师进行具体操作的人员,负责感官评定前的样品准备到检验后的后续工作(如废弃物处理)等。

3.2.4.2 感官评定实验室工作人员的能力和职责

原则上,感官评定实验室可进行各种类型的感官评定,如差别检验、描述性分析(感官剖析)和消费者检验(如偏好检验)等。一个组织对其感官评定活动各项内容的要求决定了该组织中感官评定实验室的功能范围、条件以及人员的组成。表 3.18 和表 3.19 分别扼要地列举了感官评定实验室各人员的职责和能力要求。

表 3.18　人员活动及职责一览表

感官评定实验室管理人员	感官分析师/评价小组组长	评价小组技术员
与所使用感官信息的其他部门保持联系; 组织和管理部门的各类活动; 对感官评定要求的可行性提出建议; 监督指导感官评定活动; 提供项目进展报告,策略和管理研究活动; 设计和实施新方法的研究; 资源的规划和开发	设计和实施新方法的研究; 资源的规划和开发; 完成管理人员分派的任务; 选择感官评定的程序、进行实验设计与分析; 确定评价小组的特殊需要; 监管从样品准备到感官评定的所有阶段; 培训下属独立完成日常工作; 筛选新评定员并协调其定位; 准备和汇报结果; 制定感官评定程序表; 分析数据和提交报告; 制定和更新计划	实验室的准备; 待测样品的制备和安排; 样品的编码; 感官评定回答表的准备和分发; 满足评定员在整个感官评定过程中的需要; 感官评定的准备和实施; 数据的录入; 数据的初步审核; 感官评定样品及其他材料的备份; 废弃物的处理

表 3.19　人员能力一览表

能力要求	感官评定实验室管理人员	感官分析师/评价小组组长	评价小组技术员
管理能力	组织和策划能力； 行政能力(预算、汇报、修改计划等)； 商业和环境知识； 与产品的生产、包装、储藏以及分发等相关的技术知识	组织和策划能力； 行政能力(预算、汇报、更新规划日程)； 商业和环境知识	
科研和技术能力	产品知识(产品研发和配方设计)； 产品生产和包装的技术知识	产品知识； 技术知识； 专业背景； 统计学知识	实验室操作规程和实验安全常识； 食品卫生知识
感官分析能力	感官评定的理论知识； 感官评定方法学知识	感官评定的理论知识； 感官评定方法学知识； 担任评价小组组长或者评定员的实践经验； 感官评定的设计、实施及评价； 感官分析结果的解释及报告的提交	安排和实施感官检验的理论知识； 遵守操作规程
其他能力	内部沟通,与组织内其他部门的联络与沟通； 外部沟通(与客户、工业组织及权威部门的联络与沟通)； 交流能力(语言和文字表达能力)； 人际交往能力； 了解团队合作并能激发团队活力的能力	人际交往能力； 了解团队合作并能激发团队活力的能力； 良好的决策能力； 调动小组人员积极性的能力； 接受过心理学培训； 团队领导能力	有工作热情； 可靠并具有责任感； 具有职业道德

3.2.4.3　评价小组组长的聘用

(1)总则。聘用评价小组组长,并通过培训提高其知识水平和技能,以具备如下能力:选拔和培训评价小组人员,组织和开展感官评价活动,评价和汇报感官评定结果。评价小组组长候选人应具备感官评定方法学及统计学的相关经验或知识。

评价小组组长候选人宜具备相关专业的大学学历,如心理学、心理物理学、产品科学(如食品加工技术和食品科学等)、化学和生物学等,以助于对基本科学原理的理解。

(2)职责。评价小组组长的一般职责如下:评定员的培训和定位;评价小组日常工作的开展;感官评定的实施。

(3)资质。

1)感官评定方法学知识。评价小组组长应掌握感官评定的基本原理,以便于工作的顺利开展。若其缺乏该方面的知识,应从感官评定基础培训开始。

2)领导力和性格。作为领导者,评价小组组长应自信、具有亲和力、能树立威信以及具有良好的团队管理能力。能通过及时和有效的工作方式引导小组讨论、达成会议目标、完成会议任务。应了解并尽力满足组内各评定员以及整个评价小组技术上和心理上的需求。还应能激励和保持每个评定员的活力,解决好评价小组的内部矛盾。评价小组组长要耐心、公平、诚实、不武断,以增强小组工作的有效性。

3)激发团队活力的能力。评价小组组长的领导能力和与评定员之间的互动能力十分重要。因此,候选人应具备领导团队和调动团队的经验,或者通过实践获得该经验。评价小组组长应能够引导、激励和管理评价小组人员,保证评价小组人员能针对项目目标达成合理恰当的结论。评价小组组长应适当关注每位评定员,避免有的评定员过于活跃或拘谨,并能解决评定员之间的矛盾,且不疏远任何评价员。

4)沟通能力。评价小组组长是客户与评定员之间的重要纽带。应具有向技术人员和非技术人员解释相关信息的能力和向管理层及新客户介绍评价小组工作的能力。同时也应具备清晰、准确的书面和口头语言表达能力,以便于与评定员之间保持良好的沟通。

5)分析思考能力。评价小组组长应具备较强的分析思考能力,能简明合理地解释评定员的评价结果或评价过程中的反应,并能有效地分析数据、阐释结果、做出结论和提出建议等。

6)组织能力。良好组织能力包括:评定员的培训;样品的收集、准备和分发;评价工作的指导;数据的整理、分析和解释;报告的撰写;按时间计划完成任务;突出重点,合理安排工作。

在培训评定员及组织感官评定过程中,评价小组组长应给予细致的、针对性的指导。

(4)评价小组组长的聘用。

1)有经验的评价小组组长的聘用。科研机构和企业应优先聘用有经验的评价小组组长。选择经验丰富的评价小组组长的主要优势在于:他们熟悉感官评定的所有步骤,除了评定新产品以外,一般都不需要再培训。此外,经验丰富的评价小组组长聘用后能对现有的感官分析小组进行管理及培训。

2)无经验的评价小组组长的聘用。候选人的主要来源是企业评价小组人员或经过专门培训的新进人员。企业中的感官分析人员不仅应熟悉该企业产品的感官特性,还应熟知该企业感官评定的流程。当评价小组组长同时承担部分和全部感官分析师的职责时,应聘用具有良好感官评定技能的大学毕业生。

也可聘用评定员作为评价小组组长,因其具有小组培训的经历,熟悉小组的日常工作和团队情况。被选拔者需要学习基本的感官评定方法和在企业里实施的程序,同时也应接受感官分析师的具体监督指导。

3.2.4.4　评价小组组长的培训

（1）培训形式

1）通则。评价小组组长的培训有两种方式：一是由有经验的评价小组组长进行培训；二是个人经验积累和参加感官分析部门的短期培训（即在职培训）。若聘用的人员需同时担任感官分析师和评价小组组长两个职位，应参加两个岗位的培训。

2）由有经验的评价小组组长进行培训。具备基本条件的评价小组组长候选人可由本组织中或者咨询机构中有经验的评价小组组长进行培训，建议聘请知识丰富的专家指导培训过程。当涉及特殊感官评定方法时，需聘请对该方法有丰富经验的评价小组组长或顾问（以下统称为有经验的组长）来对评价小组组长进行培训。

评价小组组长候选人首先应由有经验的组长对其进行感官评定方法学基本理论的培训，或参加感官评定课程的培训，这两种方式也可同时进行。此外还建议评价小组组长候选人能利用相关教材、指导书及杂志等资源学习感官评定实验设计、方法学、数据分析和报告指南等知识。

在学习感官分析方法学之后，评价小组组长候选人可由有经验的组长通过以下任意一种方式培训：让候选人以评价小组组长的身份，或在进行描述性分析时以一名优选评定员的身份参与一个评价小组的培训项目；一对一培训。

一般而言，评价小组组长候选人主持小组讨论，向有经验的组长汇报小组及组内评定员的评价进展情况，并向有经验的组长咨询所遇到的问题。有经验的组长向他们提供建议，例如指导他们如何解决组内人员的不同意见，如何阐明重要的概念，如何与不同的评定员相处，如何为评价小组组长候选人提供支持、鼓励和指导，使他们获得经验并更加自信。

评价小组组长候选人学习策划评价小组会议、样品准备、设立检验对照、评估评定员的表现、对数据进行基本分析和解释以及报告实验结果等。有经验的组长可继续监督候选小组组长及其人员履行感官评定步骤，直至其胜任感官评定工作为止。

鼓励评价小组组长候选人通过组织、协会或专业机构等途径与有经验的组长和感官分析师等建立个人联系，以作为小组组长之间交流信息和分享经验的来源。

3）在职培训。某些情况下，评价小组组长候选人可通过小组工作，与小组人员交流合作，或从其他途径（如短期课程和研讨会）收集信息等来积累经验，逐渐成长为该领域有经验的专家。

没有经验的评价小组组长若受聘于管理一个已建立的评价小组（如描述性分析的评价小组）时，可通过交流与合作从组员中学习到很多有价值的信息。新任的评价小组组长应具有亲和力，能在向组内评定员学习和积累经验的过程中树立威信。

新任的评价小组组长与小组人员之间的交流与合作有助于熟悉感官评定的操作流程，熟悉样品感官特性的描述、量化与评价，熟悉参比样品，在与小组人员的共同工作中获取经验。新任的评价小组组长应从熟悉小组的工作流程开始，逐步胜任小组组长的岗位。

评价小组组长的必备技能可通过学习获得。学习和实践经验应包括以下几点：掌握感官评定的相关基本原理；参加激发团队活力的课程培训，或者参加能培养此能力的社会团体活动;参加感官评定方法学和与小组管理相关的课程及技术会议;如有可能,对大学或企业中的感官评价小组和小组组长进行访问、交流;阅读专业杂志和书籍。

(2)基本知识的获取

1)通则。评价小组组长应具备的背景知识可分为感官评定方法学知识和感官特性的相关知识。

2)感官评定方法学基本知识。评价小组组长应熟悉主要的感官评定方法和感官评定控制。对感官评定方法相关知识的掌握有助于评价小组组长更好地设计实验,解释项目中的相关数据,并对完成项目所需的其他感官评定提出需求或进行设计。

评价小组组长至少应掌握以下知识:熟悉差别检验(差别和相似)、描述性分析和消费者偏好检验(定量和定性)的各种类型及其应用;评价小组组长应非常熟悉所领导的感官分析小组的基本原则、操作流程及其主要议题。了解实验控制要求(包括环境、仪器、样品储藏、样品的制备及分发)对样品及其评价结果的准确性所产生的影响。

3)感官特性相关知识。评价小组组长应了解待评价产品的感官特性,以保证实验设计的合理性和有效性。还应了解感觉器官对感官特性的感知能力,从而能策划和指导不同评价小组的工作。

(3)个人能力的提高

1)通则。为有效地策划和召开评价小组会议,评价小组组长应具备多种能力,主要包括策划和组织小组会议的能力以及激发团队活力的能力。评价小组组长候选人最好已具备上述能力。

2)评价小组活动中组织能力的培训。由于评价小组的任务是完成种类多、数量大而且比较复杂的感官评定实验,因此合理地策划和组织感官评定活动十分必要。

培养组织能力最有效的方法是与有经验的评价小组组长一起工作。他们不仅能为评价小组组长候选人就如何组织及实施感官评定提供具体的指导,而且还可组织一个项目以便于评价小组组长候选人观摩学习。

如果不能与有经验的评价小组组长一起工作,那么候选的评价小组组长应制定一个完整的活动实施纲要,建立时间进度表,同时按照计划指导所有的活动。在执行过程中如有必要可修改计划,但应在计划表中记录下来,以便于下一步骤的计划和实施。

3)激发团队活力能力的培训。评价小组组长应具备多种能力,才能够成功地管理小组和激发小组的活力,可通过阅读和实践或参加培训来培养。

没有经验的评价小组组长更需加强实践,与评价小组一起工作,把握团队合作情况及小组动态。

(4)其他培训　某些情况下,除策划和召开小组会议外,评价小组组长有时还应承担其他责任,包括数据采集、分析、说明,以及撰写和汇报实验结果等。评价小组组长若需履行部分或全部感官分析师的职责,应对其进行额外相关的培训。此外,评价小组组长还需接受食品卫生知识、心理学知识和安全知识等方面的培训。

3.3　样品的制备、呈送及食品感官评定的实施

3.3.1　常用仪器、设备和工具

样品是感官评定的受体,样品制备的方式及制备好的样品呈送至评定员的方式对感官评定实验是否获得准确而可靠的结果有重要影响。在感官评定实验中,必须规定样品制备的要求、样品制备的控制及呈送过程中的各种外部影响因素。

3.3.1.1　常用设备

感官评定时,产品研发人员和感官评定员主要研究各种处理的影响,如配料变化、工艺参数改变、包装变化和储藏方式的多样性等带来的影响。

样品制备区应设置在评定区的旁边,应配备必要的加热、保温设施(电炉、燃气炉、微波炉、烤箱、恒温箱、干燥箱等),以保证样品能适当处理和按照要求维持在规定的温度。样品制备区还应配置储藏设施,以存放样品、实验器皿和器具。此外根据需要还可以配备一定的厨房用具和办公用具。同时,样品制备区应有一个空气处理循环系统,使评定区保持一定的正压力且不断向样品制备区输送新鲜空气。

感官评定应使所有样品准备和呈送操作标准化。

3.3.1.2　其他设备

除了一些必备的器具外,样品的制备还需要以下设备和器具。

(1)天平:用于样品或配料称重。

(2)玻璃器具:用于样品的测量和储藏。

(3)计时器:用于对样品制备过程的监测。

(4)不锈钢器具:用于混合或储藏样品。

(5)一次性器具:用于样品测量和储藏。

3.3.2　样品的制备要求

3.3.2.1　抽样

应按照有关抽样标准抽样。在无抽样标准的情况下要与有关方面协商一致,使被抽检的样品具有代表性,以保证抽样结果的合理性。

3.3.2.2　样品制备的要求

(1)均一性。均一性就是指制备的样品除所要评价的特性外,其他特性应完全相同。样品在其他感官质量上的差别会造成对所要评价特性的影响,甚至会使评定结果完全失去意义。在样品制备中要达到均一的目的,除精心选择适当的制备方式以减少出现特性差别的机会外,还应选择一定的方法以掩盖样品间的某些明显的差别。对不希望出现差别的特性,应采用不同方法消除样品间该特性上的差别。例如,在评定某样品的风味时,就可使用色素掩盖样品间的色差,使评定员能准确地分辨出样品间的味差。在样品的均一性上,除受样本身性质影响外,其他因素也会影响均一性,如样品温度、摆放顺序或

呈送顺序等。

（2）样品量。样品量对感官评定实验的影响体现在两个方面，即感官评定员在一次实验所能评定的样品个数及实验中提供给每个评定员供分析用的样品数量。感官评定员在感官评定期间，理论上可以评定许多不同类型的样品，但实际能够评定的样品数取决于下列几个因素。

1）感官评定员的预期值。这主要指参加感官评定的评定员事先对实验了解的程度和根据各方面的信息对所进行实验难易程度的预估。有经验的评定员还会注意实验设计是否得当，若由于对样品、实验方法了解不够，或对实验难度估计不足，造成拖延实验的时间时，就会降低可评定样品数，而且结果误差会增大。

2）感官评定员的主观因素。参加感官评定的评定员对实验重要性的认识，对实验的兴趣、理解、分辨未知样品特性和特性间差别的能力等因素也会影响感官评定中评定员所能正常评定的样品数。

3）样品特性。样品的特性对可评定样品数有很大的影响。特性强度的不同，可评定的样品数差别很大。通常，样品特性强度越高，能够正常评定的样品数越少。强烈的气味或味道会明显减少可评定的样品数。

除上述主要因素外，一些次要因素如噪声、谈话、不适当光线等也会降低评定员评定样品的数量。

3.3.2.3 材料

样品制备及呈送的器具要仔细选择，以免引入偏差或新的可变因素。大多数塑料器具、包装袋等都不适用于食品、饮料等的制备，因为这些材料中挥发性物质较多，其气味与食物气味之间的相互转移将影响样品本身的气味或风味特性。因此在采用一次性塑料器具时要认真挑选。

木质材料不能用作切肉板、和面板、混合器具等，因为木材多孔，易渗水和吸水，易沾油，并将油转移到与其接触的样品上。

因此，用于样品的储藏、制备、呈送的器具最好是玻璃器具、光滑的陶瓷器具或不锈钢器具，因为这些材料中挥发性物质较少。另外，实验证实，低挥发性物质且不易转移的塑料器具也可使用，但必须保证被测样品在器具中的时间（从制备到评定）不超过10 min。

3.3.2.4 样品制备过程的注意事项

（1）样品的总量要用精确仪器测量、称重。

（2）样品中添加的每种配料也要用精确仪器测量。

（3）制备时注意时间、温度、搅拌速度、制备器具的大小和型号。

（4）注意保留时间，即样品制备好后到进行评定时允许的最长和最短时间。

3.3.3 样品的呈送

3.3.3.1 呈送容器、样品基质及呈送温度

感官评定时呈送样品所用的器具必须仔细选择，以减少偏差或避免引入新的可变因

素,要注意以下几点。

(1)呈送容器。食品感官评定所用器具应符合实验要求,同一实验内所用器具的外形、颜色和大小最好相同。器具本身应无气味或异味。通常采用玻璃或陶瓷器具比较合适,但清洗比较麻烦。也有采用一次性塑料或纸塑杯、盘作为感官评定器具。实验器具和用具的清洗应慎重选择洗涤剂。不应使用会遗留气味的洗涤剂。清洗时应小心清洗干净并用毛巾擦拭干净。注意不要给器具留下毛屑或布头,以免影响下次使用。

(2)样品基质。对于大多数差别检验,只需要直接提供实验样品,不需要其他添加物。但有些实验样品由于食品风味浓郁或物理状态(颜色、粉状度等)原因而不能直接进行感官评定,如香精、调味品、糖浆等。为此,需根据检验目的进行适当稀释,或与化学组分确定的某一物质进行混合,或将样品添加到中性的食品载体中,而后按照直接感官评定的样品制备方法进行制备与呈送。

1)注意评估样品本身的性质。如果样品的刺激强度大,则不适合直接品评,须进行稀释,将均匀定量的样品用一种化学组分确定的物质(如水、乳糖、糊精等)稀释或在这些物质中分散样品,一个实验系列的每个样品使用相同的稀释倍数或分散比例。由于这种稀释可能改变样品的原始风味,因此在配制时应避免改变其所测特性。

也可采用将样品添加到中性的食品载体中,选择样品和载体食品混合的比例时,应避免两者之间产生拮抗效应或协同效应。操作时,将样品定量地放入所选用载体(如牛奶、油等)中或放在载体(如面条、大米饭、馒头、面包等)上,然后按直接感官评定样品制备与呈送方法进行操作。如根据需要在咖啡或茶中加牛奶、糖或柠檬,将花生酱和黄油涂于面包上,在蔬菜和肉中加调味料。和调味品、汤料一起品尝的食品,必须使用均一的载体,不能掩盖实验样品的特征。

2)注意评估食物制品中样品的影响。一般情况下,使用的是一个较复杂的制品,然后将样品混于其中。在这种情况下,样品将与其他风味竞争。在同一检验系列中,评估的每个样品使用相同的样品/载体比例。制备样品的温度均应与评估时正常温度相同(例如冰激凌处于冰冻状态),同一检验系列样品温度也应相同。相关具体操作见GB 12314的规定。几种不能直接感官评定的食品的实验条件见表3.20。

表 3.20　不能直接感官评定的食品的实验条件

样品	实验方法	器具	数量及载体	温度
果冻片	P	小盘	夹于 1/4 片三明治中	室温
油脂	P	小盘	一个炸面包圈或 3～4 个油炸点心	烤热或油炸
果酱	D、P	小杯和塑料匙	30 g 夹于淡饼干中	室温
糖浆	D、P	小杯	30 g 夹于威化饼干中	32 ℃
芥末酱	D	小杯和塑料匙	30 g 混于适宜肉中	室温
色拉调料	D	小杯和塑料匙	30 g 混于蔬菜中	60～65 ℃

续表 3.20

样品	实验方法	器具	数量及载体	温度
奶油沙司	D、P	小杯	30 g 混于蔬菜中	室温
卤汁	D	小杯	30 g 混于土豆泥中	60~65 ℃
	DA	150 mL 带盖小杯,不锈钢匙	60 g 混于土豆泥中	65 ℃
火腿胶冻	P	小杯或碟或塑料匙	30 g 与火腿丁混合	43~49 ℃
酒精	D	带盖小杯	4 份酒精加 1 份水混合	室温
热咖啡	P	陶瓷杯	60 g 加入适宜奶、糖	65~71 ℃

注:D 表示差别检验;P 表示嗜好检验,DA 表示描述性检验

（3）呈送温度。在食品感官评定中,要保证每个评定员得到的样品温度是一致的,样品数量较大时,这一点尤其重要。只有以恒定和适当的温度提供样品才能获得稳定的结果。样品温度的控制应以最容易感受所评定样品感官特性为基础,通常是将样品温度保持在该食品日常食用的温度。表 3.21 列出了几种样品呈送时的最佳温度。

表 3.21　几种食品作为感官评定样品时的最佳呈送温度

品种	最佳温度/℃	品种	最佳温度/℃
啤酒	11~15	食用油	55
白葡萄酒	13~16	肉饼、热蔬菜	60~65
红葡萄酒、餐末葡萄酒	18~20	汤	68
乳制品	15	面包、糖果、鲜水果、咸肉	室温
冷冻浓橙汁	10~13		

温度对样品的影响除过冷、过热的刺激造成感官不适、感觉迟钝和日常饮食习惯限制温度变化外,还涉及温度升高后挥发性气味物质挥发速度加快,影响其他的感觉,以及食品的品质及多汁性随温度变化所产生的相应变化影响感官评定结果。

样品分发到每个呈送容器中后,要检测其温度是否合适。目前,许多感官评定实验室都采用标准制备程序,即在样品制备时就注意检测样品所需的温度,并调节盛放容器的温度,直到样品送给评定员评定时还保持合适的温度。

液体牛奶等乳制品中,如果产品加热到高于它们的保藏温度,可能会增强感官特性。这在一些主要考虑敏感性和差异性的检验中,其实际意义较小,但适当的呈送温度会带来较好的辨识度。因此,液态牛奶的品尝可在 15 ℃ 而不是通常的 4 ℃ 下进行,以增强对挥发性风味的感觉。冰激凌在品尝之前应在 -15~-13 ℃ 下至少保持 12 h。最好在呈送前立即从冰箱中直接盛取冰激凌,而不是将冰激凌盛好后再存放在冰箱中。

当样品在环境温度下呈送时,感官工作人员应该在每一组评定期间测量和记录该环境的温度。对于在非环境温度下呈送的样品,对呈送温度以及保温防腐(如沙浴、保温

瓶、水浴、加热台、冰箱、冷柜等)应作规定。此外,工作人员也应规定样品在指定温度下的保存时间。

3.3.3.2　样品顺序、编号及数量

呈送给每一位评定员的样品的顺序、编号、数量都要经过合理的设置。

样品呈送的总的原则就是平衡原则,即保证每个样品在同一位置出现的次数相同。例如,A、B、C 三种样品在一次排序实验中按以下顺序呈送:

$$ABC—ACB—BCA—BAC—CBA—CAB$$

这就需要参加的评定员的人数是 6 的倍数。

所有呈送给评定员的样品都应适当编号,但样品编号时代码不能太特殊以免给评定员任何相关信息。样品编号工作应由实验组织者或样品制备工作人员进行,实验前不能告知评定员编号的含义或给予任何暗示。可以用数字、拉丁字母或字母和数字结合的方式对样品进行编号。用数字编号时,最好从附录 2 附表 4 三位随机数字表中随机选择三位数字编码。用字母编号时,则应该避免按字母顺序编号或选择喜好感较强的字母(如最常用字母、相邻字母、字母表中开头与结尾的字母等)进行编号。同一个样品应编几个不同号码,保证每个评定员所拿到的样品编号不重复。

每次实验所评定的样品数受评定员感官疲劳和精神疲劳两个方面的影响。对于饼干,每次品尝 8～10 片是上限,而啤酒 6～8 口是上限。对于风味持久的食品,如熏肉、有苦味的物质、油腻的物质,则每次只能品尝 1～2 份。但对于仅需视觉检验的样品,每次评定 20～30 份才会达到精神疲劳。

感官评定时,如果对产品的载体或组合有所要求,那么,这一过程的计时也必须标准化。例如,将牛奶倒在早餐谷物食品上,倾倒和品尝的时间间隔对于所有食品必须是相同的。如果简单地将装于容器中的牛奶传到评定室中,由评定员自己加到谷物食品上,这是不明智的做法。万一评定员开始就将牛奶加到所有的样品上,就会导致最后一个评价的样品与第一个样品在质地上有很大的差异。

3.3.3.3　样品的摆放顺序

呈送给评定员的样品的摆放顺序也会对感官评定(尤其是评分实验和排序实验)结果产生影响。这种影响涉及两个方面。

一是在比较两个与客观顺序无关的刺激时,常常会过高地评价最初的刺激或第二次刺激,造成所谓的第一类误差或第二类误差。

二是在评定员较难判断样品间差别时,往往会多次选择放在特定位置上的样品。如在三点检验法中选择摆放在中间的样品,在五中取二检验法中,则选择位于两端的样品。因此,在给评定员呈送样品时,应注意让样品在每个位置上出现的概率相同或采用圆形摆放法。

摆放过程中要遵循"平衡"的原则,让每一个样品出现在某个特定位置上的次数是一样的。比如,对 A、B、C 三个样品进行打分,则这三个样品所有可能的排列顺序为:ABC—ACB—BAC—BCA—CAB—CBA。在这种组合的基础上样品的呈送是随机的。通常可采用两种呈送方法,可以把全部样品随机分送给每个评定员,即每个评定员只品尝一种样

品;也可以让所有参加实验的评定员对所有的样品进行品尝。前一种方法适合在不能让所有评定员将所有样品品尝一遍的情况下使用,如在不同地区进行的实验;而后一种方法是感官评定中经常使用的方法。

3.4　食品感官评定的组织和管理

食品感官评定应在专人组织指导下进行,该组织者必须具有良好的感官识别能力和专业知识水平,熟悉多种实验方法并能根据实际问题正确选择实验法和设计实验方案。

3.4.1　食品感官评定员的组织

根据实验目的的不同,组织者可组织不同的感官评定小组,通常感官评定小组有生产厂家组织、实验室组织、协作会议组织及地区性和全国性产品评优组织。

生产厂家所组织的评定小组是为了改进生产工艺,提高产品质量和加强原材料及半成品质量而建立。

实验室组织是为开发、研制新产品的需要设置的。

协作会议组织是各地区之间同行业为经验交流、取长补短、改进和提高本行业生产工艺及产品质量而自发设置的。

产品评优组织的主要目的是评选地方和国家级优质食品,通常由政府部门召集组织。它的评定员应该具有广泛的代表性,要包括生产部门、商业销售部门和消费者代表及富有经验的专家型评定员,并且要考虑代表的地区分布,避免地区性和习惯性造成的偏差。

而生产厂家和研究单位(实验室)组织的评定员除市场嗜好调查外,一般都如前面介绍地来源于本企业或本单位,协作会议组织的评定员来自各协作单位,应都是生产行家。

3.4.2　食品感官评定员的管理

感官评定小组成员通常来自组织机构的内部,例如,研究机构内部、大学食品系内部或食品公司的研发室内部,在感官评定需要时由组织者将其召集起来,开展评定工作。有条件的单位可通过外聘来组织感官评定小组。外聘人员与内部人员各有所长。

评定员要自愿协助评定工作,不能由上级命令来参加评定工作,并且该项工作不能成为评定员的负担。

评定员经常参加评定工作,经验得到积累,对样品的评判水平会发生变化。因此,对评定小组成员素质的监督、检查应成为一项常规工作,目的是了解评定员在感官评定时结果的再现性、准确性和离散性,是否有必要再培训。在多数情况下,检查工作安排在日常的感官评定任务中。素质检查的主要内容如下:

(1)整个评定小组在评定术语、强度和表现规律等方面的使用情况。如果发现评定员在使用上有困难,且整个评定小组使用的一致性较差,则要举办附加培训考核,改善有困难的部分。

(2)评定样品质地的能力。可将感官评定员的感官数据与仪器分析数据进行比较,检查两者之间的相关程度。

健康问题对于评定工作是非常重要的,所以必须对评定员的身体进行定期检查。除身体健康外,其心理状况也会极大地影响评定结果,长时间的工作会产生生理、心理疲劳,容易导致评定结果出现偏差,因此要掌握品评人员的心理状态。

总之,在评定员培训和日常评定工作中,组织者都应事先将实验目的、评定内容、评定程序告诉评定员,评定结束后也应将结果、实验的操作状况告诉评定员,同时还应让评定员了解样品的复杂程度、实验的困难程度以及他们回答正确的可能性,要时常给予评定员物质上和精神上的奖励,使他们始终保持良好的工作兴趣。事后应组织评定员相互讨论,这样有利于提高评定员的评定能力。对于组织者,在整个感官评定过程中产生的数据,都应该加以收集和整理。

3.4.3　食品感官评定实施的注意事项

从接到项目开始到最后提供建议,每个感官评定实验都必须对解决所提出的关键问题,即检验的目的和结果的使用,表现得很有策略。这里所说的策略指的是一个能让感官评定人员了解感官评定实验项目组成的计划,包括应怎样设计检验来回答具体的问题和如何就检验结果进行沟通。检验目的可能会包含几个部分,而且不一定完全清晰,也就是说,评定人员应该在制定具体的检验策略之前确定检验的主要目的或者对检验过程进行谋划,这是一个基本的要求。

如果要让策略更全面,就必须考虑到来自检验心理学误差和产品来源的影响。对于前者,我们指的是诸如首样效应、反差和趋同以及集中趋势误差(这是最常见的)这些会影响到检验结果的因素。产品来源也会对策略产生影响,它同时还会影响到最后提供的建议。

(1)产品规格。检验策略当中应该包括当产品不适用或者申请内容的合理性无法证实时拒绝检验申请的可能性。拒绝不适用于检验的产品是检验策略的必需组成部分之一。如果差别型检验结果当中的正确答案占 90% ~ 100% 或者检验涉及的是一个或多个易于识别的产品,就意味不会有太大的收获。如果检验涉及的是非常不同的产品,那么将会导致其中一些产品获得的响应模式带有偏见性。因此,评定人员在考虑产品适当性的时候一定要非常缜密。因此,理所当然地需要具体的指引来帮助判断产品的适当性。通用的规则一般都包括:①如果产品间的差异很明显就不要使用差别型检验;②易于识别的产品(例如带商标的产品)会明显改变评定员对它以及检验中的其他产品的响应模式;③把实验性产品和竞争产品进行比较,会得到非典型的检验结果,尤其是在产品研发的早期阶段进行比较的时候。

(2)心理学误差。在多数情况下,我们可以通过对感官评定实验进行组织和设计来使这些误差的影响程度最小化或者至少使得它们对所有检验产品的影响都相同。例如,在多个产品偏爱检验当中,当产品排在上样的第一位时通常都会得到比把它排在其他上样次序时更高的得分。这种现象被称为首样效应,是一种广义的时序误差。为了使该误差的影响最小化和确保它对所有产品的影响都一致,所有产品被排在第一位上样的概率应该都是相同的。此外,在数据分析当中应该包含可以通过上样次序来检查响应模式的选择项。通常,在评定员缺乏经验和不熟悉检验方法或特定的产品或产品类别的时候,这些误差就会更显著。对于评定人员来说,关键是要认识这些误差以及要精心设计每个实验来使误差影响最小化,以此来确保所有产品受到误差影响的机会都是均等的。

(3)统计学范畴。在感官评定当中需要通过统计技术来确定一群评定员的响应究竟是充分相似还是只是一个随机事件。设计实验、为数据分析选定统计方法和解释检验结果都是感官评定工作人员的职责。事实上,大多数感官评定中的统计设计要求都没有得到完全的满足,都需要做出妥协。例如,基本要求包括:使用一定数目的、经过预先筛选和符合特定感官要求的评定员(也就是说他们不是随机选择的人群);他们可能会是在重复地对每个产品进行评估;所使用的标度可能在整个连续区域范围内都是非线性的;产品也不是随机挑选的;评定员的响应很有可能是依赖的而不是独立的,而且在大多数情况下,评定员的数目大概会是20人。对于大多数统计方法来说,很容易就能根据这些条件举出"不符合"其中的1个或者多个要求的例子。

3.5   食品感官评定程序

3.5.1   感官评定程序的实施流程

一个完整的感官评定项目的总实施流程如图3.8所示。

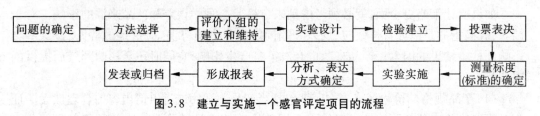

图3.8   建立与实施一个感官评定项目的流程

图3.8中问题的确定是第一步,是进行后续步骤的前提和依据:比如方法的选择、评价小组的建立和实验设计都要根据所要解决的问题(评定的目的)来确定。不同的评定目的需用相应的实验方法,才能获得预期结果,因此方法选择合理与否,对感官评定的结果也至关重要。评价小组的建立和维持则包括小组成员的初选、筛选与培训等相关步骤,还包括评价小组的维持与更新,实验设计主要是指如何将多个样品均衡分配给每个/每组评定员进行评定。检验建立是指样品的制备方法与呈送时的具体操作条件。投票表决主要是针对前期已完成的步骤征求相关人员的意见和建议,若大多数人认为前述步骤合理,则可进入下一步骤;若不合理,则应返回到相应的前述步骤重新开始实验流程。

在感官评定的总实施流程图中,各个步骤都可以进一步分解成分支程序,这些分支程序与图3.8所示的总流程构成了感官评定项目的实施流程树。现将图3.8中各主要步骤的分支程序分析如下。

(1)方法选择。感官评定方法的选择主要取决于项目所要解决的问题(评定目的)。一般来说,感官评定的目的无外乎三种,即评估分析对象的消费者可接受性、判断样品间是否有差异或分析样品间差异的本质。上述三种目的,也构成了整个感官评定的应用范畴。不同的目的,需要用对应的不同方法解决,因此,在要解决的问题确定之后,即可按一定程序进行方法的选择。图 3.9 是依据项目目标和要求选择感官评定方法的流程图。

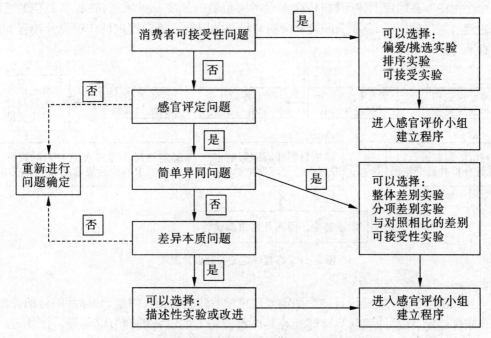

图 3.9　依据项目目标和要求选择感官评定方法的流程

(2)评价小组的建立和维持。在确定感官评定方法之后,就要根据评价方法建立评价小组。图 3.10 是评价小组的建立和维持流程图,其中对候选评定员进行的评定技术和分析方法的培训,可以与待测样品结合起来进行,这样既熟悉了评定技术与分析方法,也熟悉了待测样品。另外,为了保证正式实验中数据的可靠性,在项目实施的同时还应对每名评定员进行再考核,再考核合格的,保留其评定数据,再考核不合格的,舍弃其评定数据,同时要重新选拔、培训评定员替换不合格的评定员,以保证后续评定工作的顺利进行。

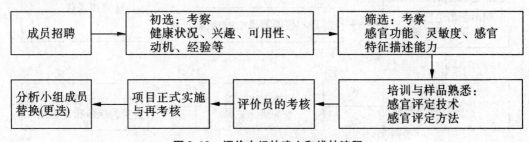

图 3.10　评价小组的建立和维持流程

(3)实验设计。当要确定对评价小组的要求时,就要同时确定实验设计。实验设计时,通常要考虑的核心问题是确定观察的次数(或称为参加人数,重复观察数),比如:是否要求所有评价小组成员对所有产品进行评定？是否需要或希望对重复样进行多次小组会议评定？如何将处理的变量和每个变量的具体水平分配到评价小组的各个成员或各个小组中？在确定上述问题时,应重点考虑检验的强度及灵敏度,在提供最佳的检验灵敏度与强度的同时,还要兼顾检验时间和材料的限制。感官评定的实验设计流程如图3.11所示。

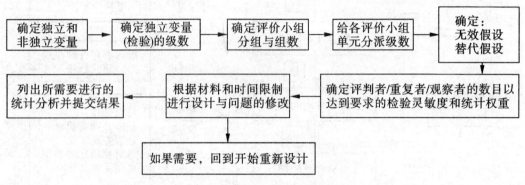

图 3.11   感官评定的实验设计流程

(4)检验建立。实验设计之后则需要确定检验建立的相关问题,如样品编号的分配、操作条件确定、样品处理以及对灯光等具体检验必需的设备的调节等问题。此外,设备安排、供应措施、评价小组成员奖励机制和雇佣额外或临时人员等后勤工作都是此阶段需要考虑的细节问题。图3.12列出了检验建立的全部流程。

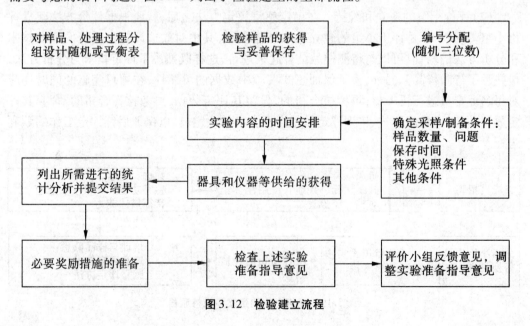

图 3.12   检验建立流程

(5)测量标度(标准)的确定。作为设定问题的一部分,必须对每个问题的测量标度或标准加以选择。一般来说,简单的分类测量标准对消费者而言是容易理解的,当刺激较强或引起强烈情感反应(比如很苦的感觉)时,开放式标准如大致估计则比较有效。此外,还要考虑类项或刻度标尺所需的对照样的使用以及最终基准词语的选择。开放式问题答案选项的编码可能要花费一些时间斟酌确定,对于相同含义的回答应保证同一编码,一般以通过预检验的结果来大概确定在开放式调查中出现的答案范围,然后再确定各答案的编码。此外,在此阶段检查评定员对每个项目的理解程度也很重要。上述步骤可总结为如图 3.13 所示的流程图。

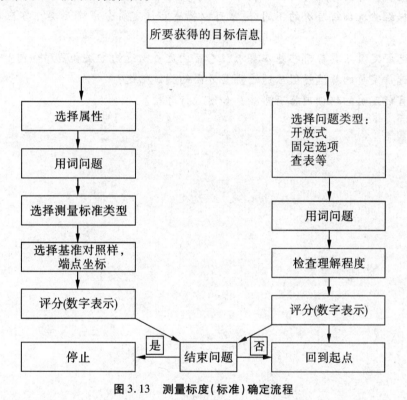

图 3.13　测量标度(标准)确定流程

3.5.2　食品感官评定员鉴评程序

在培训开始时,应告诉评定员评定样品的正确方法。在所有评定中,评定员首先应阅读感官评定问答表。

评定员鉴评样品的顺序为:外观—气味—风味—质地—后味。

评定员只评定某一具体指标时,不必按以上顺序进行。

当评定气味时,应告知评定员吸气要浅吸,吸的次数不要过多,以免嗅觉混乱和疲劳。

对液体和固体样品,应告诉评定员样品用量的重要性(用口评定的样品),样品在口中停留时间和咀嚼后是否可以咽下。另外还应使评定员了解评定样品之间的标准间隔时间,清楚地标明每一步骤以便使评定员用同一方式评定产品。

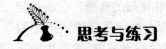 **思考与练习**

1. 食品感官分析实验室通常应包含哪几个部分？各部分平面位置的原则是什么？

2. 试述食品感官评定时对样品制备的要求,样品制备时有哪些外部影响因素？

3. 根据经验及训练层次的不同,通常可以将感官评定员分成哪几类？各应具备哪些条件？

4. 候选评定员应具备哪些基本要求？感官评定员初选的方法和程序如何？

5. 候选评定员的筛选一般应通过哪些方面的测试筛选？

6. 感官评定员的培训内容有哪些？如何进行考核？

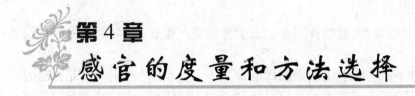

第4章
感官的度量和方法选择

4.1 理论基础

4.1.1 实验心理学概念

实验心理学是应用科学的实验方法研究心理现象和行为规律的科学,是心理学中关于实验方法的一个分支。与普通心理学更注重结果、认知心理学更注重理论不同,实验心理学更注重的是实验方法。

4.1.2 食品感官实验心理学的内容

4.1.2.1 指示语效应

心理实验就是一个主试和被试相互作用的过程,这种相互作用可划分为三个方面:指示语效应、实验者效应和被试的能动效应。其中,指示语效应是指主试、被试之间根据实验目的所发生的相互作用,是通过向被试交代任务而实现的主试对被试的直接干预。我们把主试向被试交代任务时所讲的话叫指示语,并把指示语对被试心理或行为发生的影响叫作指示语效应。指示语在告知被试如何参加实验和完成实验操作的同时,也在将被试的心理活动引向有利于实验目的实现的方向,因此,它成为实验研究能否成功的关键因素之一。为使实验向有利的方向开展需要注意以下几个方面。

(1)指示语要清楚、全面,避免使用专业术语。指示语要完备地、清晰地告知被试参加实验的任务、如何操作,要对被试行为做出明确规定。

(2)指示语要简明扼要,不能使用模棱两可、一语双关的词汇,以避免难记和不同被试的不同理解。

(3)指示语必须标准化,即主试或研究者在接触被试前要研究、讨论、确定指示语,然后将其写成书面材料或进行录音,以便在向被试呈现指示语时不出现差异性。

4.1.2.2 实验者效应

实验者效应是指主试在实验中,不知不觉的期待、动机、疲劳、厌倦等心理活动,对被试会起着一种颇为微妙的作用,如罗森塔尔效应,这类效应叫作实验者效应。许多实验过程是主试和被试共同操作完成的,如果主试操作不熟练,也会对被试的心理活动或操作产生不利影响。心理实验中的主试要训练有素,持中立立场,善于把握实验进程,才能克服实验中的不良效应。

4.1.2.3 被试的能动效应

人类被试具有主观能动性,并以此对主试及实验结果产生影响,它主要表现在三方面。

(1)人类被试往往不是被动地参加实验,而是和主试一样,企图在实验中满足自己的目的。有的被试会自己假定一个实验目的,然后在实验中进行验证;有的被试专门采取与主试对抗的态度参加实验;有的被试则故意迎合主试。实际上,这些态度都是与主试采取了不合作的态度,都不利于得到可靠的实验结果。

(2)安慰剂效应是一种因为误认为服用了有效药物而产生的心理疗效。在心理实验中,被试也会对实验中可能的影响进行猜测,由此产生某些积极的心理效应。但这些效应本身不是实验处理引起的,所以反而会造成对处理效应的掩盖或夸大,是研究者应注意避免的。

(3)被试影响主试,再转而影响被试自身。在实验中,被试的良好表现或较差表现、被试的迎合或逆反等会对主试产生影响,引起主试的满意、欣慰、赞赏、不满、焦躁,甚至厌恶等心理或生理反应,这些反应反而又会对被试产生影响,最后给实验结果带来消极影响。

实验心理中的关键因素是人的因素,其对实验的影响,有的是可以预见的,有的则无法预见;有的可以在实验中观察得到,有的则需要等实验结束后向被试询问才能知道。总之,实验心理中要时时想到被试不是被动的机器,要从多方面考虑控制条件,以及如何取得和分析与实验结果有关的材料。所以,一般在正式实验结束后,要把实验的原始结果收集、整理,保持完整,还要对被试做必要的访谈,以了解在实验设计中没有考虑到的一些意外因素和被试在实验中的体验,这些结果有利于实验结果的理解和解释。

4.1.3 食品感官实验心理学的特点

4.1.3.1 间接测量

心理测量的误差一方面来自测量工具、测量过程;另一方面是由于其间接性,即测量对象大部分不能直接测量。

4.1.3.2 易疲劳性

心理测量与自然科学的测量是不同的:自然科学可以重复多次相同的测量,而心理测量有时可以重复但多了导致疲劳,有时不可以重复;心理测量与自然科学所用的测量工具的信度、效度不同;自然科学通常只测一个对象,即推断总体,而心理测量常常测量一组,以推断总体或推断个人与该组的关系。

4.2　标度

4.2.1　标度的有效性和可靠性

使用数字来对感官体验进行量化,通过这种数字化处理,感官评价成为基于统计分析、模型和预测的定量科学。品评人员用数值来确定感觉有多种方法,可以只是分类、排序或者尝试使用数字来反映感官体验的强度等。

当我们要求品评人员用数字对一些样品进行标记时,这些标记(数字)的功能,或者说代表的意义一般有以下 4 种。

(1)命名:品评人员将观察到的样品分成两个或更多的组,它们只是在名称上有所不同,这些数字不能反映样品内部的任何联系,比如 1 代表香蕉,2 代表苹果。

命名式数字只是用来标记或将样品分类,它所包含的信息最少,唯一的性质就是"不相同",也就是说标记为 1 和标记为 2 的样品是完全不同的样品。除了数字以外,字母或其他符号也有命名作用。对这类数据的分析是进行频率统计,然后报告结果。

(2)排序:品评员将观察到的样品按照一定的顺序排列起来,比如将面包按烘烤程度排序,1=轻微,2=中等,3=强烈。

用于排序的数字所包含的信息就多一些,该方法赋给产品的数值的增加表示感官体验的数量或强度的增强。如对葡萄酒可以根据甜度进行排序,对薯片可以根据喜好程度进行排序,但这些数值并不能告诉我们产品之间的相对差别是什么,比如排在第三位的产品的甜度不一定就是排在第一位产品甜度的 1/3。一般以中值来反映总的趋势。

(3)距离/间隔:品评人员将观察到的样品根据其性质,按照一定数字间隔进行标记,如将蔗糖溶液按照含糖量标记为 3、4、5 或 6、8、10 等,间隔是相等的。

间隔数字包含的信息就更多一些,因为数据之间的间距是相等的,因此,被赋予的数值就可以代表实际的差别程度,这种差别程度就是可以比较的。例如 20 ℃和 40 ℃之间的温度差与 40 ℃和 60 ℃之间的温度差是相等的。

(4)比例:以参照样为标准,品评人员将观察的样品或感受到的刺激用相应的数字表示出来,如参照样蔗糖的甜度为 1,葡萄糖的甜度为 0.69,果糖的甜度为 1.5,麦芽糖的甜度为 0.46。

表示比例的数字反映感官强度之间的比例,例如假定某一糖溶液的甜度是 10,那么 2 倍于它甜度的产品的甜度就是 20。许多人倾向于使用表示比例数字,因为它们不受终点的限制,但实践经验表明,间隔数字具有同样的功能,而且对于品评人员来说,间隔数字更容易掌握一些。

在感官评定中,将感官体验进行量化最常用的方法,按照从简单到复杂的顺序,有以下 4 种。

(1)分类法:将样品分成几组,各组之间只是在命名上有所不同。比如,将大理石按颜色分类。

(2)打分法:是商业领域中被认为是最有效的评判方法,由专业打分员打分。

（3）排序法：将样品按照强度、等级或其他任何性质进行排序。

（4）标度法：品评员根据一定范围内的标尺（通常是 0～10）对样品进行评判，这种标尺的使用是经过事先培训的。

另外还有一种方法叫作阈值法，就是以气味的阈值为基础来对样品进行测量。在选择使用阈值法以及对品评员的培训中应该清楚两个问题：第一，品评员对刺激的感受不同会造成误差；第二，品评员对受到刺激的感受的表达方式的不同也会造成误差。

标度作为食品感官评定实验中定量分析的重要工具，其有效性和可靠性主要取决于以下三个方面：第一，选用的尺度范围应足够宽，能包括参数强度的所有范围，同时应有足够的离散点，以便描述样品间强度的微小差异；第二，全面培训品评人员，熟悉掌握标度的使用；第三，参照标度的使用应一致，以保持实验结果的一致性。

4.2.2 标度的分类

4.2.2.1 名义标度

名义标度中，对于事件的赋值仅仅是作为标记。数值赋值仅仅是用于分析的一个标记、类项或种类，不反应序列特征。对这类数据的适当分析是进行频率计算并报告的结果。标度中的数字是用来标记、编码以及对项目或者答案进行分类。对于这些数字的唯一要求就是它们不能相等，以保证已分类的答案或者项目不会错放到其他类别当中。在数学的允许范围以内，只要能确保不会丢失或者变更信息，也可以用字母或者其他符号来代替数字的使用。

在感官评定当中通常会用数字来进行标记和分类，例如，当需要掩饰产品真实身份的时候，可以用三位数的编号对产品进行标记。对于那些已通过编号进行分类的产品，切记不要贴错标签或者把其他不同的产品混入其中。另外还需要注意的是，如果一个编号代表的是一组某个产品的样本，而且处理该组样本的实验方法是相同的，那么该组样本中的各个单个样本之间就应该具有一定的一致性。

4.2.2.2 序级标度

序级标度是以预先确立的单位或以连续级数排列点的一种标度。序级标度既无绝对零点又无相等单位，因此这种标度只能提供对象强度的顺序，而不能提供对象之间差异的大小。序级标度是用数字或者语言来对产品的某些特性进行描述，例如，从"高"到"低"和从"多"到"少"等。序级标度中的类别是不能互换的，因为到目前为止，无论是关于类别之间的差距还是关于每个类别所代表的特性的量值都没有任何定论。在不带有任何指向性的前提下，序级标度假定每个类别都会大于或小于其他任一个类别。作为测量感知强度的标度中最重要或者最基本的标度，序级标度要和那些量值标度而不是名义标度更接近。

序级标度中最常用的类别是排序，因为这种方法相对来说要更易于执行，而且现有的关于产品排序的规程也已经有很多。最直接的做法是通过让评定员对系列产品进行排序或者挑选来获得具有更多（或更少）某种特性的产品。例如，把产品按照甜味从高到低或者相似程度从大到小进行排序。

4.2.2.3　等距标度

等距标度是有相等单位但无绝对零点的标度。相等的单位是指相同的数字间隔代表相同的感官知觉差别。等距标度可以度量对象强度之间差异的大小,但不能比较对象强度之间的比率。在等距标度当中,两点间的间隔或者距离是相等的;此外,标度还具有任意零点,所以在测量属性方面不存在"绝对的"数值。等距标度的组成可以是成对比较、排序或者等级评价,也可以是包含等同感觉程度和等同外观的对分法。

每一天都是相等时间间隔的月历就是一个很好的等距标度例子。在这个例子当中,真实的或者任意的零点对于月历的使用是毫无影响的,日子之间的间隔并不取决于该间隔是处在月份的前期还是后期。例如,月份中第 3 天和第 5 天之间的时间间隔等同于第 13 天和第 15 天之间的时间间隔。

等距标度被认为是真正的定量标度,大部分的统计技术都适用于它的结果分析,具体包括平均值、标准偏差、t 检验、方差分析、多重极差检验、积差相关、因数分析和回归分析等。此外,还可以把数值化的答案转换成序列,然后使用标准秩次统计法来对数据进行分析。

4.2.2.4　比率标度

比率标度是既有绝对零点又有相等单位的标度。比率标度不但可以度量对象强度之间的绝对差异,又可度量对象强度之间的比率。这是一种最精确的标度。比率标度数据所呈现的特性和等距标度数据的一样,它的点与点之间保持着恒定的比率并且具有绝对零点。Stevens 描述过四种制定衡量身心并具有比率特性的标度的操作,具体包括:量值预测、量值的产生、比率预测和比率的产生。其中最常用来获取比率标度数据的是量值预测。在量值预测实验当中,评定员需要为每个刺激提供一个数值(这个数值不能是小于零或者分数)。这个数值代表着对刺激或者某些特性(例如音量、亮度、甜味和气味浓度等)的感觉强度。通过为测试者提供一系列不同的刺激浓度和采用上述的比率标度方法并配合相应的答案处理方法,研究人员发现,相同的刺激比值会导致一样的反应比值。

4.3　常见的标度方法

4.3.1　类项标度法

在类项标度中,要求品评人员就样品的某项感官性质在给定的数值或等级中为其选定一个合适的位置,以表明它的强度或自己对它的喜好程度。类项标度的数值通常是 7～15 个类项,取决于实际需要和品评人员能够区别出来的级别数。

类项标度的数值不能说明一个样品比另一个样品多多少,比如,在一个用来评价硬度的 9 点类项标度中,被标为 6 的样品其硬度不一定就是被标为 3 的样品硬度的 2 倍。在 3 和 6 之间的硬度差别可能与 6 和 9 之间的差别并不一样。类项标度中使用的数字有时是表示顺序的,有时是表示间距的,下面是一些常用的类项标度的例子。

（1）数字标度：　1　2　3　4　5　6　7　8　9

弱————————————→强

（2）语言类标度，如表4.1所示。

表4.1　语言类标度实例

数值	0	1	2	3	4	5	6	7
标尺	没有	阈值	非常轻	轻微	轻微—中等	中等	中等—强烈	强烈

（3）端点　标示的15点方格标度：

甜味　□　□　□　□　□　□　□　□　□　□　□　□　□　□　□

　　　不甜　　　　　　　　　　　　　　　　　　　　　　　很甜

（4）相对于参照的类项标度：

甜度　□　□　□　□　□　□　□

　　　较弱　　　　参照　　　　较强

（5）其他。是综合使用以上方法的标度法，如数字标度和语言标度，端点标示和语言标度的综合。

实际上，方格标度法的出现是为了克服数值法的一些不足，因为有的人在使用数字上有一定的倾向，为了避免这种倾向，才使用没有标注的方格法，但在使用的时候，没有数字，有的人又会觉得不好选择，因此又出现了方格加数字法。类项标度在实际当中使用较多，尤其是9点法。无论是数字法、方格法还是数字加方格法，如果品评员可选择的点很少，比如只有3点，他们会觉得不能完全表达他们的感受，如果可选择的点非常多，他们又会觉得无从选择，因此会影响实验结果。

4.3.2　线性标度

线性标度也叫图标评估或视觉相似标度。自从发明了数字化设备以及随着在线计算机化数据输入程序的广泛应用，这种标度方法的使用变得非常普遍。在这种标度法中，要求品评人员在一条线上标记出能代表某感官性质强度或数量的位置，这条线的长度一般为15 cm，端点一般在两端或距离两端1.25 cm处。通常，最左端代表"没有"或者"0"，最右端代表"最大"或者"最强"。一种常见的变化形式是在中间标出一个参考点，代表标准品的标度值。品评人员在直线的相应处做标记，来表示其感受到的某项感官性质，而这些线上的标记又用直尺被转化成相应的数值，然后输入计算机进行分析。线性标度中的数字表示的是间距。Stone等人在1974年发表的一篇文章中建议在定量描述分析（QDA）中使用线性标度，使得这种方法得以普及，现在这项技术在受过培训的品评员中使用比较广泛，但在消费者实验当中则较少使用。如图4.1所示。

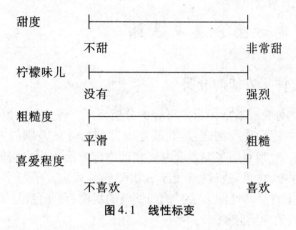

图 4.1　线性标变

4.3.3　量值估计标度法

在这种方法中,品评人员得到的第一个样品就被某项感官性质随意给定了一个数值,这个数值既可以是由组织实验的人给定(将其作为模型),也可以由品评人员给定。然后要求品评人员根据第二个样品对第一个样品该项感官性质的比例,给第二个样品确定一个数值。如果你觉得第二个样品的强度是第一个样品的 3 倍,那么给第二个样品的数值就应该是第一个样品数字的 3 倍。因此,数字间的比率反映了感应强度大小的比率。量值估计法中使用的数字虽然本意是表示比例,但实际上通常是既表示比例也表示间距。下面是一些例子。

例 1:有参考模型的量值估计标度

品尝的第一块饼干的脆性是 20,请将其他样品与其进行比较,以 20 为基础,就脆性与 20 的比例给定一个数值。如果某块饼干的脆度只有第一块饼干的一半,那么它脆度的数值就是 10。

例 2:没有参考模型的量值估计标度

品尝第一块饼干,就其脆性给定你认为合适的任何一个数值。然后将其他样品与它进行比较,按比例给出它们脆性的数值。

量值估计标度法与类项标度法的比较:由量值估计标度法得到的数据具有比例性质,它避免了品评人员不愿意使用两端数值这一问题,而在类项标度法中,实验组织者要设计标尺,并确保品评人员了解如何使用。而量值估计标度法也有其不足,就是品评人员容易使用 5、10、15 这样粗略、易记的数值,而不大愿意使用 6、7 或者 1.3、4.2 这样比较精确的数值,就像日常生活中,在 9 点 30 分左右的时候我们习惯说 9 点半了,而不说 9 点 26 分了。

4.4　感官评定方法分类及选择

4.4.1　食品感官评定方法的分类

（1）按应用目的分类。按应用目的可分为分析型感官评定和嗜好型感官评定。分析型感官评定是把人的感觉作为测定仪器，测定食品的特性或差别的方法。例如：检验酒的杂味；在香肠加工中，判断用多少人造肉代替动物肉才能识别出它们之间的差别；评定各种食品的外观、香味、食感等特性都属于分析型感官评定。嗜好型感官评定是根据消费者的嗜好程度评定食品特性的方法。例如饮料的甜度、食品色泽的评定等。

（2）按检验方法的性质分类。

1）差别检验。差别检验只要求评定员评定两个或两个以上的样品中是否存在感官差异（或偏爱其一）。差别检验的结果分析是以每一类型的评定员数量为基础的。例如，有多少人回答样品 A，多少人回答样品 B，多少人回答正确，解释其结果主要运用统计学的二项分布参数检查。差别检验中，一般规定不允许"无差异"的回答（即强迫选择）。差别检验中需要注意样品外表、形态、温度和数量等的明显差别所引起的误差。

差别检验中常用的方法有成对比较检验法、二-三点检验法、三点检验法、"A-非 A"检验法、五中取二检验法以及选择检验法和配偶检验法。

2）标度和类别检验。在标度和类别检验中，要求评定员对两个以上的样品进行评价，并判定哪个样品好，哪个样品差，以及它们之间的差异大小和差异方向等，通过检验可得出样品间差异的顺序和大小，或者样品应归属的类别或等级。选择何种手段解释数据取决于检验的目的及样品数量。

标度和类别检验法中常用的方法有排序检验法、分类检验法、评估法、评分法、分等法等。

3）分析或描述性检验。在分析或描述性检验中，要求评定员判定出一个或多个样品的某些特征或对某特定特征进行描述和分析，通过检验可得出样品各个特性的强度或样品全部感官特征。

分析或描述性检验法中常用的方法有简单描述检验法及定量描述和感官剖面检验法。

4.4.2　食品感官评定方法选择的原则

感官评定的方法一共可以分为三大类，而每一大类所包含的具体方法都很多，在需要对产品进行真的感官评定时，应该选用什么方法呢？很多人的做法可能是选用那些熟悉的方法，因为这样实施起来比较容易。而每个人熟悉的方法都非常有限，不见得适用被检测的样品，因此，这种选用方法的原则是不科学的。为了避免这种情况的发生，在选择具体的感官检验方法时，我们建议从以下几个方面进行考虑。表 4.2 为感官分析当中经常出现的问题类型及适用方法总汇。

表 4.2　感官分析当中经常出现的问题类型及适用方法总汇

问题类型	适用方法
1. 新产品开发:产品开发人员希望了解产品各方面的感官性质,以及与市场中同类产品相比,消费者对新产品的接受程度	本书中涉及的所有方法
2. 产品匹配:目的是为了证明新产品和原有产品之间没有差别	差别检验中的相似性检验
3. 产品改进:第一,确定哪些感官性质需要改进;第二,确定实验产品同原来产品的确有所差别;第三,确定实验产品比原产品有更高的接受度	差别检验、情感实验
4. 工艺过程的改变:第一,确定不存在差异;第二,如果存在差异,确定消费者对该差异的态度	相似性实验、情感实验
5. 降低成本/改变原料来源:第一,确定差别不存在;第二,如果差别存在,确定消费者对新产品的态度	相似性实验、情感实验
6. 产品质量控制:在产品的制造、发送和销售过程中分别取样检验,以保证产品的质量稳定性;培训程度较高的品评小组可以同时对许多指标进行评价	差别检验、描述分析
7. 储存期间的稳定性:在一定储存期之后对现有产品和实验产品进行对比。第一,明确差别出现的时间;第二,使用受过高度培训的品评小组进行描述分析;第三,适用情感实验以确定存放一定时间的产品的接受性	差别检验、描述分析、情感实验
8. 产品分级/打分:应用在具有打分传统的产品中,通常在政府的监督下进行	评分法
9. 消费者接受性/消费者态度:在经过实验室阶段之后,将产品分散到某一中心地点或由消费者带回家进行品尝,以确定消费者对该产品的反应;通过接受性实验可以明确该产品的市场所在及需要改进的方面	情感实验
10. 消费者的喜好情况:在进行真正的市场检验之前,进行消费者喜好实验;员工的喜好实验不能用来取代消费者实验,但如果通过以往的消费者实验对产品的某些关键指标的消费者喜好有所了解时,员工的喜好实验可以减少消费者实验的规模和成本	情感实验
11. 品评员的筛选和培训:对任何一个品评小组都必要的一项工作,通常包括面试、敏感性实验、差别实验和描述实验	
12. 感官检验同物理、化学检验之间的联系:这类实验的目的通常有两个:第一,通过实验分析来减少需要品评的样品数量;第二,研究物理、化学因素同感官因素之间的关系	描述分析、单项指标差异实验

说明:在3、4、5中,如果新产品同原产品之间有差别,可以使用描述分析,以对差别有明确的认识。如果新产品同原产品在某一方面有差别,在后面的实验中则应该使用单项指标差异实验

4.4.2.1　(总体)差别实验:样品之间是否存在感官上的差异

差别检验可以用在以下几个方面:①确定产品之间的差异是否来自于成分、加工过程、包装及储存条件的改变;②确定产品间是否存在总体差别;③确定两个样品是否可以互相替代;④筛选和培训品评人员,并监督他们对样品的区分能力。具体如表4.3所示。

表4.3　差别检验的应用范围

检验名称	适用领域及方法总结
1. 三点检验	两个样品没有视觉上的差异;应用最广的一种差别检验法;虽然在统计上很有效,但会受到感官疲劳和记忆效应的影响;通常需要 20～40 人参加,最少可以仅由 5～8 人参加;需要简单的培训
2. 二－三点检验	两个样品没有视觉上的差异;在统计上不十分有效,但受感官疲劳的影响比三点检验要低;通常需要 30 人以上参加,最少可以是 12～15 人参加;需要简单培训
3. 五选二检验	两个样品没有明显视觉上的差异;统计上有效性很高,但受感官疲劳的影响非常大,因此仅限于视觉、听觉和触觉方面的检验;通常需要 8～12 人参加,最少可以有 5 人;需要简单培训
4. 相同/不同实验	两个样品没有视觉上的差异;统计的有效性比较低,但适用于具有强烈风味或气味持续时间较长的样品,或者含有复杂的刺激容易使实验人员搞不清楚方向的检验;参加实验的人员通常需要 30 人以上参加,最少可以是 12～15 人参加;需要简单培训
5. "A－非A"实验	同4,但应用范围是:把其中一个样品作为参照物或标准样,或者将它作为测量的标准
6. 对照不同实验	两个样品之间可能存在由于正常的不一致性而引起的细微的差别,如肉类、蔬菜、沙拉、焙烤制品等;应用范围是当差别的大小对实验目的的确定有所影响时,如在产品质量控制和储存期实验中;通常呈送的样品数量是 30～50 对;需要中等程度的培训
7. 连续实验	同以上 1～3 的检验配合使用,在事先确定的显著性水平下,以检验两个样品之间是相同还是不同为目的所要进行的最少的实验次数
8. 相似性实验	同 1～3 或 7 配合使用,当实验的目的是证明某些情况下两个产品之间不存在差别时,比如,用一种新的成分替代价格升高或货源不足的老成分而发生的成分的变化;用新设备替代原来的老设备而引起的加工工艺的变化,使用此实验方法

4.4.2.2　具体感官指标差别实验:样品之间的 X 指标有何差异

　　表4.4 所包括检验内容用来确定两个或两个以上样品之间的某一指定感官指标是否具有差别、差别有多大。此指定指标可以只是单独的一项,比如甜度,也可以是几个相关联的指标的综合反应,比如新鲜程度(新鲜度不是一个单一的概念),或总体评价,比如喜好性。除了喜好实验以外,参加其他实验的品评人员都要经过认真培训,做到理解所选指标的含义,并能对其进行识别,而且要严格按照规定程序进行品评,只有这样,才能保证实验结果的有效性。如果所选指标之间没有差别,并不意味着样品之间没有总体差别。如果只就所选指标进行评价,样品不必视觉上完全相同。

表 4.4　单项感官指标差别实验的应用范围

检验名称	适用领域及方法总结
1. 成对对比实验	是应用最广泛的一种单项指标差别检验;用来检验 2 个样品当中哪一个具有的待测指标的强度更大(方向性差异实验)或者哪一个样品受欢迎的程度更大(成对喜好实验);检验可以是单边的,也可以是双边的;通常要求参加人数是 30 人,最少可以是 15 人
2. 成对排列实验	用来对 3～6 个样品就某项感官指标的强度进行排序;操作简单,而且统计分析也不复杂,但结果不如打分有效;通常参加人数为 20 人以上,最少可以是 10 人
3. 简单排序实验	用来对 3～6 个或不多于 8 个的样品根据某项指标进行排序;排序容易,但结果不如打分有效;两个样品之间的差异无论大小,可能都不会影响它们各自的位置;可以作为内容更为详细的其他实验的前序实验,用来对样品进行分类和筛选;通常参加人数为 16 人,最少可以是 8 人
4. 几个样品的打分实验	用来对 3～6 个或不多于 8 个的样品就某项感官指标的强度在数字化的标尺上进行打分;所有样品都要一起比较;通常参加人数是 16 人以上,最少是 8 个;可以用来比较几个样品的描述法分析结果,但注意前一个指标可能对后一个指标产生某种影响,如光环效应
5. 平衡不完全裂分实验	同 4,适用于一次呈送的样品过多时,如 7～15 个
6. 几个样品的打分,平衡不完全裂分实验	同 5

4.4.2.3　情感实验:你喜欢哪一种产品,你对样品 X 的接受程度如何

情感实验可以分为喜好实验(其任务是将样品按照喜好性排序)、接受性实验(任务是按接受程度对产品打分)和指标判断实验(任务是对那些对产品的喜好性或接受性起着决定作用的感官指标进行打分或排序)。在进行统计分析时,可以将喜好性实验和接受性实验看作是单项指标差异实验的一种特殊形式,倾向性或接受程度即为所要研究的"单项指标"。从理论上来讲,表 4.5 中列出的所有实验都可以被看作是倾向性实验和接受性实验。在实践中,参加情感实验的人通常都没有什么感官检验的经验,因此不要使用比较复杂的实验设计,比如平衡不完全裂分实验(BIB)。除特殊说明,该表所列实验适用于实验室实验、员工接受性实验、中心地点的消费者实验及家中进行的消费者实验。

4.4.2.4　描述分析实验:对问答卷中列出的各项感官指标进行打分

一般的做法是将实验目的和可能执行的具体实验落实到文字上,然后和实验的有关人员进行商讨、修订。

描述分析实验包括的方面非常多,每种方法在具体使用时都要经过一定程度的设计和修订,并无统一一标准。具体如表 4.6 所示。

表4.5 在消费者实验和员工接受性实验中情感实验的应用范围

	检验名称	典型问题	适用领域
喜好实验	1. 成对喜好实验	你更喜欢哪一个样品	两个产品的对比
	2. 喜好排序	根据你对样品的喜好性对产品进行排序	对 3~6 个样品进行比较
	3. 多重成对倾向性实验	同1	对 5~8 个样品进行比较
接受性试验	4. 简单接受性实验	这个样品可以接受吗	员工接受性实验的第一次筛选
	5. 喜好打分	打分表	研究一个或多个样品在实验人员代表人群中的接受程度
指标判断实验	6. 指标倾向性实验	你喜欢哪一个样品的香气	对 2~6 个样品进行比较,以确定哪一个指标对产品喜好起决定作用
	7. 单项指标的喜好打分	对下列指标按照提供的喜好标尺打分	对 1 个或多个样品进行研究,以确定哪一个指标对产品的喜好起决定作用、起作用的程度是多大
	8. 单项指标的强度打分	对下列指标按照提供的强度标尺进行打分	对 1 个或多个样品进行研究以防实验人员对产品的喜好各不相同

表4.6 描述分析实验的应用范围

检验名称	适用领域
1. 风味剖析法	多个不同的样品需要由几个受过高度训练的品评人员对风味进行品评
2. 质地剖析法	多个不同的样品需要由几个受过高度训练的品评人员对质地进行品评
3. 定性描述分析法	大公司的质量管理部门,大量同类产品必须每天由培训程度较高的品评小组进行评价;产品开发部门
4. 时间 - 强度描述分析	适用于摄入口腔之后,风味的感知强度随时间而变化的产品,如啤酒的苦味、人工甜味剂的甜味等
5. 自由选择剖析法	在消费者实验中,品评人员不必使用统一的标准
6. 系列描述分析法	适合范围很广,包括以上1、2、3
7. 修订版简单系列描述分析法	在货架期研究中对产品的几个关键指标进行检测;研究可能存在的生产工艺的缺陷和产品的不足;日常质量控制

一个感官评定方法的选择不是轻易就能完成的,它需要经过仔细、缜密的思考之后才能做出决定。项目目的和实验目的被重新修订的现象在感官评定中是经常发生的,因

为在筹备实验时,总是出现这样那样的问题,对这些问题解决的过程,就是对项目目的和实验目的进行修订的过程。一定要在所有问题都澄清之后,才能最终确定要选用什么方法。

感官评定的花费比较大,如果开始设计不好,整个实验就等于白做,浪费人力、物力不说,还会严重影响生产和市场,因为感官评定通常是产品开发和市场研究的一部分。项目目的和实验目的的修订或检验通过中试实验(参加人数比真正实验少,但比实验室实验要多)即可完成,比如,原来的项目目的是确定产品的消费者喜爱情况,实验目的是检验产品之间的总体差异性。我们可以通过一个由 10 ~ 20 人进行的差别实验来确定产品之间是否真的存在差别,如果产品之间确实存在差别,那么就可以安排下一步的消费者实验。如果这个中试实验的结果表明产品之间没有显著差异,那么就不要盲目地进行动用几百人的消费者实验。

4.5 食品感官鉴定报告的撰写

对于一项完成的感官评定来说,人们最关心的有两点:第一,可靠性,如果使用相同的品评人员或者不同的品评人员做同样的实验,是否能够得到同样或相似的结果;第二,有效性,该实验的结论是否有效,其测量方法及测量值是否有效,是否是预期目的的真实反应。由于感官评定是以人为测量工具,因此人们有理由对其可靠性和有效性提出各种各样的质疑,在撰写感官评定的鉴定报告时,为了澄清人们的质疑、获得认可,有必要包括尽可能多的内容,使整个实验目的明确,步骤清晰,结论有根有据。一般来讲,感官鉴定报告包括下面各个部分。

(1)总结:类似一篇论文的摘要部分。在别人阅读整个鉴定报告之前,对实验有个整体了解,总结的内容要言简意赅,包括 4 部分的内容:实验目的;完成的工作/实验内容;实验的结果;得出的结论。

(2)实验目的:正如本书多次强调的一样,在感官评定中,实验项目的目的和具体实验的目的是非常重要的,只有在明确项目目的和实验目的的基础上,才能进行正确的感官评定。因此,在实验报告中一定要说明项目目的和实验目的,并做必要的解释。如果是正式发表的论文,这一部分应该包含在前言部分中,首先要阐明问题所在,然后寻求解决办法,即该实验,从而论述实验目的。

(3)实验方法:实验方法部分应该包括尽可能多的内容,使实验具有重复性,即别人按照所描述的实验方法可以将该实验进行重复操作。具体内容如下。

实验设计:首先根据实验目的阐述实验设计的原因,然后说明测量种类及方法、实验变量及变量的水平、实验重复的次数以及该实验设计存在的缺陷,并说明为了降低实验误差而采取的措施。

感官检验方法:阐明具体应用的实验方法。

品评小组:参加品评的人数、培训的程度及参照物的使用情况等,如果进行的是情感实验,要说明品评人员的年龄、性别等情况。

实验条件:实验的具体环境、样品准备的具体细节和呈送的方式以及实验程序。

(4)结果和讨论:结果应该以图表或数字的形式报告,并给出使用的统计方法及显著性水平的标准,在所得数据的基础上,得出相应的结论。对结果的讨论要按照实验顺序进行,在讨论部分,应指出该实验的理论及实际意义。最后以简短的结论结束全文。下面我们来看一个最简单的实验报告。

5 种香草香精香气比较的感官检验报告

项目小结

为了对 5 个香料商提供的香草香精进行选择(实验目的),分别使用这 5 种香精制成冰激凌,由 20 个受过培训的品评人员进行品尝,然后就冰激凌的香草香气从 0 到 9 进行打分(完成的工作/实验内容)。其中样品 E 得分最高,为 6.499,显著高于其他样品得分。样品 B 得分最低,为 4.104,显著低于其他产品(实验结果)。结论是产品 E 在冰激凌中产生的香草香气最好(结论)。

目的

冰激凌生产商经常获得各种厂家生产的香草香精,价格不同,质量也有所差别,该项目的目的就是选择香气良好、价格适中的冰激凌生产用香草香精。实验目的是对 5 种含有不同香草香精的冰激凌进行单项指标打分。

实验方法

实验总体设计情况:实验由 20 名品评人员进行评价,实验重复 2 次,分 2 天进行。

感官评定方法:由 20 名品评人员对样品的香草香气进行打分,打分范围从 0 到 9,0 表示非常不喜欢,9 表示非常喜欢。

品评小组的情况:20 人中,男性 9 人,女性 11 人,平均年龄为 22 岁,均为冰激凌消费频率大于 3 次/周。

实验条件:冰激凌在实验进行一天前生产,实验样品除所用香精不同之外,其他一切原料及加工方式都相同,产品放入冰箱冻藏,实验开始前 1 h 转入冷藏间冷藏。品尝在单独的品评室内进行,样品被用 3 位随机数字编号,用一次性纸盘盛放,5 种样品同时呈送,样品排列顺序及呈送顺序均衡、随机。

统计方法:方差分析。

结果和讨论

各样品的平均得分见表 4.7,方差分析结果见表 4.8。样品 E 得分显著高于其他产品。

表 4.7　含有 5 种香草香精的冰激凌的平均得分

样品	B	A	D	C	E
平均分	4.104a	5.193b	6.197c	6.449d	6.499e

注:α=0.05。带有不同字母的数值之间具有显著差异

表 4.8　含有 5 种香草香精的冰激凌的方差分析结果

方差来源	平方和	自由度	均方和	F 值	p 值
样品	170.057	4	42.514	24.221	0.000
品评员	128.376	19	6.757	5.393	0.000
样品×品评员	133.400	76	1.755	1.400	0.057
误差	87.064	100	1.253		

注:$\alpha=0.05$

对结果的解释:从方差分析表可以看出,各样品之间具有显著差异,各品评员之间也有显著差异,但样品和品评员之间没有交互作用,表明各品评员对指标的理解是一致的,他们有可能使用了标尺的不同部分,造成了品评员(打分)之间的差异。

最后结论:从实验结果可见,样品 E 的香草香气最好,可以在生产中使用。下一个备用产品应该是产品 C。

虽然感官评定的内容有繁有简,但感官评定的实验报告的格式基本上都是一致的,即都遵循以上格式,以后大家在实践中会有所体会。

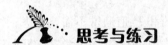 **思考与练习**

1. 食品感官实验心理学的主要内容有哪些?
2. 常见的标度有几种类型? 分别表示什么含义?
3. 举例说明量值估计标度法的使用。
4. 食品感官评定有哪几大类方法?
5. 食品感官评定主要解决哪些问题?
6. 食品感官评定报告包含哪些基本部分?

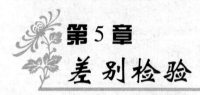

第5章 差别检验

差别检验是要求评定员评定两个或两个以上的样品是否存在感官差异(或偏爱其一)的检验方法。它是感官分析中经常使用的两种方法之一。它一般不允许"无差异"的回答,即选择具有强迫性。

差别检验的适用范围:①确定样品是否不同;②确定样品是否相似。

检验敏感参数:

α 也叫 α-风险,是错误估计两者之间差别存在的可能性。

β 也叫 β-风险,是错误估计两者之间差别不存在的可能性。

P 是指能分辨出差异的人数比例。

在以寻找差异为目的的差别检验中,只需考虑 α 值,而 β 值和 P_d 值通常不需要考虑;在以寻找相似性为目的的差别检验中,检验者要考虑合适的 P_d 值,然后确定一个较小的 β 值,α 值可以大一些。而某些情况下,检验者要综合考虑 α、β、P_d 值,这样才能使参与评定的人数在可能的范围之内。

α、β 和 P_d 值的范围在统计学上有如下的定义:α 值在 10% ~5%(0.1~0.05),表明存在差异的程度是中等;α 值在 5% ~1%(0.05~0.01),表明存在差异的程度是显著;α 值在 1% ~0.1%(0.01~0.001),表明存在差异的程度是非常显著;α 值低于 0.1%(<0.001),表明存在差异的程度是特别显著。β 值的范围在表明差异不存在的程度上,同 α 值有着同样的规定。

P_d 值的范围意义如下:P_d 值 <25% 表示比例较小,即能够分辨出差异的人的比例较小;25% < P_d 值 <35% 表示比较中等;P_d 值 >35% 表示比例较大。

差别检验又分为两大类:一类是笼统回答两类产品是否存在不同,叫作总体差别检验,具体的方法有二-三点检验、三点检验、五中选二检验、"A-非 A"检验、选择检验法等;另一类是测定两个或多个样品之间某一特定感官性质的差别,叫作性质差别检验,如甜度、苦味强度等,在进行评价时要确定评定的感官性质,其方法主要包括成对比较检验、分类检验法、排序检验法、评分检验法、评估检验法等。

5.1 总体差别检验

总体差别检验不对产品的感官性质进行限制,没有方向性,是对所比较的产品的总体感官差异进行评价和分析的一类感官检验方法。

5.1.1 二-三点检验法

首先提供参比样,接着提供两个样品,其中一个与参比样相同,要求评定员识别出与参比样相同的样品的一种差别检验。这种方法尤其适用于评定员对参比样熟知的情况,例如,正常生产的样品。

5.1.1.1 二-三点检验法的原理

评定员得到一组三个样品(即三联样),一个样品被标记为参比样,另外两个样品编码不同。告知评定员其中一个编码样品与参比样相同,一个与参比样不同。根据检验前的训练和指导,评定员应报告哪个编码样品与参比样相同,或哪个编码样品与参比样不同。计算正确答案数并根据统计学表确定显著性。

5.1.1.2 二-三点检验法的条件和要求

①用书面形式明确检验目的。②设施和隔间应符合 GB/T 13868 的要求,在完成所有评价前,应防止评定员相互交流。③在评定员视野外以完全相同的方式(相同器具、相同容器、产品数量相同)制备样品。④评定员应不能通过样品的呈送方式鉴别出样品。例如,在品尝检验中,避免任何外观差别。用滤光器和(或)柔和灯光掩饰任何不相干的色泽差别。⑤用统一的方式对盛有样品的容器进行编码,宜使用为每个检验随机选择的三位数字,每组三联样一个被标记为参比样,另两个用不同编码标记。在一个评定期间,每个评定员宜使用不同编码。但若一个检验期间每个评定员仅使用每个编码一次,在每一项检验内所有评定员可使用两个相同编码。⑥每组三联样内三个样品的呈送数量或体积应完全相同,对于一种规定的产品类型在一系列检验内的所有其他样品也相同。应规定被评估的数量或体积。若未规定,应告知评定员无论任何样品取相似的数量或体积。⑦每组三联样内三个样品的温度应完全相同,对于一种规定的产品类型在一系列检验内的所有其他样品也相同。宜在产品通常的食用温度呈送样品。⑧应告知评定员是否可吞咽样品或是否可按他们喜欢的方式随意去做。后一种情况,应要求评定员对所有样品以相同的方式进行。⑨检验期间,在完成所有检验前,应避免给出有关产品特性、预期处理结果或独特特性的信息。

5.1.1.3 二-三点检验法的评定员

所有评定员应具有相同资格等级,该等级根据检验目的确定。对产品的经验和熟悉程度可改善一个评定员的成绩,因而增加发现显著差别的可能性。监测评定员一段时间内的成绩可能有助于提高检验敏感性。所有评定员应熟悉二-三点检验法(即形式、任务和评价程序)。

选择评定员数以达到检验所需敏感性(见表5.1)。使用大量评定员增加检出产品之间微小差别的可能性。但实际上,评定员数通常取决于具体条件(如实验周期、可利用评定员人数、产品数量)。当检验差别时,具有代表性的评定员数在 32~36 位。当检验无合理差别时,为达到相当的敏感性需要两倍评定员人数(约 72 位)。

表 5.1　二-三点检验所需评定员数

α	P_d	β				
		0.20	0.10	0.05	0.01	0.001
0.20	50%	12	19	26	38	58
0.10		19	26	33	48	70
0.05		23	33	42	58	82
0.01		40	50	59	80	107
0.001		61	71	83	107	140
0.20	40%	19	30	39	60	94
0.10		28	39	53	79	113
0.05		37	53	67	93	132
0.01		64	80	96	130	174
0.001		95	117	135	176	228
0.20	30%	32	49	68	110	166
0.10		53	72	96	145	208
0.05		69	93	119	173	243
0.01		112	143	174	235	319
0.001		172	210	246	318	412
0.20	20%	77	112	158	253	384
0.10		115	168	214	322	471
0.05		158	213	268	392	554
0.01		352	325	391	535	726
0.001		386	479	556	731	944
0.20	10%	294	451	618	1 006	1 555
0.10		461	658	861	1 310	1 905
0.05		620	866	1 092	1 583	2 237
0.01		1 007	1 301	1 582	2 170	2 927
0.001		1 551	1 908	2 248	2 937	3 812

5.1.1.4　二-三点检验法的检验步骤

（1）二-三点检验法有恒定参比技术和平衡参比技术两种形式。若评定员熟悉产品（如来自生产线的控制样），使用恒定参比技术。若对于两个产品都不太熟悉，使用平衡参比技术。

1)恒定参比技术。检验前准备工作表和评分表(详见表 5.2),使用数目相同的 A、B两个产品两种可能的序列。

$A_R AB$　　　　　　　　　　$A_R BA$

在评定员之间两人组随机分发样品(即在第一组两个评定员之间用一个序列,在下一组两个评定员中再使用这个序列,等等)。若评定员总数是奇数时,会使结果的不平衡性降至最低。

表 5.2　二–三点检验示例评分表

二–三点检验
评定员编码:　　　　　　姓名:　　　　　　　　日期:
说明: 　　从左到右品尝样品。左侧样品为参照,其他两个样品之一与参照相同,另外一个与参照不同。在与参照相同的样品框内标记"×"。若不确定,标记最好的猜测;也可在猜测的标记下做出标注。 　　参照　　　　941　　　　792 　　陈述:

2)平衡参比技术。检验前准备工作表和评分表(见表 5.2),使用数目相同的 A、B 两个产品四种可能的序列:

$A_R AB$　　　　　　　　　　$A_R BA$

$B_R AB$　　　　　　　　　　$B_R BA$

系列中前两个组合含有产品 A(即 A_R)作为对照,后两个组合含有产品 B(即 B_R)作为对照。在评定员之间四人一组随机分发样品(即在第一组四个评定员之间用一个序列;在下一组四个评定员再使用这个序列,等等)。若评定员总数不是四的倍数时,会使结果不平衡性降至最低。

(2)若可能,应同时呈送每组三个样品,随后为每个评定员提供相同的空间排列(如总是从左到右直线排列、以三角排列呈送样品)。在三联样内,若愿意,一般允许评定员为每个样品给出重复评价(若产品性质允许做出重复评价)。

(3)要求评定员首先评价参比样,然后按顺序评价呈送的两个编码样品。告知评定员其中一个编码样品与参比样相同,一个参比样不同。要求评定员指出两个编码样品中与参比样相同的一个,或两个编码样品中与参比样不同的一个。

(4)应为每个三联组合提供一个评分表。若一个评定员在一个会期内进行一项以上检验,在呈送随后的三联样前收集全部评分表和未用样品。评定员不能追溯到以前样品或改变以前检验的结论。

(5)评定员做出选择后不要询问有关偏爱、接受或差别程度的问题。对任何附加问题的回答可能影响到评定员做出的选择。这类问题的答案可通过独立的偏爱、接受、差别程度检验等获得询问为何做出选择的陈述部分可包含评定员的陈述。

（6）二–三点检验是强迫选择程序，评定员不允许回答"无差别"。应要求检验出样品之间无差别的评定员随机选择一个样品，并在评分表陈述部分内指明这项选择仅是一个猜测。

5.1.1.5　二–三点检验的结果分析与表述

（1）差别检验。用表5.3分析由二–三点检验获得的数据。若正确答案数大于表5.3中给出的数（对应评定员数和检验选择的 α 风险水平），推断样品之间存在感官差别。

表5.3　二–三点检验推断感官差别存在所需要最少正确答案数

n	α					n	α				
	0.20	0.10	0.05	0.01	0.001		0.20	0.10	0.05	0.01	0.001
6	5	6	6	—	—	26	16	17	18	20	22
7	6	6	7	7	—	27	17	18	19	20	22
8	6	7	7	8	—	28	17	18	19	21	23
9	7	7	8	9	—	29	18	19	20	22	24
10	7	8	9	10	10	30	18	20	20	22	24
11	8	9	9	10	11	32	19	21	22	24	26
12	8	9	10	11	12	36	22	23	24	26	28
13	9	10	10	12	13	40	24	25	26	28	31
14	10	10	11	12	13	44	26	27	28	31	33
15	10	11	12	13	14	48	28	29	31	33	36
16	11	12	12	14	15	52	30	32	33	35	38
17	11	12	13	14	16	56	32	34	35	38	40
18	12	13	13	15	16	60	34	36	37	40	43
19	12	13	14	15	17	64	36	38	40	42	45
20	13	14	15	16	18	68	36	40	42	45	48
21	13	14	15	17	18	72	41	42	44	47	50
22	13	14	15	17	19	76	43	45	46	49	52
23	15	16	16	18	20	80	45	47	48	51	55
24	15	16	17	19	20	84	47	49	51	54	57
25	16	17	18	19	21	88	49	51	53	56	59

注1：因为是根据二项式分布得到，表中的值是准确的，对于不在表中的 n 值，根据下列二项式的正常近似值为遗漏的登记项计算近似值：

最少正确答案数（X）= 大于下式的最近似整数：$X = (n/2) + z\sqrt{n/4}$

其中 z 随以下显著水平不同而不同：$\alpha = 0.20$ 时，0.84；$\alpha = 0.10$ 时，1.28；$\alpha = 0.05$ 时，1.64；$\alpha = 0.01$ 时，2.33；$\alpha = 0.01$ 时，3.09。

注2：n 值 < 24 时，通常不推荐二–三点检验差别。

注3：表5.3中给出的值是在规定的 α 显著水平所需的最少正确答案数（列）和相应的评定员数 n（行）。若正确答案数小于或等于表5.3中值，则"无差别"的假设不成立

若需要,根据能区分样品人数的比例计算出置信区间。

(2)相似检验。用表5.4分析由二-三点检验获得的数据。若正确答案数小于或等于表5.4中给出的数(对应评定员数和检验选择的β-风险水平和P_d值),则推断出样品之间不存在有意义的感官差别。若一项检验与另外一项对照检验结果,则应为所有检验选择相同的P_d值。若需要,根据能区分样品的人数比例计算置信区间。

表 5.4　二-三点检验推断两个样品相似所需最大正确答案数

n	β	P_d					n	β	P_d				
		10%	20%	30%	40%	50%			10%	20%	30%	40%	50%
20	0.001	3	4	5	6	8	56	0.001	18	21	24	27	30
	0.01	5	6	7	8	9		0.01	21	24	27	30	33
	0.05	6	7	8	10	11		0.05	24	27	29	32	36
	0.10	7	8	9	10	11		0.10	25	28	31	34	37
	0.20	8	9	10	11	12		0.20	27	30	32	35	38
24	0.001	5	6	7	9	10	60	0.001	20	23	26	30	33
	0.01	7	8	9	10	12		0.01	23	26	29	33	36
	0.05	8	9	11	12	13		0.05	26	29	32	35	38
	0.10	9	10	12	13	14		0.10	27	30	33	36	40
	0.20	10	11	13	14	15		0.20	29	32	35	38	41
28	0.001	6	8	9	11	12	64	0.001	22	25	29	32	36
	0.01	8	10	11	13	14		0.01	25	28	32	35	39
	0.05	10	12	13	15	16		0.05	28	31	34	38	41
	0.10	11	12	14	15	17		0.10	29	32	36	39	43
	0.20	12	14	15	17	18		0.20	31	34	37	41	44
32	0.001	8	10	11	13	15	68	0.001	24	27	31	34	38
	0.01	10	12	13	15	17		0.01	27	30	34	38	41
	0.05	12	14	16	17	19		0.05	30	33	37	40	44
	0.10	13	15	16	18	20		0.10	31	35	38	42	45
	0.20	14	16	18	19	21		0.20	33	36	40	43	47
36	0.001	10	11	13	15	17	72	0.001	26	29	33	37	41
	0.01	12	14	16	18	20		0.01	29	32	36	40	44
	0.05	14	16	18	20	22		0.05	32	35	39	43	47
	0.10	15	17	19	21	23		0.10	33	37	41	44	48
	0.20	16	18	20	22	24		0.20	35	39	42	46	50

续表5.4

n	β	P_d 10%	20%	30%	40%	50%	n	β	P_d 10%	20%	30%	40%	50%
40	0.001	11	13	15	18	20	76	0.001	27	31	35	39	44
	0.01	14	16	18	20	22		0.01	31	35	39	43	47
	0.05	16	18	20	22	24		0.05	34	38	41	45	50
	0.10	17	19	21	23	25		0.10	35	39	43	47	51
	0.20	18	20	22	25	27		0.20	37	41	45	49	53
44	0.001	13	15	18	20	23	80	0.001	29	33	38	42	46
	0.01	16	18	20	23	25		0.01	33	37	41	45	50
	0.05	18	20	22	25	27		0.05	36	40	44	48	53
	0.10	19	21	24	26	28		0.10	37	41	46	50	54
	0.20	20	23	25	27	30		0.20	39	43	47	52	56
48	0.001	15	17	20	22	25	84	0.001	31	35	40	44	49
	0.01	17	20	22	25	28		0.01	35	39	43	48	52
	0.05	20	22	25	27	30		0.05	38	42	46	51	55
	0.10	21	23	26	28	31		0.10	39	44	48	52	57
	0.20	23	25	27	30	33		0.20	41	46	50	54	59
52	0.001	17	19	22	25	28	88	0.001	33	37	42	47	52
	0.01	19	22	25	27	30		0.01	37	41	46	50	55
	0.05	22	24	27	30	33		0.05	40	44	49	53	58
	0.10	23	26	28	31	34		0.10	41	46	50	55	60
	0.20	25	27	30	33	35		0.20	43	48	52	57	62
92	0.001	35	40	44	49	55	104	0.001	40	46	51	57	63
	0.01	38	43	48	53	58		0.01	44	50	55	61	66
	0.05	42	46	51	56	61		0.05	48	53	59	64	70
	0.10	43	48	53	58	63		0.10	50	55	60	66	71
	0.20	46	50	55	60	65		0.20	52	57	63	68	73
96	0.001	37	42	47	52	57	108	0.001	42	48	54	59	65
	0.01	40	45	50	56	61		0.01	46	52	57	63	69
	0.05	44	49	54	59	64		0.05	50	55	61	67	72
	0.10	46	50	55	60	66		0.10	52	57	63	68	74
	0.20	48	53	57	62	67		0.20	54	60	65	71	76

续表5.4

n	β	P_d					n	β	P_d				
		10%	20%	30%	40%	50%			10%	20%	30%	40%	50%
	0.001	39	44	49	54	60		0.001	44	50	56	62	68
	0.01	42	47	53	58	64		0.01	48	54	60	66	72
100	0.05	46	51	56	61	67	112	0.05	52	58	63	69	75
	0.10	48	53	58	63	68		0.10	54	60	65	71	77
	0.20	50	55	60	65	70		0.20	56	62	68	73	79

注1：因为是根据二项式分布得到，表中的值是准确的。对于不在表中的 n 值，根据下列二项式的正常近似值计算 $100(1-\beta)\%$ 置信上限 P_d 近似值：$[2(x/n)-1]+2z_p\sqrt{\left(nx-\dfrac{x^2}{n^2}\right)}$

式中：x——正确答案数；

　　　n——评定员数；

　　　z_p——随以下显著水平不同而不同：$\beta=0.20$ 时，0.84；$\beta=0.10$ 时，1.28；$\beta=0.05$ 时，1.64；$\beta=0.01$ 时，2.33；$\beta=0.001$ 时，3.09。

若计算值小于选择的 P_d 限，则声明样品在 β 显著水平相似。

注2：n 值 < 36 时，通常不推荐二–三点检验相似。

注3：表5.4 给出的值是在选择的 P_d、β 和 n 水平检验"相似"所需的最大正确答案数。若正确答案数小于或等于表5.4 中的值，则在 $100(1-\beta)\%$ 置信水平"无差别"的假设成立

5.1.1.6　二–三点检验的检验报告

按要求检验报告应包含以下内容：①检验目的和样品处理的特性；②样品的全部标识（即来源、制备方法、数量、状态、检验前的储藏、呈送的量、温度），样品信息应传达所有已进行的储藏、处理和制备，以这种方式生产的样品仅仅由于关注点的变化而不同，无论任何情况；③评定员人数、正确答案数和统计评价结果（包括检验使用的 α、β 和 P_d 值）；④评定员的经验（感官检验中、对产品、对检验中样品），年龄和性别；⑤评定员给出的有关检验的任何信息和明确建议；⑥检验环境（即所用检验设施、同时或连续呈送，检验后样品特征是否公开，若公开，以何种方式）；⑦检验地点、日期及小组组长姓名。

5.1.1.7　二–三点检验实例

（1）示例1：确定差别存在的二–三点检验——平衡参比技术。

1）背景说明。一个番茄汤制造商想要推荐一个新的且更高的低盐配方以期获得市场收益。在将其提交品尝检验与旧配方对比之前，商家希望证实能通过感觉区分两个产品。选择平衡参比模式的二–三点检验，因为产品的复杂风味使得评定员的判断过程简单非常重要。当一个产品没有差别时，厂家领导乐意接受推断出仅一项差别存在的微小概率。但因为旧产品依然很受欢迎，他乐意接受一个差别不存在的较高风险。

2）检验目的。确定新产品（B）能和传统产品（A）区分开，以验证消费者实验。

3）评定员数。为防止提供给厂家领导一个差别不存在的不真实推断，感官分析人员建议 $\alpha=0.01$。为平衡样品呈送顺序，分析人员决定采用 36 位评定员。

4)实施检验。制备样品(54份A和54份B)。其中18份样品"A"和18份样品"B"被标记为参照样。其余36个样品"A"和36个样品"B"用唯一性随机三位数进行编码。然后,全部样品分为9个系列,每个系列由以下4组样品组成。每组样品内呈送的第一份为参照们,标明为A_R或B_R,示例如下:

A_RAB	B_RAB
A_RBA	B_RBA

每四个三联样组合被呈送9次,以使以平衡的随机顺序涉及36位评定员。工作表见表5.5。评分表示例见表5.2。

表5.5　示例1工作表

日期:2017-07-02			检验编码:TX-0245		
二-三点检验样品顺序和呈送草案					
在样品盘制备区域公布本表格。预先将评分表和呈送容器编码。					
产品类型:番茄汤 样品编码: A=传统的(编码941和387)　　B=新的(编码792和519) 呈送容器编码如下:					
专家小组成员	样品编码		专家小组成员	样品编码	
1	A_R	A-941　B-792	19	A_R	A-941　B-792
2	A_R	B-792　A-941	20	B_R	B-519　A-387
3	B_R	A-387　B-519	21	B_R	A-387　B-519
4	B_R	B-519　A-387	22	B_R	B-519　A-387
5	B_R	A-387　B-519	23	A_R	A-941　B-792
6	A_R	B-792　A-941	24	A_R	B-792　A-941
7	A_R	A-941　B-792	25	A_R	A-941　B-792
8	B_R	B-519　A-387	26	A_R	B-792　A-941
9	B_R	A-387　B-519	27	B_R	A-387　B-519
10	A_R	A-941　B-792	28	B_R	B-519　A-387
11	B_R	B-519　A-387	29	A_R	A-941　B-792
12	A_R	B-792　A-941	30	B_R	A-387　B-792
13	B_R	A-387　B-519	31	B_R	A-387　B-519
14	B_R	B-519　A-387	32	A_R	B-792　A-941
15	A_R	A-941　B-792	33	B_R	A-387　B-519
16	A_R	B-792　A-941	34	B_R	B-519　A-387
17	B_R	A-387　B-519	35	A_R	A-941　B-792
18	A_R	B-792　A-941	36	A_R	B-792　A-941

注1:用参照(Ref)或指定的随机三位数标记样品杯并按给每位评定员的呈送顺序。

注2:在一个呈送盘内呈送、放置样品和一份编码评分表。

注3:无论回答正确与否都回传涉及的工作表

5)结果分析与表述。28 位评定员正确识别与参照相同样品,查表 5.1 中对应 36 位评定员的行和对应 $\alpha = 0.01$ 的列内,感官分析人员找出在 $\alpha = 0.01$ 显著水平推断感官差别存在需要 26 个正确答案数。因此,28 个正确答案足以推断两个产品有感官差别。

推断分析人员可根据能感觉出样品间差别人数比例选择计算一个单边低置信区间。计算结果为:

$$[2(28/36)-1] - 2 \times 2.33 \sqrt{\left(\frac{28}{36}\right)\left[1-\left(\frac{28}{36}\right)\right]/36} = 0.233$$

至少 23% 的人数能感觉样品间差别,分析人员可推出 99% 置信水平。

6)报告和结论。感官分析人员报告在 1%($n=36, x=28$)显著水平,评价小组实际能区分传统产品和新工艺产品的范例。如使用新工艺生产实验应继续进行描述性实验和消费者实验。

(2)示例 2:确定两个样品相似的二-三点检验——恒定参比技术。

1)背景说明。一个软饮料公司希望证实申请的新包装不改变饮料的风味,消费者察觉不到差别。厂方管理者知道不可能证明两个产品完全相同,但他希望证实若差别存在,仅有一小部分评定员可能察觉到差别。另一方面,当产品相同时,他乐意接受错误推断出产品不同的相当大的概率,因为这仅仅意味着恢复满意的旧包装,可能改进新包装,然后再进行检验。

2)检验目的。确定填充并贮存在新包装内的产品与填充并贮存在传统包装内的产品是否非常相似。

3)评定员数。感官分析人员建议使用传统产品作为恒定参照的二-三点检验,因为评定员熟知这个产品,不需要花费时间或精力去熟悉产品本身的风味。然后分析人员与厂方管理者决定检验所用的风险水平。决定辨别人员的最大允许比例应为 $P_d = 30\%$。制造商仅愿意采用不能检验出的辨别人员 $\beta = 0.05$ 的概率水平。应为检验招募 52 位感官分析评定员。

4)实施检验。感官分析人员使用表 5.6 和表 5.7 进行检验。分析小组由传统包装(A)制备 104 份呈送产品,并由新包装(B)制备 52 份呈送产品,以得到每两个可能的三联样组合的 26 组呈送样品:$A_R AB$ 和 $A_R BA$。

5)结果分析与表述。一位评定员缺席检验。51 位评定员参与检验,25 位正确识别出检验中与参照不同的样品。涉及表 5.4,分析人员发现没有 $n=51$ 的条目。则分析人员使用表 5.4 注 1 中的公式确定是否可推断出两个样品相似。分析人员发现:

$$[2(25/51)-1] - 2 \times 1.64 \sqrt{(51 \times 25 - 25^2)/51^3} = 0.210$$

即,不大于 21% 的评定员能区分样品时,分析人员确定有 95% 的置信水平。分析人员推断新包装符合制造商以 95% 置信水平(即 $\beta = 0.05$)确定不大于 $P_d = 30\%$ 的人员能检出差别的判断标准。新包装可替代传统包装。

表5.6　示例2工作表

日期:2016-10-04		检验编码:578-FF03			
二-三点检验样品顺序和呈送草案					
在样品盘制备区域公布本表格。提前将评分表和呈送容器编码。					
产品类型:软饮料 样品编码: A=包装4736(传统的)　　　　　　B=包装3987(新的) 呈送容器编码如下:					
专家小组成员	样品编码		专家小组成员	样品编码	
1	A_R	A-795　B-168	27	A_R	A-795　B-168
2	A_R	B-168　A-795	28	A_R	B-168　A-795
3	A_R	A-795　B-168	29	A_R	A-795　B-168
4	A_R	B-168　A-795	30	A_R	B-168　A-795
5	A_R	A-795　B-168	31	A_R	A-795　B-168
6	A_R	B-168　A-795	32	A_R	B-168　A-795
7	A_R	A-795　B-168	33	A_R	A-795　B-168
8	A_R	B-168　A-795	34	A_R	B-168　A-795
9	A_R	A-795　B-168	35	A_R	A-795　B-168
10	A_R	B-168　A-795	36	A_R	B-168　A-795
11	A_R	A-795　B-168	37	A_R	A-795　B-168
12	A_R	B-168　A-795	38	A_R	B-168　A-795
13	A_R	A-795　B-168	39	A_R	A-795　B-168
14	A_R	B-168　A-795	40	A_R	B-168　A-795
15	A_R	A-795　B-168	41	A_R	A-795　B-168
16	A_R	B-168　A-795	42	A_R	B-168　A-795
17	A_R	A-795　B-168	43	A_R	A-795　B-168
18	A_R	B-168　A-795	44	A_R	B-168　A-795
19	A_R	A-795　B-168	45	A_R	A-795　B-168
20	A_R	B-168　A-795	46	A_R	B-168　A-795
21	A_R	A-795　B-168	47	A_R	A-795　B-168
22	A_R	B-168　A-795	48	A_R	B-168　A-795
23	A_R	A-795　B-168	49	A_R	A-795　B-168
24	A_R	B-168　A-795	50	A_R	B-168　A-795
25	A_R	A-795　B-168	51	A_R	A-795　B-168
26	A_R	B-168　A-795	52	A_R	B-168　A-795

注1:用参照(Ref)或指定的随机三位数标记样品杯并按每位评定员的呈送顺序排列。

注2:在一个呈送盘内呈送、放置样品和一份编码评分表。

注3:无论回答正确与否都回传涉及的工作表

表 5.7　示例 2 评分表

二-三点检验	检验编码:578-FF03
评定员编码:___21___姓名:_____日期:_____ 样品类型:软饮料	
说明: 　　在样品盘中从左到右品尝样品。左侧样品为参照,其他样品之一与参照不同。选择不同的样品并在相同的样品框标记"×"。	
盘内样品　　　　　　　指明与参照不同的样品　　　　陈述: 参照 795 168	
注:如果你希望说明选择的理由或样品特性,可在陈述栏内描述。	

5.1.2　三点检验法

同时提供三个编码样品,其中两个是相同的,要求评定员挑选出不同的单个样品的检验方法。

5.1.2.1　三点检验法的原理

评定员接到一组三联样并被告知其中两个样品是相同的、另一个是不同的。评定员报出他们认为哪个是不同的,即使此选择仅凭猜测。计算正确答案数,并根据统计学表确定显著性。

5.1.2.2　三点检验法的检验条件和要求

三点检验条件和要求同二-三点检验。

5.1.2.3　三点检验法评定员

(1)评定员资格。所有评定员应具有相同资格等级,该等级由检验目的确定。对产品的经验和熟悉程度可提高评定员的成绩,因而能增加发现显著差别的可能性。监测评定员一段时间内的成绩可能有助于提高检验的敏感性。所有评定员应熟悉三点检验的技术方法(即形式、任务和评价程序)。

(2)评定员数量。选择评定员数,以达到检验所需的敏感性(见表 5.8)。用大量评定员能提高检出产品间微小差别的可能性。但实际上,评定员的数量通常取决于实际条件(如实验周期、评定员的人数、产品数量)。检验差别时,评定员数通常为 24～30 人。检验不显著差别时(即相似),达到同样的敏感性则需要两倍的评定员(即大约 60 人)。

尽量避免同一评定员的重复评价。但是,如果需要重复评价以产生足够的评价总数,应尽量使每位评定员重复评价的次数相同。例如,如果只有 10 位评定员,为得到 30 次评价总数,应让每位评定员评价三组三联样。

表 5.8　三点检验所需的评定员数

α	P_d	β				
		0.20	0.10	0.05	0.01	0.001
0.20	50%	7	12	16	25	36
0.10		12	15	20	30	43
0.05		16	20	23	35	48
0.01		25	30	35	47	62
0.001		36	43	48	62	81
0.20	40%	12	17	25	36	55
0.10		17	25	30	46	67
0.05		23	30	40	57	79
0.01		35	47	56	76	102
0.001		55	68	76	102	130
0.20	30%	20	28	39	64	97
0.10		30	43	54	81	119
0.05		40	53	66	98	136
0.01		62	82	97	131	181
0.001		93	120	138	181	233
0.20	20%	39	64	86	140	212
0.10		62	89	119	178	260
0.05		87	117	147	213	305
0.01		136	176	211	292	397
0.001		207	257	302	396	513
0.20	10%	149	238	325	529	819
0.10		240	348	457	683	1 011
0.05		325	447	572	828	1 181
0.01		525	680	824	1 132	1 539
0.001		803	996	1 165	1 530	1 992

5.1.2.4　三点检验法检验程序

（1）检验前,准备好工作表和评分表,使 A 和 B 两产品的六种可能序列出现的次数相等:

ABB　　　AAB　　　ABA

BAA*　　　BBA　　　BAB

六组样品随机分发给评定员(即在第一组六个评定员中使用每个序列一次;在下一组六个评定员中再一次使用每个序列;等等)。当评定员总数不是六的倍数时,会使结果的不平衡性降至最低。

(2)如有可能,向每位评定员按同样的空间排列同时提供每组三联样(例如,三角排列中,同一排通常是从左到右取样)。在一组三联样内,通常允许评定员按其需要对每个样品进行重复评价(当产品的特性允许重复评价)。

(3)告知评定员按样品的呈送顺序评价。通知评定员两个样品相同,一个不同。评定员应指出三个样品中哪一个与另外两个不同。

(4)每张评分表仅用于一组三联样。如果在一场检验中一个评定员进行一次以上的检验,在呈送后续的三联样之前,应收走填好的评分表和未用的样品。评定员不应取回先前的样品或更改先前的检验结论。

(5)评定员做出选择后,不要问其有关偏好、接受或差别程度的问题。对任何附加问题的答案可能影响评定员做出的选择。这些问题的答案可通过独立的偏好、接受、差别程度检验等获得。询问为何做出选择的陈述部分可以包含评定员的解释。

(6)三点检验是强迫选择,不允许评定员回答"无差别"。当评定员无法判断出差别时,应要求评定员随机选择一个样品,并且在评分表的陈述栏中注明,该选择仅是猜测。

5.1.2.5 三点检验法结果分析与表述

(1)差别检验。用表5.9分析三点检验得到的数据。如果正确答案数大于或等于表5.9列出的值(符合评定员数和本检验选择的 α -风险水平),结论为:样品间存在感官差别。如需要,计算能识别样品的人员比例的置信区间。

表5.9 三点检验确定存在显著性差别所需最少正确答案数

n	α					n	α				
	0.20	0.10	0.05	0.01	0.001		0.20	0.10	0.05	0.01	0.001
6	4	5	5	6	—	27	12	13	14	16	18
7	4	5	5	6	7	28	12	14	15	16	18
8	5	5	6	7	8	29	13	14	15	17	19
9	5	6	6	7	8	30	13	14	15	17	19
10	6	6	7	8	9	31	14	15	16	18	20
11	6	7	7	8	10	32	13	15	16	18	20
12	6	7	8	9	10	33	14	15	17	18	21
13	7	8	8	9	11	34	15	16	17	19	21
14	7	8	9	10	11	35	15	16	17	19	22
15	8	8	9	10	12	36	15	17	18	20	22

续表 5.9

n	α					n	α				
	0.20	0.10	0.05	0.01	0.001		0.20	0.10	0.05	0.01	0.001
16	8	9	9	11	12	42	18	19	20	22	25
17	8	9	10	11	13	48	20	21	22	25	27
18	9	10	10	12	13	54	22	23	25	27	30
19	9	10	11	12	14	60	24	26	27	30	33
20	9	10	11	13	14	66	26	28	29	32	35
21	10	11	12	13	15	72	28	30	32	34	38
22	10	11	12	14	15	78	30	32	34	37	40
23	11	12	12	14	16	84	33	35	36	39	43
24	11	12	13	15	16	90	35	37	38	42	45
25	11	12	13	15	17	96	37	39	41	44	48
26	12	13	14	15	17	102	39	41	43	46	50

注1:因为表中的数值根据二项式分布求得,因此是准确的。对于表中未设的 n 值,根据下列二项式的近似值计算其近似值。

最小正确答案数(X)= 大于式中最近似的整数:$X = (n/3) + z\sqrt{2n/9}$

其中 z 随下列显著性水平变化而异:$α = 0.20$ 时,0.84;$α = 0.10$ 时,1.28;$α = 0.05$ 时,1.64;$α = 0.01$ 时,2.33;$α = 0.001$ 时,3.09。

注2:当 n 值 < 18 时,不宜用三点检验差别

(2)相似检验。根据表5.10,分析三点检验获得的数据。如果正确答案数小于或等于表5.10列出的值(符合评定员数、本检验选择的 $β$-风险水平和 P_d 值),则结论为:样品间不存在明显差别。若结果用于一个检验与另一个检验的比较,则所有检验应选择相同的 P_d 值。

表 5.10 根据三点检验确定两个样品相似所需最大正确答案数

n	β	P_d					n	β	P_d				
		10%	20%	30%	40%	50%			10%	20%	30%	40%	50%
18	0.001	0	1	2	3	5	66	0.001	14	18	22	26	31
	0.01	2	3	4	5	6		0.01	16	20	25	29	34
	0.05	3	4	5	6	8		0.05	19	23	28	32	37
	0.10	4	5	6	7	8		0.10	20	25	29	33	38
	0.20	4	5	7	8	9		0.20	22	26	31	35	40

续表 5.10

n	β	P_d					n	β	P_d				
		10%	20%	30%	40%	50%			10%	20%	30%	40%	50%
24	0.001	2	3	4	6	8	72	0.001	15	20	24	29	34
	0.01	3	5	6	8	9		0.01	18	23	28	32	38
	0.05	5	6	8	9	11		0.05	21	26	30	35	40
	0.10	6	7	9	10	12		0.10	22	27	32	37	42
	0.20	7	8	10	11	13		0.20	24	29	34	39	44
30	0.001	3	5	7	11	14	78	0.001	17	22	27	32	38
	0.01	5	7	9	14	16		0.01	20	25	30	36	41
	0.05	7	9	11	16	18		0.05	23	28	33	39	44
	0.10	8	10	11	17	19		0.10	25	30	35	40	46
	0.20	9	11	13	18	21		0.20	27	32	37	42	48
36	0.001	3	5	7	11	14	84	0.001	19	24	30	35	41
	0.01	5	7	9	14	16		0.01	22	28	33	39	45
	0.05	7	9	11	16	18		0.05	25	31	36	42	48
	0.10	8	10	11	17	19		0.10	27	32	38	44	49
	0.20	9	11	13	18	21		0.20	29	34	40	46	51
42	0.001	6	9	11	14	17	90	0.001	21	27	32	38	45
	0.01	9	11	14	17	20		0.01	24	30	36	42	48
	0.05	11	13	16	19	22		0.05	27	33	39	45	52
	0.10	12	14	17	20	23		0.10	29	35	41	47	53
	0.20	13	16	19	22	24		0.20	31	37	43	49	55
48	0.001	8	11	14	17	21	96	0.001	23	29	35	42	48
	0.01	11	13	17	20	23		0.01	26	33	39	45	52
	0.05	13	16	19	22	26		0.05	30	36	42	49	55
	0.10	14	17	20	23	27		0.10	31	38	44	50	57
	0.20	15	18	22	25	28		0.20	33	40	46	53	59
54	0.001	10	13	17	20	24	102	0.001	25	31	38	45	52
	0.01	12	16	19	23	27		0.01	28	35	42	49	56
	0.05	15	18	22	25	29		0.05	32	38	45	52	59
	0.10	16	20	23	27	31		0.10	33	40	47	54	61
	0.20	18	21	25	28	32		0.20	36	42	49	56	63

续表 5.10

n	β	P_d					n	β	P_d				
		10%	20%	30%	40%	50%			10%	20%	30%	40%	50%
60	0.001	12	15	19	23	27	108	0.001	27	34	41	48	55
	0.01	14	18	22	26	30		0.01	31	37	45	52	59
	0.05	17	21	25	29	33		0.05	34	41	48	55	63
	0.10	18	22	26	30	34		0.10	36	43	50	57	65
	0.20	20	24	28	32	36		0.20	38	45	52	60	67

注1:表中的数值根据二项式分布求得,是准确的。对于表中没有的 n 值,根据以下二项式的近似值计算 P_d 在 $100(1-\beta)\%$ 水平的置信上限:

$$[1.5(x/n)-0.5]+1.5Z_\beta\sqrt{(nx-x^2)/n^3}$$

式中:x——正确答案数;

n——评定员数;

Z_β——Z_β 的变化如下:$\alpha=0.20$ 时,0.84;$\alpha=0.10$ 时,1.28;$\alpha=0.05$ 时,1.64;$\alpha=0.01$ 时,2.33;$\alpha=0.001$ 时,3.09。

如果计算值小于选定的 P_d 值,则表明样品在 β 显著性水平上相似。

注2:当 $n < 30$,不宜用三点检验相似

表 5.9 中列出的值中在一定 α-风险水平(列)上,达到显著性所需的最少正确答案数和相应的评定员数 n(行)。如果正确答案数大于或等于表 5.9 中值,则拒绝"无差别"的假设。

5.1.2.6　三点检验法的检验报告

按要求检验报告应包含以下内容:①检验的目的和分析方法的性质;②样品的详细说明(即来源、制备方法、数量、形态、检验前的储藏、呈送量、温度),如果仅由于关注变化而生产不同样品,应告知样品所有储藏、处理和制备的信息;③评定员人数、正确答案数和统计评价结果(包括用于检验的 α、β 和 P_d 值);④评定员经历(感官检验中对产品、对检验样品)、年龄和性别;⑤向评定员提供与检验有关的信息和具体建议;⑥检验环境(即所用的检验设备、同时或有顺序地呈送样品、检验样品特性是否公开,若公开,以何种方式);⑦检验地点、日期和组长姓名。

5.1.2.7　三点检验法实例

(1)示例1:三点检验确定存在差别。

1)背景。某啤酒厂开发了一项工艺,以降低无醇啤酒中不良谷物风味。该工艺需投资新设备。在进行大规模的消费者偏好检验之前,厂主想要确定研制的无醇啤酒与公司目前生产的无醇啤酒不同。当差别不存在时,厂主愿意冒点风险断定差别存在。而且,若有替代新工艺的方法,厂主乐意接受更大的风险忽略确实存在的差别。

2)检验目的。确定新工艺生产的无醇啤酒能区别于原无醇啤酒。

3)评定员数。为避免厂主得到差别存在的错误判断,感官分析员建议 $\alpha=0.05$。为

平衡样品的呈送顺序,分析员决定用 24 个评定员。根据表 5.8,选择用 24 个评定员,保证检验中检出差别的机会为 95%［即 $100(1-\beta)\%$］,且 50% 的评定员能检出样品间的差别。将 $\alpha=0.05$、$\beta=0.05$ 和 $P_d=50\%$ 代入表 5.8,查得 $n=23$。

4）检验。用唯一随机数给样品(36 杯"A"和 36 杯"B")编码。每组三联样 ABB、BAA、AAB、BBA、ABA 和 BAB 以平衡随机顺序,分四次分发,以涵盖 24 个评定员。所用评分表的示例如表 5.11 所示。

表 5.11　三点检验法示例 1 中检验差别的评分表

三点检验
评定员编号:＿＿＿＿＿＿　　姓名:＿＿＿＿＿＿　　日期:＿＿＿＿＿＿
说明: 从左到右品尝样品。两个样品相同;一具不同。在下面空白处写出与其他样品不同的样品编号。如果无法确定,记录你的最佳猜测;可以在陈述处注明你是猜测的。 　　与其他两个样品不同的样品是: 　　陈述:

5）结果分析与表述。总共 14 个评定员正确地认识了不同样品。在表 5.9 中,由 $n=24$ 个评定员对应行和 $P_d=0.05$ 对应的列,感官分析员查到,14 个正确答案数足以得出两啤酒间有感官差别的结论。

分析员也可选择单边计算,确定能识别样品间有感官差别的人员比例的置信下限。计算结果为:

$$\left[1.5\times(14/24)-0.5\right]-1.5\times1.64\sqrt{\left(\frac{14}{24}\right)\left[1-(14/24)/24\right]}=0.13$$

分析员有 95% 的置信度得出结论:至少有 13% 的评定员能检出样品的差别。

6）检验报告与结论。感官分析员报告:评定小组($n=24$,$x=14$)实际上在 5% 的显著水平上能区别实验产品与原产品。分析员可以选择在 95% 的置信水平报告:至少有 13% 的评定员能区分两样品。采用新工艺的酿造实验可建议继续进行消费者检验。

(2)示例 2:三点检验确定两个样品相似。

1)背景。一个糖果生产商想使用新包装材料,因为它使标签图案有更大的灵活性。但是,这种新材料应能提供相同的储藏稳定性。生产商知道不可能证明两种产品相同,但想确定:储藏三个月后,如果存在差别,只有非常小的评定员比例能检出。另外,由于原包装受欢迎,因此如果两种产品相同,生产商愿意冒相当大的风险,错误判定产品不同。对生产商来说,储藏稳定性比图案吸引人更重要。

2）检验目的。确定用新包装材料储藏三个月的产品是否与用原包装材料的相同。

3）评定员数。感官分析员和生产商一起确定适于本检验的风险水平,确定能够区分产品的评价者的最大允许比例为 $P_d = 20\%$。生产商仅愿意冒 $\beta = 0.10$ 的风险来检测评价者。当不存在差别时,生产商不太注重做出存在差别的错误判定。感官分析员选择 $\alpha = 0.20$。当 $\alpha = 0.20$、$\beta = 0.10$、$P_d = 20\%$,在表5.8中查到需要评定员 $n = 64$ 个。

4）检验。感官分析员用表5.12所示的工作表和表5.13所示的评分表进行检验。分析员用六组可能的三联样:AAB、ABA、BAA、BBA、BAB 和 ABB 循环 10 次送给前 60 个评定员。然后,随机选择四组三联样送给 61 号至 64 号评定员。

表5.12　示例2工作表

日期:2017 年 10 月 4 日			检验编号:578-FF03		
三点检验样品顺序和呈送计划					
在样品托盘准备区张贴本表。提前将评分表和各呈送容器编码。					
产品类型:糖块 样品编码 样品1=包装4736(原来的)　　　　样品2=包装3987(新的)					
呈送容器编码如下:					
评价组成员	样品编码		评价组成员	样品编码	
1	1-108　1-795	2-140	33	2-360　1-303	1-415
2	1-189　2-168	1-733	34	2-134　2-401	1-305
3	2-718　1-437	1-488	35	2-185　1-651	2-307
4	2-535　2-231	1-243	36	1-508　2-271	2-465
5	2-839　1-402	2-619	37	1-216　1-941	2-321
6	1-145　2-296	2-992	38	1-494　2-783	1-414
7	1-792　1-280	2-319	39	2-151　1-786	1-943
8	1-167　2-936	1-180	40	2-423　2-477	1-164
9	2-689　1-743	1-956	41	2-570　1-772	2-887
10	2-442　2-720	1-213	42	1-398　2-946	2-764
11	2-253　1-444	2-505	43	1-747　1-286	2-913
12	1-204　2-159	2-556	44	1-580　2-558	1-114
13	1-142　1-325	2-632	45	2-345　1-562	1-955
14	1-472　2-762	1-330	46	2-385　2-660	1-856
15	2-965　1-641	1-300	47	2-754　1-210	2-864
16	2-582　2-659	1-486	48	1-574　2-393	2-753

续表 5.12

评价组成员	样品编码			评价组成员	样品编码		
17	2-429	1-884	2-499	49	1-793	1-308	2-742
18	1-879	2-891	2-404	50	1-147	2-395	1-434
19	1-745	1-247	2-724	51	2-396	2-629	1-957
20	1-344	2-370	1-355	52	1-147	2-395	1-434
21	2-629	1-543	1-951	53	2-525	1-172	2-917
22	2-482	2-120	1-219	54	1-325	2-993	2-736
23	2-259	1-384	2-225	55	1-771	1-566	2-376
24	1-293	2-459	2-681	56	1-585	2-628	1-284
25	1-849	1-382	2-192	57	2-354	1-526	1-595
26	1-294	2-729	1-390	58	2-358	2-606	1-586
27	2-165	1-661	1-336	59	2-548	1-201	2-684
28	2-281	2-409	1-126	60	1-475	2-339	2-573
29	2-434	1-384	2-948	61	1-739	1-380	2-472
30	1-819	2-231	2-674	62	1-417	2-935	1-784
31	1-740	1-397	2-514	63	2-127	2-692	1-597
32	1-354	2-578	1-815	64	1-157	2-315	1-594

表 5.13 示例 2 的评分表

三点检验	检验编号:578-FF03

评定员编号:21　　　　姓名:_____　　　日期:_____

样品类型:糖块

说明:

从左到右尝托盘中的样品。两个样品相同;一具不同。选择不同的样品,并且在对应的方格内划
"×"。

盘内样品	标出不同的样品	说明:
629	☐	_____
543	☐	_____
951	☐	_____

注:若解释选择的原因或样品特性,可写在说明栏中。

5)结果分析与表述。检验中,在 64 个评定员中有 24 人正确辨认出检验的不同样品。查阅表 5.10,分析员发现没有 $n=64$ 的条目。因此,分析员用表 5.10 的注 1 中的公式,来确定能否得出两个样品相似的结论。分析员算出:

$$[1.5\times(24/64)-0.5]+1.5\times1.28\sqrt{(64\times24-24^{2})/64^{3}}=0.178\,7$$

即分析员有 90% 的置信度,小于 18% 的评定员能区分样品;分析员有 90%(即 $\beta=$

0.10)的确定性,判断新包装材料符合制造商的要求,而且不超过 $P_d=20\%$ 的评定员能检出差别。新包装材料可以代替原来的材料。

5.1.3 五中选二检验

五个已编码的样品,其中两个样品是一种类型,另外三个是另一种类型,要求评定员将样品按类型分成两组的一种差别检验。

5.1.3.1 五中选二检验法的适用范围和评定员数

五中选二检验法可用于检验两样品间的细微感官差异。本检验方法单纯的猜中概率是 1/10,而不是三点检验法的 1/3 和二–三点检验法的 1/2,故五中选二检验法的功能更强大些。但是其受感官疲劳和记忆效果的影响比较大,主要是用于视觉、听觉和触觉等方面的检验,而不适宜用于味觉(风味)的检验。

评定员必须经过专业培训,一般需要 10~20 位评定员,当样品之间的差异很大、非常容易辨别时,5 位评定员也可以。

5.1.3.2 五中选二检验法的检验步骤

将检验样品按以下方式进行组合,如果参评评定员少于 20 人,组合方式可以从以下组合中随机选取,但含有 3 个 A 和含有 3 个 B 的组合数要相同。

AAABB	ABABA	BBBAA	BABAB
AABAB	BAABA	BBABA	ABBAB
ABAAB	ABBAA	BABBA	BAABB
BAAAB	BABAA	ABBBA	ABABB
AABBA	BBAAA	BBAAB	AABBB

结果统计与分析按五中选二检验法要求统计回答正确的问答表数,查表 5.14 可得出两个样品有无显著差异。即假设有效鉴评表数为 n,回答正确的鉴评表数为 k,查表 5.14 中 n 栏的数值。若 k 小于这一数值,则说明在该显著水平两种样品间无差异。若 k 值大于或等于这一数值,则说明在该显著水平两种样品有显著差异。

表 5.14 五中选二检验法检验表($\alpha=5\%$)

答案数	不同显著水平最少正确答案数			答案数	不同显著水平最少正确答案数		
n	5%	1%	0.1%	n	5%	1%	0.1%
3	2	3	3	32	7	9	10
4	3	3	4	33	7	9	11
5	3	3	4	34	7	9	11
6	3	4	5	35	8	9	11
7	3	4	5	36	8	9	11
8	3	4	5	37	8	9	11
9	4	4	5	38	8	10	11
10	4	5	6	39	8	10	12
11	4	5	6	40	8	10	12

续表 5.14

答案数	不同显著水平最少正确答案数			答案数	不同显著水平最少正确答案数		
n	5%	1%	0.1%	n	5%	1%	0.1%
12	4	5	6	41	8	10	12
13	4	5	6	42	9	10	12
14	4	5	7	43	9	10	12
15	5	6	7	44	9	11	12
16	5	6	7	45	9	11	13
17	5	6	7	46	9	11	13
18	5	6	8	47	9	11	13
19	5	6	8	48	9	11	13
20	5	7	8	49	10	11	13
21	6	7	8	50	10	11	14
22	6	7	8	51	10	12	14
23	6	7	9	52	10	12	14
24	6	7	9	53	10	12	14
25	6	7	9	54	10	12	14
26	6	8	9	55	10	12	14
27	6	8	9	56	10	12	14
28	7	8	10	57	11	12	15
29	7	8	10	58	11	13	15
30	7	8	10	59	11	13	15
31	7	8	10	60	11	13	15

注:α 为显著水平,n 为参加检验评定员数。如果正确回答的人数小于表中所查数据,则表明具有显著区别

当表中 n 值大于 60 时,正确答案最少数按公式(5.1)计算,取最接近的整数值。

$$z = (k - 0.1n) / \sqrt{0.09n} \tag{5.1}$$

式中:n——参加检验评定员数;

k——正确回答的人数。

5.1.3.3 五中选二检验法应用实例

某食品厂为了检验原料质量的稳定性,把两批原料分别添加入某产品中,运用五中选二检验法对添加不同批次的原料进行检验。

由 10 名评定员进行检验,其中有 3 名评定员正确地判断了 5 个样品的两种类型。查表 5.14 中 $n = 10$,显著水平为 5% 上得到正确答案最少数为 4,大于 3,说明这两批原料的质量无差别。

5.1.4 "A"–"非 A"检验

首先让评定员熟悉"A"样品以后,然后以随机的顺序分发给评定员一系列样品,其中

有的是样品"A"有的是"非 A",所有的"非 A"样品在所比较的主要特性指标应相同,但在外观等非主要特性指标可以稍有差异。"非 A"样品也可以包括"(非 A)1"和"(非 A)2"等。要求评定员识别每个样品是"A"还是"非 A",最后通过χ^2检验分析结果,即"A"–"非 A"检验法。

5.1.4.1 "A"–"非 A"检验法的适用范围和评定员数

本检验方法适用于确定由于原料、加工、处理、包装和储藏等各环节的不同而造成的产品感官特性的差异。特别适用于评价具有不同外观或后味的样品。也适用于敏感性检验,用于确定评定员能否辨别一种与已知刺激有关的新刺激或用于确定评定员对一种特殊刺激的敏感性。

参加检验的所有评定员应具有相同的资格水平与检验能力。例如都是优选评定员或都是初级评定员等。检验需要 7 个以上专家或 20 个以上优选评定员或 30 个以上初级评定员。

5.1.4.2 "A"–"非 A"检验法的检验步骤

检验评价前应让评定员对样品"A"有清晰的体验,并能识别它。必要时可让评定员对"非 A"也作体验。检验开始后,评定员不应再接近清楚标明的样品"A",必要时,可让评定员在检验期间对样品"A"或"非 A"再体验一次。

分发样品要符合下列要求:①以随机的顺序向评定员分发样品,不能使评定员从样品提供的方式中对样品的性质做出结论;②用不同的编码向各位评定员提供同种样品;③分发给每个评定员的样品"A"或样品"非 A"的数目应相同(样品"A"的数目和样品"非 A"的数目不必相同)。

检验时要求评定员在限定时间内将系列样品按顺序识别为"A"或"非 A"。检验完毕,评定员将自己识别的结果记录在回答表格中,回答表格的式样见表 5.15。可根据检验的需要对记录的内容作详细的规定。

表 5.15 "A"–"非 A"检验法判别统计表

判别数		"A"和"非 A"样品数		累计
		"A"	"非 A"	
判别为"A"或"非 A"的回答数	"A"	n_{11}	n_{12}	$n_{1.}$
	"非 A"	n_{21}	n_{22}	$n_{2.}$
累计		$n_{.1}$	$n_{.2}$	$n_{..}$

注:n_{11}——样品本身为"A"而评定员也认为是"A"的回答总数;

n_{22}——样品本身为"非 A"而评定员也认为是"非 A"的回答总数;

n_{21}——样品本身为"A"而评定员认为是"非 A"的回答总数;

n_{12}——样品本身为"非 A"而评定员认为是"A"的回答总数;

$n_{1.}$——第一行回答数的总和;

$n_{2.}$——第二行回答数的总和;

$n_{.1}$——第一列回答数的总和;

$n_{.2}$——第二列回答数的总和;

$n_{..}$——所有回答数。

结果统计与分析用 χ^2 检验来表示检验结果。

检验原假设:评定员的判别(认为样品是"A"或"非 A")与样品本身的特性(样品本身是"A"或"非 A")无关。

检验的备择假设:评定员的判别与样品本身特性有关。即当样品是"A"而评定员认为是"A"的可能性大于样品本身是"非 A"而评定员认为是"A"的可能性。

当样品总数 $n..$ 小于 40 或 n_{ij} 小于等于 5 时,χ^2 统计量为式(5.2)

$$\chi_c^2 = \sum_{ij} \frac{(|E_0 - E_t| - 0.5)^2}{E_t} \tag{5.2}$$

式中:E_0——各类判别数 $n_{ij}(i=1,2;j=1,2)$。

$E_t = n_{i.} \times n_{.j} / n..$

当样品总数 $n..$ 大于 40 和 n_{ij} 大于 5 时 χ^2 统计量为式(5.3)

$$\chi_c^2 = \sum_{ij} \frac{(|E_0 - E_t|)^2}{E_t} \tag{5.3}$$

在 $i=1,2,j=1,2$ 时,式(5.2)、式(5.3)有如下等价公式,见式(5.4)、式(5.5)

$$\chi_c^2 = \frac{[|n_{11} \times n_{22} - n_{12} \times n_{21}| - (n../2)]^2 \times n..}{n_{.1} \times n_{.2} \times n_{1.} \times n_{2.}} \tag{5.4}$$

$$\chi^2 = \frac{(|n_{11} \times n_{22} - n_{12} \times n_{21}|)^2 \times n..}{n_{.1} \times n_{.2} \times n_{1.} \times n_{2.}} \tag{5.5}$$

将 χ_c^2(或 χ^2)统计量与表 5.16 中对应自由度为 1[即(2-1)×(2-1)]的临界值相比较,见式(5.4)、式(5.5)。

当 χ_c^2(或 χ^2)≥3.84(在 $\alpha=0.05$ 的情况);

当 χ_c^2(或 χ^2)≥6.63(在 $\alpha=0.01$ 的情况)。

则在所选择的显著性水平上拒绝原假设而接受备择假设,即评定员的判别与样品本身特性有关,即认为样品"A"与"非 A"有显著性差别。

当 χ_c^2(或 χ^2)<3.84(在 $\alpha=0.05$ 的情况);

当 χ_c^2(或 χ^2)<6.63(在 $\alpha=0.01$ 的情况)。

则在所选择的显著性水平上接受原假设,即认为评定员的判别与样品本身特性无关,即认为样品"A"与"非 A"无显著性差别。

表 5.16 χ^2 分布临界值表(节录)

自由度	显著性水平		自由度	显著性水平	
	$\alpha=0.05$	$\alpha=0.01$		$\alpha=0.05$	$\alpha=0.01$
1	3.84	6.63	6	12.6	16.8
2	5.99	9.21	7	14.1	18.5
3	7.81	11.3	8	15.5	20.1
4	9.49	13.3	9	16.9	21.7
5	11.1	15.1	10	18.3	23.2

5.1.4.3 "A"–"非 A"检验法应用实例

(1)例题一。区别蔗糖的甜味("A"刺激)与某种甜味剂("非 A"刺激)的甜味。

提供两种物质的水溶液,一种是 40 g/L 浓度的蔗糖水溶液,一种是甜味与之相当的甜味剂的水溶液。

评定员数:20 个优选评定员。

每位评定员的样品数:4 个"A"和 6 个"非 A"。

评定员判别见表 5.17。

表 5.17 "A"–"非 A"检验法评定员判别统计表(例一)

判别数		"A"与"非 A"样品数		累计
		"A"	"非 A"	
判别为"A"或"非 A"的回答数	"A"	50	55	105
	"非 A"	30	65	95
累计		80	120	200

由于 $n..$ 大于 40 和 n_{ij} 大于 5,所以用公式(5.5)

$$\chi^2 = \frac{(\mid n_{11} \times n_{22} - n_{12} \times n_{21} \mid)^2 \times n...}{n_{\cdot 1} \times n_{\cdot 2} \times n_{1.} \times n_{2.}}$$

$$= \frac{(\mid 50 \times 65 - 55 \times 30 \mid)^2 \times 200}{80 \times 120 \times 105 \times 95}$$

$$= 5.34$$

因为 χ^2 统计量 5.34 大于 3.84,由式(5.4),得出结论:拒绝原假设而接受备择假设,即认为蔗糖的甜味与某种甜味剂的甜味在 5% 的显著性水平上有显著性差别。

(2)例题二。已知蔗糖的甜味("A"刺激)与某种甜味剂("非 A"刺激)有显著性差别。现要确定一评定员能否将甜味剂的甜味与蔗糖的甜味区别开。

评定员评价的样品数:13 个"A"和 19 个"非 A"。

评定员判别见表 5.18。

表 5.18 "A"–"非 A"检验法评定员判别统计表(例二)

判别数		"A"与"非 A"样品数		累计
		"A"	"非 A"	
判别为"A"或"非 A"的回答数	"A"	8	6	14
	"非 A"	5	13	18
累计		13	19	32

由于 $n..$ 小于 40 和 n_{21} 等于 5，所以用公式(5.4)

$$\chi^2 = \frac{[\,|\,n_{11} \times n_{22} - n_{12} \times n_{21}\,| - (n../2)\,]^2 \times n..}{n_{.1} \times n_{.2} \times n_{1.} \times n_{2.}}$$

$$= \frac{[\,|\,8 \times 13 - 6 \times 5\,| - (32/2)\,]^2 \times 32}{13 \times 19 \times 14 \times 18}$$

$$= 1.73$$

因为 χ^2 统计量 1.73 小于 3.84，可得出结论：接受原假设，认为蔗糖的甜味与甜味剂的甜味没有显著性差别。或该评定员没能将甜味剂的甜味与蔗糖的甜味区别开。

5.1.5　选择检验法

从三个以上样品中，选择出一个最喜欢或最不喜欢的样品的检验方法称为选择检验法。

5.1.5.1　选择检验法的适用范围和评定员数

选择检验法主要用于嗜好调查。不适用于一些味道很浓或延缓时间较长的样品，这种方法在做品尝时，要特别强调漱口，在做第二次检验之前，必须彻底地洗漱口腔，不得有残留物和残留味的存在。对评定员没有硬性规定要求必须经过培训，一般在 5 人以上，多则 100 人以上。

5.1.5.2　选择检验法的检验步骤

样品以随机顺序呈送给评定员，按照组织方的要求做出评价，并进行统计。结果统计与分析按以下两种情况进行分析。

(1)求数个样品间有无差异。根据 χ^2 检验判断结果，用公式(5.6)求 x_0^2 值

$$x_0^2 = \sum_{i=1}^{m} \frac{\left(x_i - \dfrac{n}{m}\right)^2}{\dfrac{n}{m}} \tag{5.6}$$

式中：m——样品数；

　　n——有鉴评表数；

　　x_i——m 个样品中，最喜好其中某个样品的人数。

查 χ^2 表(见附录 2 附表 1)，若 $x_0^2 \geq \chi^2(f, \alpha)$($f$ 为自由度，$f = m - 1$，α 为显著水平)，说明 m 个样品在 α 显著水平存在差异，若 $x_0^2 < \chi^2(f, \alpha)$，说明 m 个样品在 α 显著水平不存在差异。

(2)求被多数人判断为最好样品与其他样品间是否存在差异。根据 χ^2 检验判断结果，用公式(5.7)求 x_0^2 值

$$x_0^2 = \left(x_i - \frac{n}{m}\right)^2 \frac{m^2}{(m-1)n} \tag{5.7}$$

查 χ^2 表(见附录 2 附表 1)，若 $x_0^2 \geq \chi^2(f, \alpha)$，说明此样品与其他样品之间在 α 水平存在差异。否则，无差异。

5.1.5.3 选择检验法应用实例

某食品生产厂家把自己生产的商品 A,与市场上销售的三个同类商品 X、Y、Z 进行比较。由 80 位评定员进行评价,并选出最好的一个产品来,结果如表 5.19 所示。

表 5.19 选择检验评价结果统计表

商品	A	X	Y	Z	合计
认为某商品最好的评定员数	26	32	16	6	80

(1)求四个样品间的喜好度有无差异

$$x_0^2 = \sum_{i=1}^{m} \frac{\left(x_i - \frac{n}{m}\right)^2}{\frac{n}{m}} = \frac{m}{n} \sum_{i=1}^{m} \left(x_i - \frac{n}{m}\right)^2$$

$$= \frac{4}{80} \times \left[\left(26 - \frac{80}{4}\right)^2 + \left(32 - \frac{80}{4}\right)^2 + \left(16 - \frac{80}{4}\right)^2 + \left(6 - \frac{80}{4}\right)^2 \right]$$

$$= 19.6$$

$f = 4 - 1 = 3$

查附录 2 附表 1 可知:

$\chi^2(3, 0.05) = 7.8 < x_0^2 = 19.6$

$\chi^2(3, 0.01) = 11.34 < x_0^2 = 19.6$

所以,结论为四个商品间的喜好度在 1% 显著水平有显著性差异。

(2)求被多数人判断为最好样品与其他商品间是否存在差异

$$x_0^2 = \left(x_i - \frac{n}{m}\right)^2 \frac{m^2}{(m-1)n}$$

$$= \left(32 - \frac{80}{4}\right)^2 \times \frac{4^2}{(4-1) \times 80} = 9.6$$

查附录 2 附表 1 可知

$\chi^2(1, 0.05) = 3.84 < x_0^2 = 9.6$

$\chi^2(1, 0.01) = 6.63 < x_0^2 = 9.6$

所以,结论为被多数人判断为最好的商品 X 与其他商品间存在差异,但与商品 A 相比,由于 $x_0^2 = \left(32 - \frac{58}{4}\right)^2 \times \frac{2^2}{(2-1) \times 58} = 0,62$,远远小于 $\chi^2(1, 0.05)$,可认为无差异。

5.2 性质差别检验

性质差别检验是测定两个或多个样品之间某一特定感官性质的差别,如甜度、苦味强度等,在进行评价时要确定评定的感官性质。其方法主要包括成对比较差异检验、逐步排序检验、排序检验及评分法等。但应该注意的是,如果两个样品所评定的感官性质不存在显著差异,并不表示两个样品没有总体差异,也可能其他感官性质有差异。

5.2.1 成对比较检验法

提供成对样品进行比较并按照给定标准确定差异的一种差别检验。

5.2.1.1 成对比较检验法原理

根据检验要求的敏感性选择评定员数。评定员得到一组两个样品(即一对),评价后标明他们认为感官特性较强的样品,即使此选择仅基于一种猜测。计算每个样品被选择的次数并参照统计确定显著性,仔细评价期望样品得到的结果(单边检验)或两个样品中的任意一个得到的最高答案数(双边检验)。

5.2.1.2 成对比较检验法检验条件

成对比较检验首先需要明确检验目的,确定实验是单边还是双边检验,是差别检验还是相似检验,及其最合适的敏感性。

5.2.1.3 成对比较检验法评定员

(1)评定员资格。所有评定员应具有相同资格等级,该等级根据检验目的的确定。对产品的经验和熟悉程度可改善一个评定员的成绩,并因此增加发现显著差别的可能性。监测评定员一段时间内的成绩可能有助于提高检验敏感性。

所有评定员应熟悉成对检验过程(评分表、任务和评价程序)。此外,所有评定员应具备识别检验依据的感官特性的能力。这种特性可通过参照物质或通过呈送检验中具有不同特性强度水平的几个样品进行口头明确。

(2)评定员数。选择评定员数以达到检验所需要敏感性(单边检验见表 5.20,双边检验见表 5.21)。使用大量评定员可增加检出产品之间微小差别的可能性。实际上,评定员通常取决于具体条件(如实验周期、可用评定员人数、产品数量)。实施差别检验时,具有代表性的评定员数为 24~30 位。

表 5.20　单边成对检验所需评定员数

α	P_d	β					
		0.50	0.20	0.10	0.05	0.01	0.001
0.50		—$^\alpha$	—	—	9	22	33
0.20		—	12	19	26	39	58
0.10		—	19	26	33	48	70
0.05	$P_d = 50\%$	13	23	33	42	58	82
0.01		35	40	50	59	80	107
0.001		38	61	71	83	107	140

续表 5.20

α	P_d	β					
		0.50	0.20	0.10	0.05	0.01	0.001
0.50		—	—	9	20	33	55
0.20		—	19	30	39	60	94
0.10	$P_d = 40\%$	14	28	39	53	79	113
0.05		18	37	53	67	93	132
0.01		35	64	80	96	130	174
0.001		61	95	117	135	176	228
0.50		—	—	23	33	59	108
0.20		—	32	49	68	110	166
0.10	$P_d = 30\%$	21	53	72	96	145	208
0.05		30	69	93	119	173	243
0.01		64	112	143	174	235	319
0.001		107	172	210	246	318	412
0.50		—	23	45	67	133	237
0.20		21	77	112	158	253	384
0.10	$P_d = 20\%$	46	115	168	214	322	471
0.05		71	158	213	268	392	554
0.01		141	252	325	391	535	726
0.001		241	386	479	556	731	944
0.50		—	75	167	271	539	951
0.20		81	294	451	618	1 006	1 555
0.10	$P_d = 10\%$	170	461	658	861	1 310	1 905
0.05		281	620	866	1 092	1 583	2 237
0.01		550	1 007	1 301	1 582	2 170	2 927
0.001		961	1 551	1 908	2 248	2 937	3 812

[a]表中空白部分表示不代表任何实际意义的情况(考虑选择的 P_d 值的 α、β 的高值)

表 5.21　双边成对检验所需评定员数

α	P_d	β					
		0.50	0.20	0.10	0.05	0.01	0.001
0.50		—[a]	—	—	23	33	52
0.20		—	19	26	33	48	70
0.10	$P_d = 50\%$	—	23	33	42	58	82
0.05		17	30	42	49	67	92
0.01		26	44	57	66	87	117
0.001		42	66	78	90	117	149
0.50		—[a]	—	25	33	54	86
0.20		—	28	39	53	79	113
0.10	$P_d = 40\%$	18	37	53	67	93	132
0.05		25	49	65	79	110	149
0.01		44	73	92	108	144	191
0.001		48	102	126	147	188	240
0.50		—	29	44	63	98	156
0.20		21	53	72	96	145	208
0.10	$P_d = 30\%$	30	69	93	119	173	243
0.05		44	90	114	145	199	276
0.01		73	131	164	195	261	345
0.001		121	188	229	267	342	440
0.50		—	63	98	135	230	352
0.20		46	115	168	214	322	471
0.10	$P_d = 20\%$	71	158	213	268	392	554
0.05		101	199	263	327	455	635
0.01		171	291	373	446	596	796
0.001		276	425	520	604	781	1 010
0.50		—	240	393	543	910	1 423
0.20		170	461	658	861	1 310	1 905
0.10	$P_d = 10\%$	281	620	866	1 092	1 583	2 237
0.05		390	801	1 055	1 302	1 833	2 544
0.01		670	1 167	1 493	1 782	2 408	3 203
0.001		1 090	1 707	2 094	2 440	3 152	4 063

[a]表中空白部分表示不代表任何实际意义的情况(考虑选择的 P_d 值的 α、β 的高值)

5.2.1.4 成对比较检验法检验程序

(1)实施检验前准备工作表和评分表,使 A、B 两个产品可能的呈送顺序数目等同。

(2)连续或同时呈送一对两个样品。同时呈送时,以同一方式为每位评定员排列两个样品(从左到右成行,从底部往上成行等)。评定员按评分表中指明的顺序检验两个成对样品,若愿意重复评价,通常允许评定员做出每个样品重复评价(若产品性质允许做出重复评价)。

(3)应为每对样品做出一份评分表。若一位评定员在会期内进行一项以上检验,在呈送随后的一对样品前收集全部评分表和未用样品。评定员既能追溯到以前样品也不能改变以前检验的结论。

(4)不要对选择的最强样品询问有关偏爱、接受或差别的任何问题。对任何附加问题的回答可能影响到评定员做出的选择。这些问题的答案可通过独立的偏爱、接受、差别程度检验等获得。询问为何做出选择的"陈述"部分可包含评定员陈述。

(5)成对检验是"强迫选择"程序;评定员不允许选择"无差别"选项。应要求检出样品之间无差别的评定员选择一个样品,并在评分表"陈述"部分内指明这项选择仅是一个猜测。

5.2.1.5 成对比较检验法结果分析与表述

(1)单边检验。用表 5.22 分析由成对检验获得的数据。若正确答案数大于或等于表 5.22 中给出的数字(对应评定员数和检验选择的 α-风险水平),推断样品之间存在感官差别。若需要,根据能区分样品人数的比例计算出置信区间。低于 $n/2$ 的最大正确答案数不应推断出结论。

表 5.22 根据单边成对检验推断出感官差别存在所需最少正确答案数

n	α					n	α				
	0.20	0.10	0.05	0.01	0.001		0.20	0.10	0.05	0.01	0.001
10	S7	8	9	10	10	36	22	23	24	26	28
11	8	9	9	10	11	37	22	23	24	27	29
12	8	9	10	11	12	38	23	24	25	27	29
13	9	10	10	12	13	39	23	24	26	28	30
14	10	10	11	12	13	40	24	25	26	28	31
15	10	11	12	13	14	44	26	27	28	31	33
16	11	12	12	14	15	48	28	29	31	33	36
17	11	12	13	14	15	52	30	32	33	35	38
18	12	13	13	15	16	56	32	34	35	38	40
19	12	13	14	15	17	60	34	36	37	40	43

续表5.22

n	α					n	α				
	0.20	0.10	0.05	0.01	0.001		0.20	0.10	0.05	0.01	0.001
20	13	14	15	16	18	64	36	38	40	42	45
21	13	14	15	17	18	68	38	40	42	45	48
22	14	15	16	17	19	72	41	42	44	47	50
23	15	16	16	18	20	76	43	45	46	49	52
24	15	16	17	19	20	80	45	47	48	51	55
25	16	17	18	19	21	84	47	49	51	54	57
26	16	17	18	20	22	88	49	51	53	56	59
27	17	18	19	20	22	92	51	53	55	58	62
28	17	18	19	21	23	96	53	55	57	60	64
29	18	19	20	22	24	100	55	57	59	63	66
30	18	20	20	22	24	104	57	60	61	65	69
31	19	20	21	23	25	108	59	62	64	67	71
32	19	21	22	24	26	112	61	64	66	69	73
33	20	21	22	24	26	116	64	66	68	71	76
34	20	22	23	25	27	120	66	68	70	74	78
35	21	22	23	25	27						

注1：因为是根据二项式分布得到，表中的值是准确的。对于不包括在表中的 n 值，以下述方式得到遗漏项的近似值：最少正确答案数 $(x)=$ 大于下式的最接近整数 $x=(n+1)/2+z\sqrt{0.25n}$，其中 z 随以下显著水平不同：$\alpha=0.20$ 时，0.84；$\alpha=0.10$ 时，1.28；$\alpha=0.05$ 时，1.64；$\alpha=0.01$ 时，2.33；$\alpha=0.001$ 时，3.09。

注2：$n<18$ 时，通常不推荐用成对差别检验

（2）双边检验。用表5.23分析由成对检验获得数据。若一致答案数大于或等于表5.23中给出的数字（对应评定员数和检验选择的 α-风险水平），推断样品之间存在感官差别。

表5.23　根据双边成对检验推断出感官差别存在所需最少一致答案数

n	α					n	α				
	0.20	0.10	0.05	0.01	0.001		0.20	0.10	0.05	0.01	0.001
10	8	9	9	10	—	36	23	24	25	27	29
11	9	9	10	11	12	37	23	24	25	27	29

续表 5.23

n	α					n	α				
	0.20	0.10	0.05	0.01	0.001		0.20	0.10	0.05	0.01	0.001
12	9	10	10	11	12	38	24	25	26	28	30
13	10	10	11	12	13	39	24	26	27	28	31
14	10	11	12	13	14	40	25	26	27	29	31
15	11	12	12	13	14	44	27	28	29	31	34
16	12	12	13	14	15	48	29	31	32	34	36
17	12	13	13	15	16	52	32	33	34	36	39
18	13	13	14	15	17	56	34	35	36	39	41
19	13	14	15	16	17	60	36	37	39	41	44
20	14	15	15	17	18	64	38	40	41	43	46
21	14	15	16	17	19	68	40	42	43	46	48
22	15	16	17	19	20	72	42	44	45	48	51
23	16	16	17	19	20	76	45	46	48	50	53
24	16	17	18	19	21	80	47	48	50	52	56
25	17	18	18	20	21	84	49	51	52	55	58
26	17	18	19	20	22	88	51	53	54	57	60
27	18	19	20	21	23	92	53	55	56	59	63
28	18	19	20	22	23	96	55	57	59	62	65
29	19	20	21	22	24	100	57	59	61	64	67
30	20	21	22	24	25	104	60	61	63	66	70
31	20	21	22	24	25	108	62	64	65	68	72
32	21	22	23	24	26	112	64	66	67	71	74
33	21	22	23	25	27	116	66	68	70	73	77
34	22	23	24	25	27	120	68	70	72	75	79
35	22	23	24	26	28						

注 1:因为是根据二项式分布得到,表中的值是准确的。对于不包括在表中的 n 值,以下述方式得到遗漏项的近似值:最少正确答案数(x)= 大于下式的最接近整数 $x=(n+1)/2+z\sqrt{0.25n}$,其中 z 随以下显著水平不同:$\alpha=0.20$ 时,1.28;$\alpha=0.10$ 时,1.64;$\alpha=0.05$ 时,1.96;$\alpha=0.01$ 时,2.58;$\alpha=0.001$ 时,3.29。

注 2:n 值 < 18 时,通常不推荐用成对差别检验

5.2.1.6 成对比较检验法检验报告

给出检验对象、检验结果和结论。建议给出以下附加信息:① 检验目的和样品处理

的特性;② 样品的全部标识:来源、制备方法、数量、状态、检验前的储藏、呈送的量、温度(无论如何,关于样品的信息应表明所有已进行的储藏、处理和制备操作,以使生产的样品仅由于关注点的变化而不同);③ 对评定员给出的有关检验的任何信息和明确建议,尤其在检验和(或)预检验中的准确定义和参照样品举例说明的特性已指示给评定员的情况;④ 评定员人数、正确答案数或一致答案数和统计评价结果(包括检验使用的 α、β 和 P_d 值);⑤ 评定员经验(感官检验中、对产品、对检验样品)、年龄和性别;⑥ 检验环境,所用检验设施、同时或连续呈送,检验后样品特征是否公开,若公开,以何种方式;⑦检验地点、日期及小组组长姓名。

5.2.1.7 成对比较检验法应用实例

(1)示例1:确定两个产品间特性强度差别存在的单边成对检验。

1)范围。跟随消费者做出的评价,进行一些工艺改进以生产出比普通产品更脆的饼干。

2)检验目的。确定新产品的确更脆,因此是一项单边检验示例。

3)评定员数。为防止研发部门错误推断不存在的风味差别,感官分析监督员建议 α 限值 0.05,检出差别的评定员百分数 $P_d = 30\%$、$\beta = 0.50$。因此至少需要 30 位评定员。

4)实施检验。30 个样品盘内盛放饼干"A"(控制样),30 个样品盘内盛放饼干"B"(实验样),用唯一性随机数字编码。按顺序 AB 将产品呈送给 15 位评定员,按顺序 BA 呈送给其他 15 位评定员。按表 5.24 出示实验评分表。

表 5.24 示例 1 评分表

成对检验
姓名:_____ 评定员编号:_____ 日期:_____
说明:
从左侧一个开始品尝两个样品。在以下位置指明最脆的样品编码。若不确定,猜测一个;在"陈述"的开头指明这是猜测。
最脆样品编码:_____
可能的陈述:_____

5)结果分析与表述。21 位评定员指明样品 B 更脆。在表 5.22 中 $n = 30$ 的相应行和 $\alpha = 0.05$ 的列内可看出期望范围内为 20 个答案,足以表明两个样品差别显著。

6)报告和结论。感官分析人员为评定员小组报告在 5%($n = 30$,$x = 21$)显著水平显示更脆的范例。因此可用新工艺生产饼干用来进行消费者偏爱检验。

(2)示例2:确定两个产品间特性强度差别存在的双边检验。

1)范围。一个浓汤制造商希望确定两种钠-基质配料中哪种能形成最强咸。这种配料将被选择用于新产品配方,因为它可在较稀浓度使用并且比较便宜(两种产品每千克价格相同)。若没有显著差别,将实验其他配料。

2)检验目的。确定在相同浓度两种配料中的哪种可形成最强咸味,因此是一个双边检验示例。

3）评定员数。感官分析人员希望为 95% 的置信度,较高比例的评定员能觉察出差别,因此 α 固定在 0.05, P_d 在 50%。然而将会实验其他配料,错误推断差别不存在将导致附加费用。所以,感官分析人员将 β 固定在 0.10。参考表 5.21,发现至少需要 42 位评定员,因此决定采用 44 位。

4）实施检验。制备 A 和 B 两批汤,唯一差别是产生咸味的配料。两种样品用唯一性随机数字编码的陶瓷碗热呈送。按顺序 AB 顺送给 22 位评定员,其他 22 位按顺序 BA 呈送。按表 5.25 出示实验评分表。

表 5.25　示例 2 评分表

成对检验
检验编码:845-2003
评定员编号:14　　　　　　　　姓名:_____　日期:_____
说明: 从左到右品尝两个样品。选择最咸样品并在相应的样品框上打×进行标记。 　　　842　　　　　　　376　　　　　　陈述:_____ 若希望做出有关你选择的理由或样品特性的陈述,可在陈述标题下写入。

感官分析人员在报告中注明在 1% 显著水平可感觉配料 A 比配料 B 咸。因此采用配料 A 用于未来生产中。

5.2.2　分类检验法

把样品以随机的顺序出示给评定员,要求评定员在对样品进行样品评价后,划出样品应属的预先定义的类别,这种检验方法称为分类检验法。分类检验法是先由专家根据样品的一个或多个特征确定出样品的质量或其他特征类别,再将样品归纳入相应类别的方法或等级的办法。这种方法是使样品按照已有的类别划分,可在任何一种检验方法的基础上进行。

5.2.2.1　分类检验法的适用范围和评定员数

这种方法是以过去积累的已知结果为根据,在归纳的基础上进行产品分类。当样品打分有困难时,可用分类法评价出样品的好坏差异,得出样品的级别、好坏,也可以鉴定出样品的缺陷等。分类检验法对评定员的要求是专家型或经过培训的评定员,一般 3 人以上,也可根据检验的目的和要求来决定。

5.2.2.2　分类检验法的检验步骤

首先确定待检食品或样品的类别,评定员按顺序评价样品后,将样品进行分类,比较两种或多种产品落入不同类别的分布,计算出各类别的期待值,根据实际测定值与期待值之间的差值,从而得出每一种产品应属的级别。然后根据 χ^2 检验,判断各个级别之间是否具有显著性差异。

5.2.2.3　分类检验法应用实例

有 4 种产品,通过检验分成 3 级,要求评定员采用分类检验法,了解它们由于加工工艺的不同对产品质量所造成的影响。

由 30 位鉴评员进行鉴评分级,各样品被划入各等级的次数统计填入表 5.26。

假设各样品的级别分布相同,则各级别的期待值为:

$$E = \frac{该等级次数}{120} \times 30 = \frac{该等级次数}{4}$$

$$即 E_1 = \frac{56}{4} = 14, E_2 = \frac{14}{4} = 12.5, E_3 = \frac{14}{4} = 3.5$$

表 5.26　4 种产品的分类检验结果统计表

样品	等级			合计
	一级	二级	三级	
A	7	21	2	30
B	18	9	3	30
C	19	9	2	30
D	12	11	7	30
合计	56	50	14	120

而实际测定值 Q 与期待值之差 $Q_{ij} - E_{ij}$ 列出如表 5.27 所示。

表 5.27　各级别实际值与期待值之差

样品(j)	级别(i)			合计
	一级	二级	三级	
A	-7	8.5	-1.5	0
B	4	-3.5	-0.5	0
C	5	-3.5	-1.5	0
D	-2	-1.5	3.5	0
合计	0	0	0	

$$x^2 = \sum_{i=1}^{t} \sum_{j=1}^{m} \frac{(Q_{ij} - E_{ij})^2}{E_{ij}} = \frac{(-7)^2}{14} + \frac{4^2}{14} + \frac{5^2}{14} + \cdots + \frac{(-1.5)^2}{3.5} + \frac{3.5^2}{3.5} = 19.49$$

误差自由度 f=样品自由度×级别自由度,即

$$= (m-1)(t-1) = (4-1)(3-1) = 6$$

查 χ^2 表(见附录 2 附表 1)得

$$\chi^2(6, 0.05) = 12.59; \chi^2(6, 0.01) = 16.81$$

由于 $\chi^2 = 19.49 > 12.59$;同时 $\chi^2 = 19.49 > 16.81$

所以,这 3 个级别在 1% 显著水平有显著差别,即这 4 个样品可划分为有显著差别的 3 个等级。其中 C 号样品的品质最佳,该产品的生产工艺最优。

5.2.3 排序检验法

比较多个食品样品时,将一系列被检样品按其某种特性或整体印象的顺序进行排列的感官分析方法称为排序检验法。

5.2.3.1 排序检验法的适用范围和评定员数

排序检验法适用于评价样品间的差异,如样品某一种或多种感官特性的强度,或者评价人员对样品的整体印象。还可用于辨别样品间是否存在差异,但不能确定样品间差异的程度。

主要适用于以下情况:①培训评定员以及测定评定员个人或小组的感官阈值;②在描述性分析或偏爱检验前,对样品初步筛选;在描述性分析和偏爱检验时,确定由于原料、加工、包装、储藏以及被检样品稀释顺序的不同,对产品一个或多个感官指标强度水平的影响;在偏爱检验时,确定偏好顺序。

评定员人数依据检验目的的确定,见表5.28。

表 5.28　排序检验法根据检验目的对应参数表

检验目的		评定员水平	评价人数	统计方法		
				同已知顺序比较 (评定员表现评估)	产品顺序未知 (产品比较)	
					两个	两个以上
评定员 表现 评估	个人表 现评估	优选评定员或 专家评定员	无限制	Spearman 检验	符号 S 检验	Friedman 检验
	小组表 现评估	优选评定员或 专家评定员	无限制	Page 检验		
产品 评估	描述性 检验	优选评定员或 专家评定员	12~15 为宜			
	偏好性 检验	消费者	每组至少60 位消费者类 型的评定员	—		

进行描述性分析时,按照可接受统计风险的水平以及标准 GB/T 16861 和 GB/T 16860 的要求,确定最少需要的评定员人数,宜为 12~15 位优选评定员。进行偏爱检验中确定偏好顺序时,同样依据可接受风险的水平,确定最少需要的评定员人数,一般每组至少 60 位消费者类型评定员。进行评定员工作检查、评定员培训以及测试评定员个人或小组的感官阈值时,评定员人数可不限定。

5.2.3.2 排序检验法的检验步骤

检验前应向评定员说明检验的目的。必要时,可在检验前演示整个排序法的操作程序,确保所有评定员对检验的准则有统一的理解。如对哪些特性进行排列,排列的顺序是从强到弱还是从弱到强;检验时操作有何要求;评价气味时需不需要摇晃等。同时检验前的统一认识不应影响评定员的下一步评价。

提供样品时,不能使评定员从样品提供方式中对样品的性质做出结论。避免评定员看到样品准备的过程,要按同样的方式准备样品,如采用相同的仪器或容器、同等数量的样品、同一温度和同样的提供方式等。应尽量消除样品间与检验不相关的差异,减少对排序检验结果的影响,宜在样品平常使用的温度下评价。

盛放样品的容器用三位数字随机编码,同一次检验中每个样品编号不同(评定员之间也不相同更好)。提供样品时还考虑检验时所采用的设计方案,尽量采用完全区组设计,将全部样品随机提供给评定员。但如果样品的数量和状态使其不能全部提供时,可采用平衡不完全区组设计,以待定子集将样品随机提供给评定员。无论采用何种设计,都是应保证所有的评定员能完成各自的检验任务,不遗漏任何样品。

每个评定员得到 p 个样品中的 k 个($k<p$)。 k 样品子集数目由平衡不完全区组设计决定。每个样品由 j 个评定员中的 n 个评定员评定($n<j$),而每两个样品由 g 个评定员评定,在研究中,应重复进行整个平衡不完全区组设计实验,以保证实验有足够的灵敏度。重复的次数用 r 表示,则每个样品总计由 $r\times n$ 个评定员评定,每两个样品总计由 $r\times g$ 个评定员评价。

检验中可使用参比样,参比样放入系列样品中不单独标示。评定员应在相同的检验条件下,将随机提供的样品,依检验的特性排成一定顺序。评定员一般应避免将不同样品排在同一秩次。若无法区别两个或两个以上样品时,评价可将这几个样品视为同一秩次,并在回答表中注明。如不存在感官适应性的问题,且样品比较稳定时,评定员可将样品初步排序,再进一步检验调整。每次检验只能按一种特性进行排序,如要求对不同特性排序,则应按不同的特性安排不同的检验。

为防止样品编号影响评定员对样品排序的结果,样品编号不应出现在空白回答表中。评定员应将每个样品的秩次都记录在回答表中,回答表见表 5.29,可根据被检的样品和检验的目的对其做适当调整。

表 5.29　排序检验回答表格样式

姓名:＿＿＿＿＿＿　　日期:＿＿＿＿＿＿　　检验号:＿＿＿＿＿＿
请按从左至右顺序品尝每个样品:
请在下面表格中以甜味增加的顺序写出样品编码:

编码	最不甜			最甜

注释:

（1）排序结果与秩和计算。表 5.30 举例说明了由 7 名评定员对 4 个样品的某一特性进行排序的结果,如果需要对不同的特性进行排序,则一个特性对应一个回答表。

表 5.30 排序结果与秩和计算表

评定员	样品				秩和
	A	B	C	D	
1	1	2	3	4	10
2	4	1.5	1.5	3	10
3	1	3	3	3	10
4	1	3	4	2	10
5	3	1	2	4	10
6	2	1	3	4	10
7	2	1	4	3	10
每个样品的秩和	14	12.5	20.5	23	70

注:每行秩和等于 $0.5p(p+1)$,其中 p 为样品的数量

如果有相同秩次,取平均秩次(如表 5.30 中,评定员 2 对样品 B、C 有相同秩次评价,评定员 3 对样品 B、C、D 有相同秩次评价)。

如无遗漏数据,且相同秩次能正确计算,则表中每行应有相同的秩和。将每一列的秩次相加,可得到每一个的每列秩和。样品的每列秩和表示所有的评定员对样品排序结果的一致性。如果评定员的排序结果比较一致,则每列秩和的差异较大。反之,若评定员排序结果不一致时,系列秩和差异不大。因此通过比较样品的秩和,可评估样品间的差异。

（2）统计分析和解释。依据检验的目的选择统计检验方法。

1）个人表现判定:Spearman 相关系数。在比较两个排序结果,如:两位评定员所做出的评价结果之间或是评定员排序的结果与样品的理论排序之间的一致性时,可由下列公式计算 Spearman 相关系数,并参考表 5.31 列出的临界值 r_s 来判定相关性是否显著。

表 5.31 Spearman 相关系数的临界值

样品数	显著性水平 α		样品数	显著性水平 α	
	$\alpha = 0.05$	$\alpha = 0.01$		$\alpha = 0.05$	$\alpha = 0.01$
6	0.886	—	19	0.460	0.584
7	0.786	0.929	20	0.447	0.570
8	0.738	0.881	21	0.435	0.556
9	0.700	0.833	22	0.425	0.544
10	0.648	0.794	23	0.415	0.532
11	0.618	0.755	24	0.406	0.521
12	0.587	0.727	25	0.398	0.511
13	0.560	0.703	26	0.390	0.501
14	0.538	0.675	27	0.382	0.491
15	0.521	0.654	28	0.375	0.483
16	0.503	0.635	29	0.368	0.475
17	0.485	0.615	30	0.362	0.476
18	0.472	0.600			

$$r_s = 1 - \frac{6 \sum_i d_i^2}{p(p^2 - 1)} \tag{5.8}$$

式中:d_i——样品 i 两个秩次的差;

　　p——参加排序的样品(产品)数。

若 Spearman 相关系数接近+1,则两个排序结果非常一致;若接近 0,两个排序结果不相关;若接近-1,表明两个排序结果极不一致。此时应考虑是否存在评定员对评价指标理解错误或者将样品与要求相反的次序进行了排序。

2)小组表现判定:Page 检验。样品具有自然顺序或自然顺序已确认的情况下(例如样品成分的比例、温度、不同的储藏时间等可测因素造成的自然顺序),该分析方法可用来判定评价小组能否对一系列已知或者预计具有某种特性排序的样品进行一致的排序。

如果 $R_1, R_2, \cdots, R_p$ 是以确定的排序排列的 p 个样品的理论上的秩和,那么若样品间没有差异。

①原假设可成:

$H_0 : R_1 = R_2 = \cdots = R_p$

备择假设则是:$H_1 : R_1 \leqslant R_2 \leqslant R_p$,其中至少一个不等式是严格成立的。

②为了检验该假设,计算 Page 系数 L:

$L = R_1 + 2R_2 + 3R_3 + \cdots + pR_p$

其中 R_1 是已知样品顺序中排列为第一的样品的秩和,依次类推,R_p 就是排序为最后的样品的秩和。

③得出统计结论:

表 5.32 给出了完全区组设计中 L 的临界值,其临界值与样品数、评定员人数以及选择的统计学水平有关($\alpha = 0.05$ 或者 $\alpha = 0.01$),当评定员的结果与理论值一致时,L 有最大值。

比较 L 与表 5.32 中的临界值:

如果 $L < L'$,产品间没有显著性差异。

如果 $L \geqslant L'$,则产品的秩和间存在显著性差异;拒绝原假设而接受备择假设(可以得出结论:评定员做出了与预知的次序相一致的排序)。

如果评定员的人数或样品未在表 5.32 中列出,按公式(5.9)计算 L' 统计量:

$$L' = \frac{12L - 3jp(p+1)^2}{p(P+1)\sqrt{j(p-1)}} \tag{5.9}$$

式中:j——评定员人数;

　　p——参加排序的样品数。

L' 统计量近似服从标准正态分布。

当 $L' \geqslant 1.64(\alpha = 0.05)$ 或 $L' \geqslant 2.33(\alpha = 0.01)$ 时,拒绝原假设而接受备择假设,见表 5.32。

若实验设计为平衡不完全区组设计,则按公式(5.10)计算 L' 统计量:

$$L' = \frac{12L - 3j \times k(k+1)(p+1)}{\sqrt{j \times k(k-1)(k+1)p(p+1)}} \tag{5.10}$$

式中:j——评定员人数;

k——每个评定员排序的样品数;

p——参加排序的样品数。

L' 统计量近似服从标准正态分布 $N(0,1)$。

同样,当 $L' \geq 1.64$($\alpha = 0.05$)或 $L' \geq 2.33$($\alpha = 0.01$)时,拒绝原假设而接受备择假设,见表 5.32。

表 5.32　完全区组设计中 Page 检验的临界值

评定员人数 j	样品(或产品)数 p											
	3	4	5	6	7	8	3	4	5	6	7	8
	显著性水平 $\alpha = 0.05$						显著性水平 $\alpha = 0.01$					
7	91	189	338	550	835	1 204	93	193	346	563	855	1 232
8	104	214	384	625	9 501	1 371	106	220	393	640	972	1 401
9	116	240	431	701	1 065	1 537	119	246	441	717	1 088	1 569
10	128	266	477	777	1 180	1 703	131	272	487	793	1 205	1 736
11	141	292	523	852	1 295	1 868	144	298	534	869	1 321	1 905
12	153	317	570	928	1 410	2 035	156	324	584	946	1 437	2 072
13	165	343 *	615 *	1 003 *	1 525 *	2 201 *	169	350 *	628 *	1 022 *	1 553 *	2 240 *
14	178	368 *	661 *	1 078 *	1 639 *	2 367 *	181	376 *	674 *	1 098 *	1 668 *	2 407 *
15	190	394 *	707 *	1 153 *	1 754 *	2 532 *	194	402 *	721 *	1 174 *	1 784 *	2 574 *
16	202	420 *	754 *	1 228 *	1 868 *	2 697 *	206	427 *	767 *	1 249 *	1 899 *	2 740 *
17	215	445 *	800 *	1 303 *	1 982 *	2 862 *	218	453 *	814 *	1 325 *	2 014 *	2 907 *
18	227	471 *	846 *	1 378 *	2 097 *	3 028 *	231	427 *	860 *	1 401 *	2 130 *	3 073 *
19	239	496 *	891 *	1 453 *	2 217 *	3 193 *	243	505 *	906 *	1 476 *	2 245 *	3 240 *
20	251	522 *	937 *	1 528 *	2 325 *	3 358 *	256	531 *	953 *	1 552 *	2 360 *	3 406 *

注:标"*"的值是通过正态分布近似计算得到的临界值。

因为原假设所有理论秩和都相等,所以即便统计的结果显示差异性显著,也并不表明样品间所有的差异都能区分。只能说明至少有一对样品的差异可以存在预排序中被区分。

3)产品理论顺序未知下的产品比较。Fridman 检验能最大限度地显示评定员对样品间差异的识别能力。

①至少有两个产品存在显著性差异

该检验应用于 j 个评定员对相同的 p 个样品进行评价。

$R_1, R_2, \cdots, R_p$ 分别是 j 个评定员给出的 $1 \sim p$ 个样品的秩和。

a. 原假设可写成:

$H_0: R_1 = R_2 = \cdots = R_p$,即认为样品间无显著差异。

备择假设则是:$H_1: R_1 = R_2 = \cdots = R_p$,其中至少一个不等式不成立。

b. 为了检验该假设,计算 F_{test} 值。

完全区组设计中按公式(5.11)计算 F_{test} 值。

$$F_{test} = \frac{12}{jp(p+1)}(R_1^2 + \cdots + R_p^2) - 3j(p+1) \tag{5.11}$$

式中:R_i——第 i 个产品的秩和。

平衡不完全区组设计中按公式(5.12)计算 F_{test} 值。

$$F_{test} = \frac{12}{j \times p(k+1)}(R_1^2 + \cdots + R_p^2) - \frac{3r \times n^2(k+1)}{g} \tag{5.12}$$

式中:k——每个评定员排序的样品数;

R_i——i 个产品的秩和;

r——重复次数;

n——每个样品被评价的次数;

g——每两个样品被评价的次数。

c. 得出统计结论:如果 $F_{test} > F$,根据表 5.33 中评定员人数,样品(产品)数和显著性水平($\alpha = 0.05$ 或者 $\alpha = 0.01$),就拒绝原假设,认为产品的秩次间存在显著差异,即产品间存在显著差异。

表 5.33　Friedman 检验的临界值(0.05 和 0.01 水平)

评定员人数 j	样品(或产品)数 p								
	3	4	5	6	7	3	4	5	6	7
	显著性水平 $\alpha = 0.05$					显著性水平 $\alpha = 0.01$				
7	7.14	7.80	9.11	10.62	12.07	8.86	10.37	11.97	13.69	15.35
8	6.25	7.65	9.19	10.68	12.14	9.00	10.35	12.14	13.87	15.53
9	6.22	7.66	9.22	10.73	12.19	9.67	10.44	12.27	14.01	15.68
10	6.20	7.67	9.25	10.76	12.23	9.60	10.53	12.38	14.12	15.79
11	6.55	7.68	9.27	10.79	12.27	9.46	10.60	12.46	14.21	15.89
12	6.17	7.70	9.29	10.81	12.29	9.50	10.68	12.53	14.28	15.96
13	6.00	7.70	9.30	10.83	12.37	9.39	10.72	12.58	14.34	16.03
14	6.14	7.71	9.32	10.85	12.34	9.00	10.76	12.64	14.40	16.09
15	6.40	7.72	9.33	10.87	12.35	8.93	10.80	12.68	14.44	16.14
16	5.99	7.73	9.34	10.88	12.37	8.79	10.84	12.72	14.48	16.18
17	5.99	7.73	9.34	10.89	12.38	8.81	10.87	12.74	14.52	16.22
18	5.99	7.73	9.36	10.90	12.39	8.84	10.90	12.78	14.56	16.25
19	5.99	7.74	9.36	10.91	12.40	8.86	10.92	12.81	14.58	16.27
20	5.99	7.74	9.37	10.92	12.41	8.87	10.94	12.83	14.60	16.30
∞	5.99	7.81	9.49	11.07	12.59	9.21	11.34	13.28	15.09	16.81

注 1:F 可能是不连续值,此不连续性是由于 j,p 值较小而造成的,故在 $\alpha = 0.05$ 或者 $\alpha = 0.01$ 的情况下得不到临界值。

注 2:使用 χ^2 分布的一个近似值得到用斜体表示的值即临界值。

如果样品（或产品）数或者评价人数未列在表中，可将 F_{test} 看作自由度为 $p-1$ 的 χ^2 分布，估算出临界值。χ^2 分布的临界值参照附表 1，p 为样品或产品数（即 $p=f-1$）。

②检验哪些产品与其他产品存在显著差异

如果 Friedman 检验的结论是产品之间存在显著性差异时，则可通过在选定的风险 α 下，计算最小显著差（LSD）来确定哪些产品与其他产品存在显著性差异（$\alpha=0.05$ 或者 $\alpha=0.01$）。

在考虑风险 α 水平（显著性水平，即实际不存在差异，而检验结果存在差异的概率）时，应选用以下两种方法之一：

a. 当风险水平是应用于某特定产品对时，实际风险即是 α。例如当 $\alpha=0.05$，在计算 LSD 时的 z 值为 1.96（对应于双尾正概率为 α），此时的风险称为比较风险或个别风险。

b. 当风险水平 α 应用于整个实验，则与每个产品对有关的实际风险为 $\alpha'=2\alpha/p(p-1)$。例如，当 $p=8$，$\alpha=0.05$ 时，$\alpha'=0.0018$，$z=2.91$（对应于双尾正概率为 α'）。此时的风险称为实验风险或整体风险。

大多数情况下，往往选用实验风险去判定哪些产品与其他产品存在显著性差异。

在完全区组实验设计中，LSD 值由公式（5.13）得出

$$LSD = z\sqrt{\frac{j \times p(p+1)}{6}} \tag{5.13}$$

在平衡不完全区组实验设计中，LSD 值由公式（5.14）得出

$$LSD = z\sqrt{\frac{r(k+1)(n \times k - n + g)}{6}} \tag{5.14}$$

计算两两样品的秩和之差，并与 LSD 值比较。若秩和之差等于或者大于 LSD 值，则这两个样品之间存在显著性差异，即排序检验时，已区分出这两个样品之间的差异。反之，若秩和之差小于 LSD 值，则这两个样品间不存在显著性差异，即排序检验时，未区分出两个样品之间的差异。

4）同秩情况。若两个或多个样品同秩次，则完全区组设计中的 F 值应替换为 F'，由公式（5.15）得出

$$F' = \frac{F}{1 - \{E/[j \times p(p^2-1)]\}} \tag{5.15}$$

其中 E 值由公式（5.13）得出

令 $n_1, n_2, \cdots, n_k$ 为每个同秩组里秩次相同的样品数，则

$$E = (n_1^3 - n_1) + (n_2^3 - n_2) + \cdots + (n_k^3 - n_k) \tag{5.16}$$

例如，表 5.21 中有两个组出现了同秩情况：

第 2 行中 B、C 样品同秩次（评价结果来源于二号评定员），则 $n_1=2$；

第 3 行中 B、C 和 D 样品同秩次（评价结果来源于三号评定员），则 $n_2=3$。

故：$E=(2^3-2)+(3^3-3)=6+24=30$

因 $j=7$，$p=4$，计算出 F，再按公式（5.17）计算 F' 值

$$F' = \frac{F}{1 - \{30/[7 \times 4(4^2-1)]\}} = 1.08F \tag{5.17}$$

然后将 F' 和附录 2 附表 1 χ^2 分布表中的临界值比较,从而得出统计结论。

5)比较两个产品:符号检验。某些特殊的情况用排序法进行两个产品之间的差异比较时,可使用符号检验。

如比较两个产品 A 和 B 的差异。k_A 是产品 A 排序在产品 B 之前的评价次数。k_B 表示产品 B 排序在产品 A 之前的评价次数。k 则是 k_A 和 k_B 之中较小的那个数,即 $k = \min\{k_A, k_B\}$。从而末区分出 A 和 B 差异的评价不在统计的评价次数之内。

原假设:$H_0 : k_A = k_B$。

备择假设:$H_1 : k_A \neq k_B$。

如果 k 小于表 5.34 中配对符号检验的临界值,则拒绝原假设而接受备择假设。表明 A 和 B 之间存在显著性差异。

表 5.34　符号检验的临界值(双侧)

评定员人数 j	显著性水平 α		评定员人数 j	显著性水平 α	
	$\alpha = 0.01$	$\alpha = 0.05$		$\alpha = 0.01$	$\alpha = 0.05$
1			46	13	15
2			47	14	16
3			48	14	16
4			49	15	17
5			50	15	17
6		0	51	15	18
7		0	52	16	18
8	0	0	53	16	18
9	0	1	54	17	19
10	0	1	55	17	19
11	0	1	56	17	20
12	1	2	57	18	20
13	1	2	58	18	21
14	1	2	59	19	21
15	2	3	60	19	21
16	2	3	61	20	22
17	2	4	62	20	22
18	3	4	63	20	23
19	3	4	64	21	23
20	3	5	65	21	24
21	4	5	66	22	24
22	4	5	67	22	25
23	4	6	68	22	25
24	5	6	69	23	25

续表 5.34

评定员人数 j	显著性水平 α		评定员人数 j	显著性水平 α	
	$\alpha=0.01$	$\alpha=0.05$		$\alpha=0.01$	$\alpha=0.05$
25	5	7	70	23	26
26	6	7	71	24	26
27	6	7	72	24	27
28	6	8	73	25	27
29	7	8	74	25	28
30	7	9	75	25	28
31	7	9	76	26	28
32	8	9	77	26	29
33	8	10	78	27	29
34	9	10	79	27	30
35	9	11	80	28	30
36	9	11	81	28	31
37	10	12	82	28	31
38	10	12	83	29	32
39	11	12	84	29	32
40	11	13	85	30	32
41	11	13	86	30	33
42	12	14	87	31	33
43	12	14	88	31	34
44	13	15	89	31	34
45	13	15	90	32	35

注:当 $j>90$ 时,临界值由公式 $L=(j-1)/2-k\sqrt{j+1}$ 计算,结果进行四舍五入取整。$\alpha=0.05$ 时,k 值为 0.980;$\alpha=0.01$ 时,k 值为 1.287 9。

5.2.3.3 排序检验法的应用实例

14 名评定员评价 5 个样品,结果统计如表 5.35。

(1)Friedman 检验

1)计算统计量 F_{test}

$j=14$,$p=5$,$R_1=33$,$R_2=5_3$,$R_3=52$,$R_4=45$,$R_5=27$,

根据公式(5.11),有

$$F_{\text{test}} = \frac{12}{14 \times 5 \times (5 + 1)}(33^2 + 53^2 + 52^2 + 45^2 + 27^2) - 3 \times 14 \times (5 + 1) = 15.3$$

表 5.35　评定员评价结果统计表(完全区组设计)

评定员	样品				
	A	B	C	D	E
1	2	4	5	3	1
2	4	5	3	1	2
3	1	4	5	3	2
4	1	2	5	3	4
5	1	5	2	3	4
6	2	3	4	5	1
7	4	5	3	1	2
8	2	3	5	4	1
9	1	3	4	5	2
10	1	2	5	3	2
11	4	5	2	3	1
12	2	4	3	5	1
13	5	3	4	2	1
14	3	5	2	4	1
秩和	33	53	52	45	27

2)作统计结论

因 F_{test}(15.3)大于表 5.33 中对应 $j=14, p=5, \alpha=0.05$ 的临界值 9.32,故可认为,在显著性水平小于或等于 5% 时,5 个样品之间存在显著性差异。

(2)多重比较和分组　如果两个样品秩和之差的绝对值大于最小显著差 LSD,可认为二者有显著性差异。

1)计算最小显著差 LSD

$$LSD = 1.96 \times \sqrt{\frac{14 \times 5 \times (5 + 1)}{6}} = 16.40(\alpha = 0.05)$$

2)比较分组

在显著性水平 0.05 下,A 和 B、A 和 C、C 和 B、E 和 C、E 和 D 的差异是显著的,它们秩和之差的绝对值分别为:

AB: $|33-53| = 20$ 　　　　　　EB: $|27-53| = 26$

AC: $|33-52| = 19$ 　　　　　　EC: $|27-52| = 25$

ED: $|27-45| = 18$

以上比较的结果表示如下：

$$\underline{E \quad A} \qquad \underline{D \quad C \quad B}$$

下划线的意义表示：

未经连续的下划线连接的两个样品之间有显著性差异(在5%的显著性水平下)；

有连续的下划线连接的两个样品无显著性差异；

无显著性差异的A和E排在无显著性差异的D、C、B前面。

因此,5个样品可分为三组,一组包括A和E,另一组包括A和D,第三组包括B、D、C。

(3)Page检验　根据秩和顺序,可将样品初步排序为E≤A≤D≤C≤B,Page检验可检验该推论。

1)计算L值

$L=(1×27)+(2×33)+(3×45)+(4×52)+(5×53)=701$

2)做统计结论

由表5.32可知,$p=5$,$j=14$,$\alpha=0.05$时,Page检验的临界值为661。

因为$L>661$,所以当$\alpha=0.05$时,拒绝原假设,样品之间存在显著性差异。

(4)结论

1)基于Friedman检验　在5%的显著水平下,E和A无显著性差异;D和C、B无显著性差异;A和D无显著性差异,但A和C、B有显著性差异,E和D、C、B有显著性差异。

2)基于Page检验　在5%的显著性水平下,评定员辨别出了样品之间存在差异,并且给出的排序与预先设定的顺序一致。

5.2.4　评分检验法

要求评定员把样品的品质特性,以数字标度形式来评价的一种检验称为评分检验法。即按预先设定的评价基准,对样品的特性和嗜好程度以数字标度进行评定,然后换算成得分的一种评价方法。在评分法中,所使用的数字标度为等距标度或比率标度。它不同于其他方法的是所谓的绝对性判断,即根据鉴评员各自的鉴评基准进行判断。它出现的粗糙评分现象也可由增加鉴评员人数来克服。

5.2.4.1　评分检验法的适用范围和评定员数

由于此方法可同时鉴评一种或多种产品的一个或多个指标的强度及其差异,所以应用较为广泛。尤其用于评价新产品。

与其他标度和类别类检验方法一样,评定员的数量要根据待评价的不同产品特性之间的接近程度,评定员所接受的培训,评价结果所得结论的重要性,检验的目标等来确定。当缺乏明显可确定目标时,若评价小组是分析和研究型时参照表5.36确定评定员人数;若消费者评价小组,则消费者组的数量与检验类型所需的消费人群有关。其数目应与典型的消费者类型检验所需的数目相同,即至少50人,通常是更多。

表 5.36 评分检验法评定员小组的组成

评定员类型	评定员最少数量	推荐人数
有经验的评定员,在所研究的产品及特性评估方面经过高度专业培训	5	10
有经验的评定员,在所研究的产品及特性方面经过专业培训	15	20～25
新培训的评定员	20	至少 20

5.2.4.2 评分检验法的检验步骤

检验前,首先应确定所使用的标度类型,使鉴评员对每一个评分点所代表的意义有共同的认识。样品的出示顺序可利用拉丁法随机排列。

结果分析与统计:

例:

非常不喜欢	很不喜欢	不喜欢	不太喜欢	一般	稍喜欢	喜欢	很喜欢	非常喜欢

评价结果可转换成数值,如非常喜欢=9,非常不喜欢=1 的 9 分制评分式;或非常不喜欢=-4,很不喜欢=-3,不喜欢=-2,不太喜欢=-1,一般为 0,稍喜欢=1,喜欢=2,很喜欢=3,非常喜欢=4;也可有无感觉=0,稍稍有感觉=1,稍有=2,有=3,较强=4,非常强=5;还可有 10 分制或百分制等,然后通过复合比较来分析各个样品的各个特性间的差异情况。但当样品数只有两个时,可用较简单的 t 检验。

5.2.4.3 评分检验法的应用实例

(1) 例题一 10 位评定员鉴评两种样品,以 9 分制鉴评,求两样品是否有差异。评价结果见表 5.37。

表 5.37 评分检验法评价结果表

评定员		1	2	3	4	5	6	7	8	9	10	合计	平均值
样品	A	8	7	7	8	6	7	7	8	6	7	71	7.1
	B	6	7	6	7	6	6	7	7	7	7	66	6.6
评分差	d	2	7	1	1	0	1	0	1	-1	0	5	0.5
	d^2	4	1	1	1	0	1	0	1	1	0	9	

用 t 检验进行解析:

$$t = \frac{\bar{d}}{\sigma_e / \sqrt{n}}, \text{其中} \bar{d} = 0.5, n = 10$$

$$\sigma_e = \sqrt{\frac{\sum (d - \bar{d})^2}{n-1}} = \sqrt{\frac{\sum d^2 - (\sum d)^2/n}{n-1}} = \sqrt{\frac{9 - \frac{5^2}{10}}{10-1}} = 0.85$$

所以 $t = \dfrac{0.5}{0.85/\sqrt{10}} = 1.86$

以评定员自由度为9查 t 分布表(附表2),在5%显著水平相应的临界值为 $t_9(0.05) = 2.262$,因为 $2.262 > 1.86$,可推断 A、B 两样品没有显著差异(5%水平)。

(2)例题二   为了调查人造奶油与天然奶油的嗜好情况,制备了三种样品:①用人造奶油制作的白色调味汁;②用天然奶油及人造奶油各50%制作的白色调味汁;③用天然奶油制作的白色调味汁。选用48名鉴评员进行评分检验。评分标准为:+2 表示风味很好;+1 表示风味好;0 表示风味一般;-1 表示风味不佳;-2 表示风味很差。检验结果见表5.38。

表5.38   评分检验法检验结果统计表

| 样品号 | 评分标准 | | | | | 总分 A | 平均分数 $(\bar{A})$ |
| | +2 | +1 | 0 | -1 | -2 | | |
	评价员数						
1	1	9	2	4	0	+7	0.44
2	0	6	6	4	0	+2	0.13
3	0	5	9	2	0	+3	0.19

其中,$A_1 = (+2) \times 1 + (+1) \times 9 + 0 \times 2 + (-1) \times 4 + (-2) \times 0 = +7$

同理:$A_2 = 2, A_3 = 3$

$\overline{A_1} = A_1/16 = \dfrac{7}{16} = 0.44, \overline{A_2} = 0.13, \overline{A_3} = 0.19$。

根据表值,用方差分析法进行以下计算:

$T = +7 + 2 + 3 = 12$

$CF = \dfrac{T^2}{48} + \dfrac{12^2}{48} = 3$

1)总平方和 $= \sum_{i=1}^{3} \sum_{j=1}^{16} \chi_{ij}^2 - CF$

$= (+2)^2 \times (1 + 0 + 0) + (+1)^2 \times (9 + 6 + 5) + 0^2 \times (2 + 6 + 9) +$
$(-1)^2 \times (4 + 4 + 2) + (-2)^2 \times (0 + 0 + 0) - 3$

$= 31$

样品平方和 $= \dfrac{1}{16} \sum_{i=1}^{3} A_i^2 - CF = \dfrac{1}{16}(7^2 + 3^2 + 2^2) - 3 = 0.88$

因此,误差平方和 $= 31 - 0.88 = 30.12$

2)总自由度 $= 48 - 1 = 47$

样品自由度＝3-2＝2

误差自由度＝47-2＝45

3）均方差为变因平方和除以自由度。

$$样品方差 = \frac{0.88}{2} = 0.44$$

$$误差方差 = \frac{30.12}{45} = 0.67$$

两者方差比为 $F_0 = \frac{0.44}{0.67} = 0.66$

列出方差分析表,见表5.39。

表5.39　方差分析表

差异原因	自由度	平方和	方差	F 值
样品	2	0.88	0.44	0.66
误差	45	30.12	0.67	
总计	47	31		

4）检定:因 F 分布表(附表3)中自由度为2和45的5%误差水平时,有

$$F_{45}^2(0.05) \approx 3.2 > F_0$$

故可得出"这三种调味汁之间没有差别"的结论。

思考与练习

1. 简述差别检验的分类以及适用范围。

2. 试述"三点检验法"的主要步骤。

3. 评分检验法的检验程序及注意事项分别是什么?

4. 简述总体差别检验和性质差别检验的异同点。

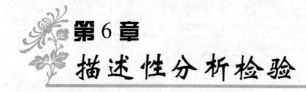

第6章
描述性分析检验

6.1 概述

6.1.1 定义

描述性分析检验方法是根据感官所能感知到的食品的各项感官特征,用专业术语形成对产品的客观描述。描述评定是对一种制品感官特征的描述过程。当评价制品的时候要考虑所有能被感知的感觉——视觉、听觉、味觉、嗅觉、触觉等。这种评价可以是总体的也可以集中在某一方面。描述分析实验可用于一个或多个样品,以便同时定性和定量地表示一个或多个感官指标。例如外观、嗅闻的气味特征、口中的风味特征(味觉、嗅觉及口腔的冷、热、收敛等知觉和余味)、组织特性和几何特性等。

组织特性及质地特性,包括机械特性:硬度、凝聚度、黏度、附着度和弹性五个基本特性及碎裂度、固体食物咀嚼度、半固体食物胶密度三个从属特性。几何特性:产品颗粒、形态及方向物性,有平滑感、层状感、丝状感、粗粒感等,以及油、水含量感,如油感、湿润感等。

对评定员的要求比较高:① 具备描述食品品质特性和次序的能力;② 具备描述食品品质特性的专有名词的定义与其在食品中的实质含义的能力;③ 具备对食品的总体印象、总体风味强度和总体差异的分析能力。

6.1.2 应用范围

通过描述分析可以得到产品香气、风味、口感、质地等方面详细的信息,具体来说,这种研究方法应用范围主要有以下几个方面:

(1)为新产品开发确定感官特性。

(2)为产品质量控制确定标准。

(3)消费者实验确定需要进行评价的产品感官特性,帮助设计问卷,并有助于实验结果的解释。

(4)对储存期间的产品进行跟踪评价,有助于产品货架期和包装材料的研究。

(5)将通过描述分析获得的产品性质和用仪器测定得到的化学、物理性质进行比较。

(6)测定某些感官性质的强度在短时间内的变化情况,如利用"时间-强度分析"法。

6.1.3　描述用语

对于大多数种类的描述分析技术,在培训阶段要求评价小组成员对特定产品类项建立自己的"术语"。这种行为要参考评定员的喜好和经验。因此,对于统一特征,个体差异或文化背景对形成的概念具有重要影响。在训练描述分析评价小组成员时,为评价小组提供尽可能多的标准参照物,有助于形成具有普遍适用性意义的概念。

(1)描述分析术语及术语选择标准。首先,用于描述分析的标准术语应该有统一的标准或指向。如风味描述,所有的感官评价人员都能使用相同的概念(确切描述风味的词语),并且能以此与其他评定员进行准确地交流。描述分析要求使用具有精确的而且特定概念的,并经过仔细筛选过的科学语言,清楚地把评价(感受)表达出来。其次,选择的术语应当能反映对象的特征。选择的术语(描述符)应能表示出样品之间可感知的差异,能区别出不同的样品来。但选择术语(描述符)来描述产品的感官特征时,必须在头脑中保留描述符的一些适当特征。对评定员应该注意培养这种意识,并在工作中进行验证、检查。

(2)描述分析术语的选择方法。必要性:每个被选择的术语对于整个系统来说,是必需的,不多余的。

正交性:术语之间没有相关性。与同时使用的术语在含义上很少或没有重叠,应该是"正交"的。

在某些情况下,某些属于在某种产品中具有相关性,而在另一类产品中就没有。在训练期间,应该有意识的帮助评价小组成员建立去除术语相关性能力。

(3)如何利用描述分析得到的数据。通常可以利用描述分析实验数据分析结论和解释不同消费者对相同样品的快感反应。如果选择的术语能与影响消费者接受性的结论性概念相关,那么这些术语是非常有用的。同时,理想的术语能与产品本质的、对整体特征有决定性影响作用的因素相关。尽可能使用单一的术语,避免使用组合的术语。组合术语可用于产品广告,这种做法在商业上很受欢迎,但不适于感官研究。术语应当被分成元素性的、可分析的和基本的部分。

(4)对于术语适用性的检验(是否合理)。评定员可以精确地、可靠地使用;评定员对某一特定术语含义易于达成一致理解;对术语原型事例达成一致意见(例如用"酥脆"来描述"薯片"产品质地特性的普遍认可);对术语使用的界限具有清晰明确地认识(评定员明白在何种程度范围之内使用这一词汇)。

描述用语如下。

(1)硬度:与使产品达到变形或穿透所需力有关的机械质地特性。在口中,它是通过牙齿间(固体)或舌头与上腭间(半固体)对产品的压迫而感知到的。

与不同程度硬度相关的主要形容词有:柔软的(低度),例如奶油、奶酪;结实的(中度),例如橄榄;硬的(高度),例如硬糖块。

(2)碎裂性:与黏聚性和粉碎产品所需力量有关的机械质地特性。可通过在门齿间(前门牙)或手指间的快速挤压来评价。

与不同程度碎裂性相关的主要形容词有:易碎的(低度),例如玉米脆皮松饼蛋糕;易裂的(中度),例如苹果、生胡萝卜;脆的(高度),例如松脆花生薄片糖、带白兰地酒味的薄脆饼;松脆的(高度),例如炸马铃薯片、玉米片;有硬壳的(高度),例如新鲜法式面包的外皮。

(3)咀嚼性:与黏聚性和咀嚼固体产品至可被吞咽所需时间或咀嚼次数有关的机械质地特性。

与不同程度咀嚼性相关的主要形容词有:嫩的(低度),例如嫩豌豆;有咬劲的(中度),例如果汁软糖(糖果类);坚韧的(高度),例如老牛肉、腊肉皮。

(4)胶黏性:与柔软产品的黏聚性有关的机械质地特性。它与在嘴中将产品磨碎至易吞咽状态所需的力量有关。

与不同程度胶黏性相关的主要形容词有:松脆的(低度),例如脆饼;粉质的,粉状的(中度),例如某种马铃薯,炒干的扁豆;糊状的(中度),例如栗子泥;胶黏的(高度),例如煮过火的燕麦片、食用明胶。

(5)黏性:与抗流动性有关的机械质地特性,它与将勺中液体吸到舌头上或将它展开所需力量有关。

与不同程度黏性相关的主要形容词有:流动的(低度),例如水;稀薄的(中度),例如酱油;油滑的(中度),例如二次分离的稀奶油;黏的(高度),例如甜炼乳、蜂蜜。

(6)弹性:与快速恢复变形有关的机械质地特性;与解除形变压力后变形物质恢复原状的程度有关的机械质地特性。

与不同程度弹性相关的主要形容词有:可塑的(无弹性),例如人造奶油;韧性的(中度),例如(有韧性的)棉花糖;弹性的(高度),例如鱿鱼。

(7)黏附性:与移动附着在嘴里或黏附于物质上的材料所需力量有关的机械质地特性。

与不同程度黏附性相关的主要形容词有:黏性的(低度),例如棉花糖料食品装饰;发黏的(中度),例如奶油太妃糖;黏的,胶质的(高度),例如焦糖水果冰激凌的食品装饰料,煮熟的糯米。

(8)粒度:与感知到的产品中粒子的大小和形状有关的几何质地特性。

与不同程度粒度相关的主要形容词有:平滑的(无粒度),例如糖粉;细粒的(低度),例如某种梨;颗粒的(中度),例如粗粒面粉;粗粒的(高度),例如煮熟的燕麦粥。

(9)构型:与感知到的产品中微粒子形状和排列有关的几何质地特性。

与不同程度构型相关的主要形容词有:纤维状的,沿同一方向排列的长粒子,例如芹菜;蜂窝状的,呈球形或卵形的粒子,例如橘子;结晶状的,呈棱角形的粒子,例如砂糖。

(10)水分:描述感知到的产品吸收或释放水分的表面质地特性。

与不同程度水分相关的主要形容词有:干的(不含水分),例如奶油硬饼干;潮湿的(低级),例如苹果;湿的(高级),例如荸荠、牡蛎;含汁的(高级),例如生肉;多汁的(高级),例如橘子;多水的(感觉水多的),例如西瓜。

(11)脂肪含量:与感知到的产品脂肪数量或质量有关的表面质地特性。

与不同程度脂肪含量相关的主要形容词有:油性的,浸出和流动脂肪的感觉,例如法式调味色拉;油腻的,浸出脂肪的感觉,例如腊肉、油炸马铃薯片;多脂的,产品中脂肪含量高但没有渗出的感觉,例如猪油、牛脂。

6.2　描述性分析的构成

6.2.1　特性——定性方面

（1）外观

颜色：色彩、纯度、均匀一致性。

表面质地：光泽度、平滑度。

大小和形状：尺寸和几何形状。

整体性：松散性、黏结性。

（2）气味

嗅觉感应：花香、果香、臭鼬味。

鼻腔感觉：凉的、刺激的。

（3）风味

嗅觉感应：花香、果香、臭鼬味、酸败味。

味觉感应：甜、酸、苦、咸。

口腔感觉：凉、热、焦煳、涩、金属味。

（4）口感、质地

机械参数：硬、黏、韧、脆。

几何参数：粒、片、条。

脂肪/水分参数：油的、腻的、多汁、潮的、湿的。

（5）皮肤感觉特征

1）机械参数，产品对应力的反应（稠度、易于扩散、滑溜、密度）。

2）几何参数，例如，使用后产品中或皮肤上粒子的大小、形状和定向（沙粒质的、泡沫状、片状的）。

3）脂肪/水分参数，例如，脂肪、油和水的存在和吸收（油脂状的、油状的、干燥、潮湿）。

4）外观参数，在产品使用期间视觉的变化（表面光滑、发白、耸起）。

描述分析实验的有效性和可靠性取决于：① 恰当选择词汇，一定做到对风味、质地、外观等感官特性产生的原理有全面的理解，正确选择进行描述的词汇；②全面培训品评人员，使品评人员对所用描述性词汇的理解和应用是一致的；③ 合理使用参照词汇表，保证实验的一致性。

6.2.2　强度——定量方面

描述分析的强度或定量性表达了每个感官特性的程度，这种程度通过一些测量尺度的数值来表示。

描述分析强度的有效性和可靠性取决于：① 选用的尺度的范围要足够宽，可以包括该感官性质的所有范围的强度，同时精确度要足够高，可以表达两个样品之间的细小差别；② 对品评人员进行全面培训，熟悉掌握标尺的使用；③ 参照标尺的使用，不同的品评人员在不同的品评中,参照标尺的使用要一致,才能保证结果的一致性。

6.2.3　感觉顺序

除了说明一个样品的特征(质量的)和每个特征的强度(数量的)外,评价小组常常在一个顺序上察觉样品的差异。后味或后感包括产品或样品被使用后或消费后仍能感觉到的那些特征。需要完整的描述一个产品的所有感觉特征,在产品使用后,应对各个特征进行描绘,对强度进行评分。

6.2.4　总体印象

除对定义一种产品感官特征质量、数量和时间因素的觉察和描述外,评定员应具有对产品性质的某些综合评价的能力。综合因素常包括四个方面:①气味或风味的总强度;②平衡/混合(幅度);③总体差别;④快感评分。

6.3　常用的描述性分析方法

在过去的50年中,许多描述分析方法得到了发展,其中一些标准方法一直延续至今。下面介绍一些常用的方法(表6.1),但描述分析方法并不仅如此,也不是说只有这些方法才能使用,每个感官分析工作者都可以根据实际需要选择甚至发明其他的描述分析方法。

表6.1　描述性分析方法分类

定性法	定量法
风味剖面法	质地剖面分析法
	QDA法(定量描述分析法)
	系列分析法
	自由选择剖析法

6.3.1　风味剖面法

风味剖面法是一套描述和评估食品产品风味的方法。产品的风味主要是由可识别的味觉和嗅觉特性两部分组成,以及包括不能单独识别特性的复合体。鉴别形成产品综合印象的各种风味特性,评估其强度,从而建立一个描述产品风味的方法。

6.3.1.1　风味剖面法适用范围

风味剖面法适用范围如下:①新产品的研制和开发;②鉴别产品间的差别;③质量控制;④为仪器检验提供感官数据;⑤提供产品特征的永久记录;⑥监测产品在贮存期间的变化。

6.3.1.2　抽样

应按被检产品的抽样标准进行抽样。如果没有这样的标准或抽样标准不完全适用时,则由有关各方协商议定抽样方法。

6.3.1.3　风味剖面法检验的一般条件

(1)环境。应满足 GB 10220 所需要求的条件。

（2）评定员。所有评定员应具有同等的资格和检验能力。选择的评定员应经过培训。对于特殊食品的检验可以请专家。

应对于选定的评定员进行培训，其目的是增强他们对产品风味特性强度的识别和鉴定能力，提高他们对术语的熟悉程度，从而保证结果的重复性。

培训的范围和时间可根据评价小组的目的而不同，如果评价小组不是由专家组成的（具有任一类型食品风味的描述能力），培训时间可长到一年或更长些。对于特定类型食品，培训时间可短些。新的优选评定员在参加评价小组之前要接受培训。

需要 5~8 位培训过的优选评定员或专家。

6.3.1.4　风味剖面法检验方法

（1）完成风味描述分析的方法分成两大类型，描述产品风味达到一致的称为一致方法，不需要一致的称为独立方法。

（2）一致方法中的必要条件是评价小组负责人也参加评价，所有评定员都是作为一个集体成员而工作，目的是对产品风味描述达到一致。评价小组负责人组织讨论，直至对每个结论都达到一致意见，从而可以对产品风味特性进行一致的描述。如果不能达到一致，可以引用参比样来帮助达到一致。为此有时必须经过一次或多次讨论，最后由评价小组负责人报告和说明结果。

（3）在独立方法中，小组负责人一般不参加评价，评价小组意见不需要一致。评定员在小组内讨论产品风味，然后单独记录他们的感觉。由评价小组负责人汇总和分析这些结果。

6.3.1.5　风味剖面法检验步骤

不管是用一致方法还是独立方法建立产品风味剖面，在正式小组成立之前，需有一个熟悉情况的阶段。此间如开一次或多次信息会议，以检验被研究的样品，介绍类似产品以便建立比较的办法。

评定员和一致方法的评价小组负责人应该做以下几项工作：①制定记录样品的特性目录；②确定参比样（纯化合物或具有独特性质的天然产品）；③规定描述特性的词汇；④建立描述和检验样品的最好方法。

（1）方法的组成部分。进行产品风味分析，必须完成下面几项工作。

1）特性特征的鉴定。用叙述词或相关的术语规定感觉到的特性特征。

2）感觉顺序的鉴定。记录显现和察觉到各风味的特性所出现的顺序。

3）强度评价。每种特性特征的强度（质量和持续时间）由评价小组或独立工作的评定员测定。

特性特征强度可用几种标度来评估。

a.　标度 A：用数字评估

0=不存在，1=刚好可识别或阈，2=弱，3=中等，4=强，5=很强

b.　标度 B：用标度点"○"评估

　　　　弱　○　○　○　○　○　○　强

在每个标度的两端写上相应的叙述词，其中间级数或点数根据特性特征改变，在标度点"○"上写出的 1~7 数字，符合该点的强度。

c. 标度 C:用直线评估

例如在 100 mm 长的直线上,距每个末端大约 10 mm 处,写上叙词。评定员在线上作一个记号表明强度,然后测量评定员作的记号与线左端之间有距离(mm),表示强度数值。

弱　　　　　　　　　　　　　　　　　　　强

4)余味审查和滞留度测定。

样品被吞下之后(或吐出后),出现的与原来不同的特性特征为余味。

样品已经被吞下(或吐出后),继续感觉到的同一风味称为滞留度。

某些情况下,可能要求评定员鉴别余味,并测定其强度,或者测定滞留的强度和持续时间。

5)综合印象的评估。综合印象是对产品的总体评估,它考虑到特性特征的适应性、强度、相一致的背景风味和风味的混合等。

综合印象通常在一个三点标度上评估

3　高

2　中

1　低

在一致方法中评价小组赞同一个综合印象。在独立方法中,每个评定员分别评估综合印象,然后计算平均值。

(2)一致方法。

1)检验步骤。开始评定员单独工作,按感性认识记录特性特征,感觉顺序,强度、余味和(或)滞留度,然后进行综合印象评估。

当评定员测完剖面时,就开始讨论,由评价小组负责人收集各自的结果,讨论到小组意见达到一致为止。为了达到意见一致可推荐样或者评价小组要多次开会。

2)报告结果。报告的结果包括所有的成员的意见,他们可以交一份表格(表6.2),或者交一张图(图6.1)。

(3)独立方法

1)检验步骤。当评价小组对规定特性特征的认识达到一致后,评定员就可单独工作并记录感觉顺序,用同一标度去测定每种特性强度、余味或滞留度及综合印象。

2)报告结果。评价小组负责人收集并报告评定员提供的结果和评价小组的平均分值。用表或图表示,参见应用实例。接着进行样品比较,用一个适宜的分析方法分析结果。

6.3.1.6　风味剖面法检验报告

检验报告应包括以下内容:①涉及的问题;②使用的方法;③制备样品的方法;④检验条件,特别是评定员资格、特性特征的目录和定义、使用的参比物质目录,测定强度所使用的标度、分析结果所使用的方法;⑤得到的结果;⑥本实验引用的标准。

6.3.1.7　风味剖面检验应用实例

调味西红柿酱风味剖面检验报告(一致方法)。

(1)表格式,见表6.2。

(2)图式,如图6.1。

表6.2 调味西红柿酱风味剖面检验报告

产 品	调味西红柿酱
日 期	1988-7-26

特性特征

感觉顺序	强度(标度 A)
西红柿	4
肉 桂	1
丁 香	3
甜 度	2
胡 椒	1

余 味:无

滞留度:相当长

综合印象:2

注 释:

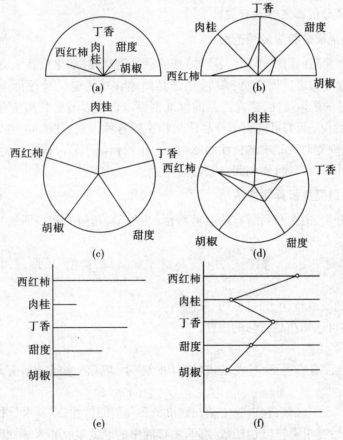

图6.1 调味西红柿酱风味剖面检验图式报告

(a)——用线的长度表示每种特性强度,按顺时针方向表示特性感觉的顺序;

(b)——每种特性强度记在轴上,连接各点,建立一个风味剖面的图示;

(c)(d)——是一个圆形图示,原理同(a)和(b);

(e)——按标度(c)绘制,连接各点给出风味剖面,如(f)所示

6.3.2　质地剖面分析法

感官剖面分析方法是一正式的过程,这种方法可再现的过程中评价样品的各种不同特性,并且用适宜的标度刻画特性强度,可以单独或全面评价气味、风味、外貌和质地。是通过系统分类、描述产品所有的质地特性(机械的、几何的和表面的)以建立起一质地剖面。主要有以下定义。

质地:用机械的、触觉的方法或在适当条件下用视觉的、听觉的接收器可接收到的所有产品的机械的、几何的和表面的特性。

机械特性:与产品在压力下的反应有关的特性。一般分为五个基本特性:硬性、黏聚性、黏度、弹性和黏附性。

几何特性:与产品尺寸、形状和产品内微粒排列有关的特性。

表面特性:由产品的水分和(或)脂肪含量所产生的感官特性。这些特性也与产品在口腔中时上述成分的释放方式有关。

6.3.2.1　质地剖面分析法应用范围

适用于:① 食品(固体、半固体、液体)或非食品类产品(如化妆品),并且特别适用于固体食品;② 选拔和培训评员;③ 应用产品质地特性的定义及评价技术对评定员定位;④ 描述产品的质地特性,建立产品的标准剖面以辨别以后的任何变化;⑤ 改进旧产品和开发新产品;⑥ 研究可能影响产品质地特性的各种因素,如时间、温度、配料、包装、货架期、储藏条件等对产品质地特性的影响;⑦ 比较相似产品以确定质地差别的性质和强度;⑧ 感官、仪器和(或)物理测量的相关性。

6.3.2.2　质地剖面分析具体方法

通过系统分类、描述产品所有的质地特性(机械的、几何的和表面的)以建立起质地剖面。

(1)质地剖面的组成。根据产品(食品或非食品)的类型,质地剖面一般包含以下方面:

1)可感知的质地特性,如机械的、几何的或其他特性。

2)强度,如可感知产品特性的程度。

3)特性显示顺序。

a.咀嚼前或没有咀嚼:通过视觉或触觉(皮肤/手、嘴唇)来感知所有几何的、水分和脂肪特性。

b.咬第一口或第一啜:在口腔中感知到机械和几何的特性,以及水分和脂肪特性。

c.咀嚼阶段:在咀嚼和(或)吸收期间,由口腔中的触觉接收器来感知特性。

d.剩余阶段:在咀嚼和(或)吸收期间产生的变化,如破碎的速率和类型。

e.吞咽阶段:吞咽的难易程度并对口腔中残留物进行描述。

(2)质地特性的分类。质地是由不同特性组成的。质地感官评价是一个动力学过程。根据每一特性的显示强度及其显示顺序可将质地特性分为三组,即机械特性、几何特性及表面特性。

质地特性是通过对食品所受压力的反应表现出来的,可用以下任一方法测量:通过动觉,即通过测量神经、肌肉、腱及关节对位置、移动、部分物体的张力的感觉。通过体感觉,即通过测量位于皮肤和嘴唇上的接收器,包括黏膜、舌头和牙周膜对压力(接触)和疼痛的感觉。

1)机械特性。半固体和固体食品的机械特性,可以划分为 5 个基本参数和 3 个第二参数,见表 6.3。

表 6.3 机械质地特性的定义和评价方法

特性		定义	评价方法
基本参数	硬性	与使产品变形或穿透产品所需的力有关机械质地特性。 在口腔中它是通过牙齿间(固体)或舌头与上腭间(半固体)对于产品的压迫而感知	将样品放在臼齿间或舌头与上腭间并均匀咀嚼,评价压迫食品所需的力量
	黏聚性	与物质断裂的变形程度有关的机械质地特性	将样品放在臼齿间压迫它并评价在样品断裂前的变形量
	黏度	与抗流动性有关的机械质地特性,黏度与下面所需力量有关:用舌头将勺中液体吸进口腔中或将液体铺开的力	将一装有样品的勺放在嘴前,用舌头将液体吸进口腔里,评价用平稳速率吸液体所需的力量
	弹性	与快速恢复变形和恢复程度有关的机械质地特性	将样品放在舌头上,贴上腭,移动舌头,评价用舌头移动样品所需力量
第二参数	易碎性	与黏聚性和粉碎产品所需力量有关的机械	将样品放在臼齿间并均匀地咬直至将样品咬碎。评价粉碎食品并使之离开牙齿所需力量
	易嚼性	与黏聚性和咀嚼固体产品至可被吞咽所需时间有关的机械质地特性	将样品放在口腔中每秒咀嚼一次,所用力量与用 0.5 s 内咬穿一块口香糖所需力量相同,评价当可将样品吞咽时所咀嚼次数或能量
	胶黏性	与柔软产品的黏聚性有关的机械质地特性,在口腔中它与将产品分散至可吞咽状态所需力量有关	将样品放在口腔中并在舌头与上腭间摆弄,评价分散食品所需力量

与五种基本参数有关的一些形容词:

硬性——常使用软、硬、坚硬等形容词。

黏聚性——常使用与易碎性有关的形容词:已碎的、易碎的、破碎的、易裂的、脆的、有硬壳等。

常使用与易嚼性有关的形容词:嫩的、老的、可嚼的。

常使用与胶黏性有关的形容词:松脆的、粉状的、糊状的、胶状等。

黏度——常使用流动的、稀的等形容词。

弹性——常使用有弹性的、可塑的、可延展的、弹性状的、有韧性的等形容词。

黏附性——常使用胶性的、胶黏的等形容词。

第二参数与五种基本参数的关系:

易碎性——与硬性和黏聚性有关,在脆的产品中黏聚性较低而硬性可高低不等。

易嚼性——与硬性、黏聚性和弹性有关。

胶黏性——与半固体的(硬度较低)硬性、黏聚性有关。

2)几何特性。产品的几何特性是由位于皮肤(主要在舌头上)、嘴和咽喉上的触觉接收器来感知的。这些特性也可通过产品的外观看出。

a.粒度。粒度是与感知到的与产品微粒的尺寸和形状有关的几何质地特性。类似于说明机械特性的方法,可利用参照样来说明与产品微粒的尺寸和形状有关的特性。如光滑的、白垩质的、粒状的、砂粒状的、粗粒的等术语构成了一个尺寸递增的微粒标度。

b.构型。构型上与感知到的与产品微粒形状和排列有关的几何质地特性。与产品微粒的排列有关的特性体现产品紧密的组织结构。

不同的术语与一定的构型相符合。如:

"纤维状的"即指长的微粒在同一方向排列(如芹菜茎)。

"蜂窝状的"即指由球卵型微粒构成的紧密组织结构,或由充满气体室群构成的结构(如蛋清糊)。

"晶状的"即指棱形微粒(如晶体糖)。

"膨胀的"即指外壳较硬的充满大量不均匀气室的产品(如爆米花、奶油面包)。

"充气的"即指一些相对较小的均匀的小气孔并通常有柔软的气室外壳(例如聚氨酯泡沫、蛋糖霜、果汁糖等)。

表6.4给出了适用于产品几何特性的参照样品。

表6.4　产品几何特性的参照样品

与微粒尺寸与形状有关特性	参照样品	与方向有关特性	参照样品
粉末状的	特级细砂糖	薄层状的	烹调好的黑线鳕鱼
白垩质的	牙膏	纤维状的	芹菜茎、芦笋、鸡胸肉
粗粉状的	粗面粉	浆状的	桃肉
砂粒状的	梨肉、细砂	蜂窝状的	橘子
粒状的	烹调好的麦片	充气的	三明治面包
粗粒状的	干酪	膨化的	爆米花、奶油面包
颗粒状的	鱼子酱、木薯淀粉	晶状的	砂糖

可以使用具有不同几何特性的样品并对每一特性进行描述,若需要进一步辨别,可建立一特定特性的标度。

3)其他特性(含水量和脂肪含量)。这些与口感好坏有关的特性是与口腔内或皮肤上触觉接收器感知的产品含水量和脂肪含量有关,也与产品的润滑特性有关。

应当注意产品受热(接触皮肤或放入口腔中)溶化时的动力学特性。此处时间指产品状态发生变化所需的时间。强度与产品在嘴中被感知到的不同的质地有关(如将一块冷奶油或一冰块放入嘴中让其自然溶化而不咀嚼)。

a. 含水量。含水量是一表面质地特性,是对产品吸收或释放水分的感觉。用于描述含水量的常用术语不但要反映所感知产品的总量,而且要反映释放或吸收的类型、速率以及方式。这些常用术语包括:干燥(如干燥的饼干)、潮湿(如苹果)、湿的(如荸荠、贻贝)、多汁的(如橘子)。

b. 脂肪含量。脂肪含量是一表面质地特性,它与所感知的产品中脂肪的数量和质量有关。与黏口性和几何特性有关的脂肪总量及其熔点与脂肪含量一样重要。

建立起第二属相"油性的""脂性的"和"多脂的"等以区别这些特性。

"油性的"反映了脂肪浸泡和流动的感觉(如法式调味色拉)。

"脂性的"反映了脂肪渗出的感觉(例如腊肉、炸土豆片)。

"多脂的"反映了产品中脂肪含量高但没有脂肪渗出的感觉(例如猪油、牛羊脂)。

(3)建立术语。必须建立一些术语用以描述任何产品的质地。传统的方法是,由评价小组通过对一系列代表全部质地变化的特殊的样品的评价得到。在培训课程的开始阶段,应提供其他组评定员一系列范围较广的简明扼要的术语,以确保评定员能尽量使用单一特性。

评定员将适用样品质地评价的术语列出一个代表。

评定员在评价小组领导人的指导下讨论并编制大家可共同接受的术语定义和术语表。并应考虑以下几点:① 术语是否已包括了关于产品的基本方法的所有特性;② 一些术语是否意义相同并可被组合或删除;③ 评价小组每个成员是否均同意术语的定义和使用。

(4)参照产品

1)基于产品质地特性的分类,已建立一标准比率标度以提供评价产品质地的机械特性的定量方法(见表6.5~表6.12)。这些标度仅列出用于量化每一感官质地特性强度的参照产品的基本定义。这些标度仅说明一些基本现象,即使用熟悉的参照产品来量化每一感官质地特性的强度。这些标度反映了想建立剖面的产品中一般机械特性的强度范围。这些标度可根据产品特点做一些修改或直接使用。

这些标度也适用于培训评定员。但若不做修改不能用于评价所有产品剖面。例如,在评价非常软的产品(例如不同配方的奶油奶酪),则硬度标度的低端,必需扩展并删除高端的一些点。因此,可扩展标度以更精确评估相似产品。

表6.5~表6.12所给出的标度提供了量化质地评价的基准,其评价结果给出了产品的质地剖面。

在选择参照样品时应尽量选用大家熟知的产品。

2)参照样品的选择。在选择参照样品时应首先了解:①在某地区适宜的食品在其他地区可能不适宜;②甚至在同一个国家内某些食品的适宜性随着时间变化也在变化;③一些食品的质地特性强度可能由于使用原材料的差别或生产上的差别而变化。充分了解以上条件,并选择适宜的产品用于标度中。

标度应包含所评价产品所有质地特性的强度范围,所选理想参照样品应为:①包括对应于标度上每点的特定样品;②具有质地特性的期望强度,并且这种质地特性不被其他质地特性掩盖;③易得到;④有稳定的质量;⑤是较熟悉的产品或熟知的品牌;⑥要求仅需很少的制备即可评价;⑦质地特性在较小的温度变化下或较短时间储藏时仅有极小变化。

应尽量避免特别术语及实验内制备样品,并尝试选用一些市场上的知名产品,所选市场产品应具有特定性强度要求,并且各批次具有特性强度的再现性,一般避免选用水果和蔬菜,因为质地变化受各种因素(如成熟度)影响较大。要求对样品烹调的一些术语也要避免。

参照样品应在尺寸、外形、温度和形态等方面标准化。

许多产品的质地特性与其贮存环境的湿度有关(如饼干、马铃薯片)。在这种情况下有必要控制检验时空气湿度和检验前限定样品以使检验在相同条件下进行。所有器具应标准化。

3)参照标度的修正。若评价小组已掌握基本方法和参照标度,则可使用相同产品类型的一些样品建立一参照框架,以建立和发展评价技术、评价术语、评价特性和特殊显示顺序。评价小组评价每一系列参照产品时应确定其在使用标度上的位置,以表达所感受到的特性变化的感觉。

用于这些质地标度的一些参照材料可能被其他材料替代或改变环境要求以便:①得到一指定质地特性和(或)强度的更精确的说明;②在参考标度中扩展强度范围;③减少标度中两参照材料的标度间隔;④提供更方便的环境条件(尺寸和温度)以更方便评价产品和感知产品质地特性;⑤说明某些样品在标度中的不可用性。

用于硬性、黏聚性、弹性、黏性、吸湿性、齿黏聚性的标准度已在应用实例中给出,应根据实际需要采用。

(5)显示顺序。质地特性遵循感知的特定模式。评价小组应在同一顺序下评价同一特性。通常每一特性应在其最明显时、最容易觉察时评价。

评定员在建立一种方法和一系列的恰当顺序的描述词后,则可制定相应的回答表格,这个表格用于指导每个评价小组成员的评价和报告数据,这个表格应列出每一评价阶段的过程、所评价的描述词和描述词的正确顺序以及相应的强度标度。

(6)评价技术。在建立标准的评价技术时,要考虑产品正常消费的一般方式,包括:①食物放入口腔中的方式(例如,用前齿咬,或用嘴唇从勺中舔,或整个放入口腔中);②弄碎食品的方式(例如只用牙齿嚼;或在舌头或上腭间摆弄,或用牙咬碎一部分然后用舌头摆弄并弄碎其他部分);③吞咽前所处状态(例如,食品通常在液体、半固体,还是作为唾液中微粒被吞咽)。图6.2给出了质地评价技术的例子。

(7)强度标度的使用。一般使用类属标度、线性标度或比率标度。

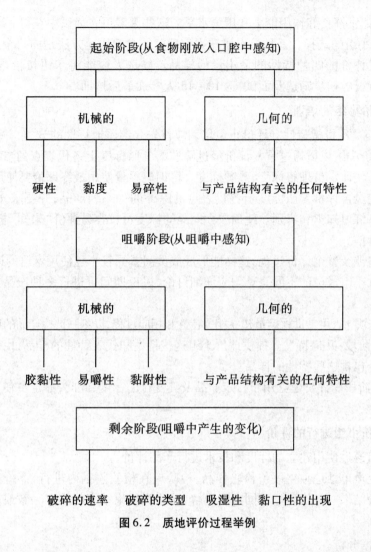

图 6.2　质地评价过程举例

6.3.2.3　用于培训和检验的样品的制备和提供

样品的制备过程应标准化,并应特别注意:① 样品的制备应标准化,以使检验结果具有代表性,并且对不同时间和不同批次的检验具有再现性;② 样品的尺寸和外形应标准化,以使样品的咀嚼和摆弄具有代表性和一致性;③ 确定和控制适宜的样品温度、湿度、制备及制备完后的时间长短等。在感官检验室中,应同时提供合适参照样品作为实验样品,或在先前的简单培训中提供。

6.3.2.4　评价小组的选拔

(1)至少应有 25 人作为候选评价小组成员。

1)口腔环境:由于牙齿或口腔假体或唾液异常易限制或改变对许多质地特性的感知,所以当有此类问题时,候选人必须证明能正确完成检验才可被选上。有些有一般性牙病的人也可能在咀嚼时的区别能力上很差。

2)其他因素:应考虑候选人的可得性、对感官分析的兴趣及动机、个人素质、对产品的喜好、在团体发挥良好作用能力和用词水平。这些因素可在面试中获得。

（2）评价小组的选择。一种检查候选人生理解能力的快速方法是向每个候选人提出具有实验中要评价的四种特性的最小量的样品。候选人应能将术语按恰当顺序放置。依据对身体状况的初步筛选及面试，选 10～15 人参加最后培训。

6.3.2.5　评价小组的培训

（1）第一阶段：机械特性。评价小组培训应首先介绍质地特性的分类，并介绍机械特性的定义，评价小组成员通过重复评价经过筛选的参照标度上各代表点的参照样品来研究每一特性。使评定员理解标度、熟悉标度。培训应尽量使用最终评价要使用的标度。

然后评定员再评价参照标度上各代表点的除外的一系列产品，并要求按标度分类。允许评价小组练习知觉和辨别。使用较大间隔的标度可较容易评价"未知"样品，也可建立评定员的自信。

本阶段将涉及整个评价过程，这样能形成成员间差异较小且使用术语的评价小组。

任何评价小组成员的不同意见均应详细讨论，讨论期间可进行多种产品或特殊产品的评价训练。

评价小组领导人可帮助评定员建立相关特性和相应过程，以刻画被检产品的质地特性。

（2）第二阶段：几何特性。提供评价小组这些特性和代表特性的样品，由评价小组评价一个或多个包含这些特性的样品。

（3）第三阶段。评价建立用于特定产品及其变化的标度，此间，评定员使用这些标度完成培训。

6.3.2.6　评价小组进行的评价

评价小组通过使用建立的标度和技术进行产品评价。

每个评定员单独地独立评价检验样品，检验应在检验隔挡内进行，评价小组领导人汇总个人评价结果并组织讨论不同点和误解，并达到讨论结束时观点一致或能解释所获得的标度数据。

6.3.2.7　数据分析

对于数据的分析，由于剖面检验是根据检验方法和检验设计的选择而定，因此无法给出明确的特定的方法。可以使用所收集数据的相关典型数据分析独立评价（例如用非参数方法）。

另一种方法是先由单个评定员评价产品，然后集体讨论产品特性与参照样品相比应得的特性值，并达成最终的一致。

6.3.2.8　质地剖面分析应用实例

（1）机械质地特性参照样品标度举例，见表 6.5～表 6.12。

表6.5　标准硬性标度的例子

一般术语	比率值	参照样品	类型	尺寸	温度
软	1	奶油奶酪		1.25 cm³	7~13 ℃
	2	鸡蛋白	大火烹调5 min	1.25 cm 蛋尖	室温
	3	法兰克福香肠	去皮、大块、未煮过	1.25 cm 厚片	10~18 ℃
	4	奶酪	黄色、加工过	1.25 cm³	10~18 ℃
	5	绿橄榄	大个的、去核	一个	室温
	6	花生	真空包装、开胃品型	一个花生粒	室温
	7	胡萝卜	未烹调	1.25 cm 厚片	室温
	8	花生糖	糖果部分		室温
硬	9	水果硬糖			室温

注：比率值在室温下融化。

表6.6　标准粘聚性标度的例子

一般术语	比率值	参照样品	类型	尺寸	温度
低黏聚性	1.0	玉米饼	老式	1.25 cm³	室温
	5.0	美洲奶酪	黄色、处理过	1.25 cm³	5~7 ℃
	—	白三明治面包	片状、营养强化的	1.25 cm³	室温
	8.0	软椒盐卷饼		1.25 cm 一片	室温
	10.0	果干	无核葡萄干	一粒	室温
	12.0	水果		一片	室温
	13.0	焦糖	家常、色拉	1.25 cm³	室温
高黏聚性	15.0	口香糖	咀嚼40以下后	一块	室温

注：比率值在室温下融化。

表6.7　标准黏度标度的例子

一般术语	比率值	参照产品	尺寸	温度
淡的	1	水	2.5 mL	
	2	稀奶油（18%脂肪）	2.5 mL	7~13 ℃
	3	厚奶油（35%脂肪）	2.5 mL	7~13 ℃
	4	淡炼乳	2.5 mL	7~13 ℃
	5	糖浆	2.5 mL	7~13 ℃
	6	巧克力浆	2.5 mL	7~13 ℃
	7	125 mL 蛋黄浆和60 mL 厚奶油的混合物	2.5 mL	7~13 ℃
稠的	8	加糖炼乳	2.5 mL	7~13 ℃

表 6.8　标准弹性标度的例子

一般术语	比率值	参照样品	类型	尺寸	温度
低弹性	1.0	奶油奶酪		1.25 cm³	5~7 ℃
	5.0	法兰克福香肠[a]	热水中煮 5 min	1.25 cm 厚片	室温
	9.0	果汁软糖		一块	室温
高弹性	15.0	果冻[b]		1.25 cm³	5~7 ℃

注:a. 嘴中压迫要均匀平行。

　　b. 将一袋果冻和一袋明胶溶于热水中,加盖,在 5~7 ℃中冷藏 24 h。

表 6.9　标准黏附性标度的例子

一般术语	比率值	参照样品	尺寸	温度
低黏性	1	氢化植物油	2.5 mL	7~13 ℃
	2	酪乳饼干面团	饼干四分之一大小	7~13 ℃
	3	奶油奶酪	2.5 mL	7~13 ℃
	4	果汁软糖顶端配料	2.5 mL	7~13 ℃
高黏性	5	花生酱	2.5 mL	7~13 ℃

表 6.10　标准易碎性标度的例子

一般术语	比率值	参照样品	类型	尺寸	温度
软脆的	1	玉米饼		1.25 cm³	
	2	松饼	82 ℃加热 5 min	一块	室温
	3	全麦克力架		二分之一块	室温
	4	烤面包	面包瓢片	1.25 cm³	室温
	5	榛子饼		1.25 cm³	室温
	6	姜汁脆饼		1.25 cm³	室温
易碎的	7	花生糖	糖果部分	1.25 cm³	室温

表 6.11　标准易嚼性标度的例子

术语	比率值	咀嚼数[a]	参照产品	类型	尺寸	温度
易嚼的	1	10.3	黑麦面包	面包瓢片	1.25 cm	室温
	2	17.1	法兰克福香肠	去皮,大块,未煮过	1.25 cm 厚片	10~21 ℃
	3	25.0	橡皮糖		一块	室温
	4	31.8	牛排	每边烤 10 min	1.25 cm³	60~85 ℃
	5	33.6	淀粉制软糖		一块	室温
	6	37.3	花生粘糖		一块	室温
难嚼的	7	56.7	太妃糖		一块	室温

a. 吞咽前咀嚼的平均数。

表 6.12 **标准胶黏性标度的例子**

术语	比率值	参照产品	尺寸	温度
低胶黏性	1	40%的面粉浆		
	2	45%的面粉浆		
	3	45%的面粉浆	一小勺	室温
	4	45%的面粉浆		
高胶黏性	5	45%的面粉浆		

（2）评价饮料质地感官口感术语分类，见表6.13。

表 6.13 **用于评价饮料质地的感官术语分类**

分类	典型词	有些种特性的饮料	无此种特性的饮料
与稠性有关的术语	稀的 厚的	水、冰茶、热茶 高营养乳、蛋黄酒、番茄汁	杏酒、高营养乳、黄油奶 苏打水、香槟、速溶饮料
表面软组织感觉	光滑的 浆状的 奶油状的	牛奶、甜酒、热巧克力 橘汁、柠檬汁、菠萝汁 热巧克力、蛋黄酒、冰激凌苏打	— 水、牛奶、香槟 水、柠檬汁、酸果汁
与碳酸化有关的术语	有气泡的 沙口的 有泡沫的	香槟、姜汁淡啤、苏打水 姜汁淡啤、香槟、苏打水 啤酒、冰激凌苏打	冰茶、柠檬汁、水 热茶、咖啡、速溶橘汁 酸果汁、柠檬汁、水
与质体有关的术语	浓的 淡的	高营养乳、蛋黄酒、甜酒 冰茶、热茶、速溶饮料、肉（清）汤	水、柠檬汁、姜汁淡啤 牛奶、杏酒
化学效应	淡的 涩的 烈的 辛辣的	水、冰茶、罐装果汁 热茶、冰茶、柠檬汁 甜酒、威士忌 菠萝汁	酪乳、热巧克力 水、牛奶、高营养乳 牛奶、茶、速溶饮料 水、热巧克力、罐装果汁
粘口腔	糊嘴 黏的	牛奶、蛋黄酒、热巧克力 牛奶、高营养乳、甜酒	水、威士忌、苹果酒 水、姜汁淡啤、牛肉清汤
粘舌头	黏性的 糖浆状	牛奶、稀奶油、梅脯汁 甜酒、蜂王浆	水、姜汁淡啤、香槟 水、牛奶、苏打水
口腔中延迟感觉	清爽 干 残留的 易清除的	水、冰茶、葡萄酒 热巧克力、酸果汁 热巧克力、稀奶油、牛奶 水、热茶	酪乳奶、啤酒、罐装果汁 水 水、冰茶、苏打水 牛奶、菠萝汁
生理上的延迟感觉	提神 暖和 解渴	水、冰茶、柠檬汁 威士忌、甜酒、咖啡 可口可乐、水、速溶饮料	热巧克力、酪乳、梅脯汁 柠檬汁、香槟、冰茶 牛奶、咖啡、酸果汁
温度感觉	冷 凉 热	冰激凌苏打水、冰茶 冰茶、水、牛奶 热茶、威士忌	甜酒、热茶 蛋酒 柠檬汁、冰茶、姜汁淡啤
与温度有关	湿 干	水 柠檬汁、咖啡	牛奶、咖啡、苹果酒 水

6.3.3 定量描述分析法

质地剖析法的创立,刺激了更多的人研究新的描述分析方法的兴趣,尤其是旨在克服风味剖析法和质地剖析法缺点的方法。风味剖析法(包括早期的质地剖析法)不用统计分析,提供的只是定性的信息,使用的描述词汇都是学术词汇等,在这种情况下,美国的 Targon 公司于 20 世纪 70 年代创立了定量描述分析法(quantitative descriptive analysis, QDA),该方法克服了风味剖析法和质地剖析法的一些缺点,同时还具有自己的一些特点,而它最大的特点就是利用统计方法对数据进行分析。

所有的描述分析方法都使用 20 个以内的品评人员,对于定量描述分析方法来说,建议使用 10～12 名品评人员,这是根据大量的实践经验总结出来的适用于所有产品的定量描述分析的最佳品评员人数。

根据第 3 章对品评人员进行筛选,参评人员要具备对实验样品的感官性质的差别进行识别的能力。在正式实验前,要对品评人员进行培训,首先是描述词汇的建立,召集所有的品评人员,对样品进行观察,然后每个人都对产品进行描述,尽量用他们熟悉的常用词汇,由小组组长将这些词汇写在大家都能看到的黑板上,然后大家分组讨论,对刚才形成的词汇进行修订,并给出每个词汇的定义。这个活动每次 1 h 左右,要重复 7～10 次,最后形成一份大家都认可的描述词汇表。同风味剖析法相同的是,在制定描述词汇时,也可以使用标准参照物,一般使用的都是产品中的单一成分。标准参照物和词汇的定义有助于描述词汇的标准化,对新的品评人员和对产品某项性质描述有困难的原有品评人员尤为适用。通过以上过程形成的描述词汇有时会达到 100 多个,虽然对描述词汇的数量没有限制,在实际当中,还是会通过合并等方式将描述词汇减少到 50%,因为不同的人对相同性质的描述可能用的是不同的词汇,这时就有必要根据定义进行合并,避免重复。

在这个建立描述词汇的过程当中,品评小组组长只是起到一个组织的作用,他不会对小组成员的发言进行评论,不会用自己的观点去影响小组成员,但是小组组长可以决定何时开始正式实验,即品评小组组长可以确定品评小组是否具有对产品评价的能力。

有时描述词汇是现成的,如在食品公司,对其主要产品已经形成了一份描述词汇表,这种情况下,只需使参评人员对描述词汇及其定义进行熟悉即可,这个过程较快,一般只要 2～3 次,每次历时 1 h。对于正式实验前的培训时间,没有严格的规定,可以根据品评人员的素质和评定的产品自行决定。

培训结束后,要形成一份大家都认同的描述词汇表,而且要求每个品评人员对其定义都能够真正理解。这个描述词汇表就在正式实验时使用,要求品评人员对产品就每项性质(每个词汇)进行打分。使用的标度是一条长为 15 cm 的直线,起点和终点分别位于距离直线两端 1.5 cm 处,一般是从左向右强度逐渐增加,如弱到强,轻到重。品评人员的任务就是在这条直线上做出能代表产品该项性质强度的标记。

正式实验时,为了避免互相干扰,品评人员在单独的品评室对样品进行评价,实验结束后,将标尺上的刻度转化成数值输入计算机,也可以使用类别标度法。和风味剖析法不同,QDA 的结果不是通过讨论综合大家意见而得到的一种一致性的结果,而是经过统计分析得到的。

QDA 的结果通过统计分析得出,一般都附有一个蜘蛛网形图表,由图的中心向外有一些放射状的线,表示每个感官特性,线的长短代表强度的大小。比如,对新鲜草莓和用保鲜剂处理的草莓进行感官评价,所得结果见图 6.3,另外,目前的 QDA 都使用主成分分析（principal component analysis,PCA）。QDA 法使"以人作为测量仪器"的概念向前前进了一大步,而且图表的使用使结果更加直观。

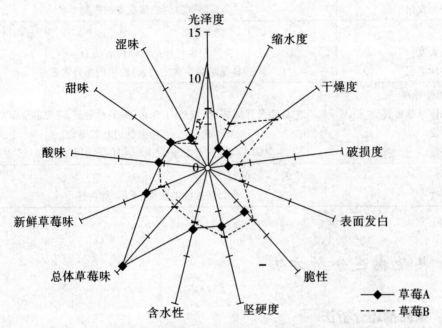

图 6.3　两种不同处理的草莓风味的 QDA 数据的蜘蛛网图示例

定量描述分析应用实例:草莓涂膜之后在存放期间的感官分析。

实验样品:新鲜草莓;未经处理存放 1、2 周的草莓;涂膜剂 1 处理后存放 1、3 周的草莓;涂膜剂 2 处理后存放 1、2、3 周的草莓,用 QDA 方法对产品进行分析。

品评人员的筛选:按照第 3 章 3.1 食品感官品评员的选拔对描述分析品评人员的筛选方法,选出 9 名合格并且经常食用草莓的教工及学生作为该实验的品评人员。

品评人员的培训:选取具有代表性的草莓样品,由品评人员对其观察,每人轮流给出描述词汇,并给出词汇的定义,经过 4 次讨论,每次 1 h,最后确定草莓的描述词汇表（表 6.14）。使用 0～15 的标尺进行打分。

正式实验:在实验开始前 1 h,将样品从冰箱中取出,使其升至室温,每种草莓样品用一次性纸盘盛放（2 个/盘）,并用 3 位随机数字编号,同答题纸一并随机呈送给品评人员。品评人员在单独的品评室内品尝草莓,对每种样品就各种感官指标打分。实验重复 2 次进行。

将每名品评人员的两次实验的结果进行平均,得到每名品评人员对各种草莓样品评价的平均分,实验结果和具体分析方法见 PCA 法。

表6.14 草莓涂膜之后在存放期间的感官分析部分描述词汇表

指标	定义
外观	
光泽度	表面反光的程度
干燥情况	表面缩水的程度
表面发白情况	表面有白色物质覆盖的程度
质地	
坚实度	用白齿将样品咬断所需的力
多汁情况	将样品咀嚼5次之后,口腔中的水分含量
风味/基本味道	
总体草莓香气	总体草莓风味感觉(成熟的,未成熟的,草莓酱,煮熟的草莓)
甜度	基本味觉之一,由蔗糖引起的感觉
酸度	基本味觉之一,由酸(乙酸、乳酸等)引起的感觉
余味	
涩度	口腔表面的收缩、干燥、缩拢感

6.4 其他描述分析方法

6.4.1 系列描述分析法

系列描述分析法(spectrum descriptive analysis)是由 Civille 于20世纪70年代创立的一种感官描述分析方法,是描述性分析方法的进一步扩展。其主要特征是不必由评定员制订评定产品感官特征的描述词汇,而是使用"词典"中的标准术语、标准标度来描述和评价特定产品。系列描述分析法的描述词汇是经过预先挑选,并且保留相同的、用于同一类项中的所有产品。此外,用多重参比物确定标度值,通常是从0到15,使其标度标准化,其目的是使结果更趋于一致,通过这种方法得到的结果不会因实验地点和实验时间的变化而改变,从而增强了其实用性。

与 QDA 相比,系列描述分析中对评价人员的训练更为广泛,同时评价小组组长更具有指令作用。根据实验目的,评价小组组长需要给评价人员提供可用于描述和产品相联系的感官词汇表(感官系列中称为"词典"),同时也要提供产品成分的相关信息,使评价人员对所选词汇的含义有明确的理解。例如,颜色描述的评价人员要对颜色的强度、色彩和纯度有所了解,涉及口感、手感和纤维质地评定的评价人员要求对这些感觉产生的原理有所了解,化学感应方面的评价人员要求能够识别出由于成分和加工过程的变化而引起的化学感应的变化。通过训练,最终目的是在给定的范围内建立一个"专家型评定小组",他们可以在理解产品感官特性间潜在技术差别的基础上,使用一系列具体的描述符。

品评人员使用数字化的强度标准,通常为15点标度。与质地剖面法相同,它是由一系列参比点固定标度值来代表标度上的不同强度。在训练结束后,所有品评人员必须以一致的形式使用标度对样品感官特性进行评分,各品评人员单独评定样品,然后对结果进行统计分析。

与 QDA 法相比,系列描述分析法具有明显的优点,所有品评人员按照相同的方式使用描述符标度,因此该评分具有绝对的意义,所得结果不会因实验地点和实验时间的变化而改变,平均评分可用于决定一个具有特定特征强度的样品是否符合可接受性的标准。

这个方法的不利之处在于训练一个系列描述分析的评定小组需要耗费很长的时间,评定小组的组成和维持也非常困难。品评人员必须面对大量样品,理解所用描述产品的词汇含义,掌握产品基本的技术细节,同时也要对感官感知的心理学和生理学有一定的了解。除此之外,他们必须广泛与别人进行相互“调整”,以确保所有品评人员都以相同的方式使用标度。事实上,由于个体生理差异上的存在,如特定的嗅觉缺失、对组分的敏感性不同等,会导致评定员中意见的不完全一致。

系列描述分析法的数据分析和 QDA 相似,已成功地用于如肉、鲶鱼、花生、面条、面包、奶酪等产品的评价中。

6.4.2　自由选择剖面法

自由选择剖面法(free choice profiling,FCP)是由 Williams 和 Arnold 于 1984 年创立的一种新的感官品评方法。这种方法和前面的其他描述分析方法有许多相似之处,但它还有其自身 2 个明显特征。第一,描述词汇的形成方法是一种全新的方法,这种方法是由品评人员用自己的语言对样品进行描述,从而形成一份描述词汇表,而不像前面的方法,对品评人员进行训练,制出一份大家都认可的词汇表。每个品评人员用自己发明的描述词汇在相同的标度上对样品进行评估,这些独立产生的术语只需要它们的发明者理解就可以了,而不必要求所有的品评人员都理解。在评价产品时,品评人员必须从始至终一直使用这些词汇。

自由选择剖析法的另外一个特征是它的统计分析使用一种叫作普洛克路斯忒斯分析法(generalized procrustes analysis,GPA)的分析过程,最后得到反映样品之间关系的一致性的图形。普洛克路斯忒斯是希腊神话中的人物,他邀请旅游者住在他的房子里,如果来访者不适合他的床,他就将他们的腿拉长或者锯短,以使他们适合他的床。

实验开始时,品评人员可以选用任何他们认为可以对样品进行描述的语言,然后形成一份实验用正式品评表,这种方法与以前介绍的描述分析方法的不同之处在于,对品评人员提出的描述性词语不进行取舍,每个人的词汇表都是自己形成的那份,与其他人的都不相同。这种方法的初衷是使用未接受过培训的品评人员,旨在降低费用,但后来,也经常使用受过培训的人员,至于使用的品评人员要不要经过培训这一点,并没有统一的规定。这种方法唯一统一之处就是品评人员自己选择用来描述样品特性的词语。与其他描述分析方法比较,这种方法的优点是克服了其他描述分析方法的一些缺点,比如,品评人员不必使用那些他们并不理解的词汇及其定义,而其缺点就是这种方法的结果要通过 GPA 来分析,这种分析方法的使用不是很普遍,大家对其了解有限,另外一点,如果使用受过培训的品评人员,那么实验费用与时间是不会降低和减少的。

6.4.3　时间–强度分析描述分析方法

　　某些产品的感官性质的强度会随时间而发生变化,因此,对这些产品来说,感官性质的时间–强度曲线更能说明问题。这种方法有的需要几天,比如观察使用了某护肤品后皮肤干燥情况的变化;有的需要几小时,比如观察唇膏颜色的变化;而有的只需要几分钟,比如口香糖质地的变化。这种方法所需最短的时间在 1~3 min,比如甜味剂的甜度变化情况,啤酒的苦味变化情况,止痛药的作用情况等。实验一般使用专门的仪器,形式有多种,有的是滚筒式记录仪,有的则直接使用计算机。实验的时候,品评人员不许看形成的曲线,因为这样会影响实验结果。

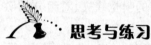

思考与练习

　　1.比较主要描述性分析方法的优缺点。

　　2.描述性分析由哪几部分构成?

　　3.质地剖面描述包括哪些类型? 主要用到人体的哪些感官部位进行评价?

　　4.风味剖面描述常用哪些类型标度?

　　5.试用描述性分析检验法分析描述一种食品。

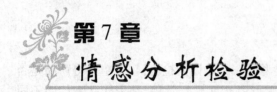

第7章 情感分析检验

7.1 情感检验概述

7.1.1 情感检验的作用

（1）评价消费者对产品的偏爱程度。偏爱是评定员对产品吸引力大小的比较,通过对两个或多个产品的比较,判断产品被偏爱的程度。偏爱可以直接被测量,即直接评定两个或多个产品中哪个被偏爱;也可以通过间接测量完成,即通过对产品进行评分,通过评分的高低来确定产品感官质量的优劣。

（2）测定新产品的喜好程度。在新产品正式生产上市前需要通过情感检验来测定消费者对产品的喜爱程度,这些信息是必需的,因为正式生产一个产品要投入大量资金用于购买设备、组织生产、销售和广告宣传等,如果我们投入一个不受消费者欢迎的产品,就会造成很大的浪费。情感检验中的可接受性检验为我们提供的信息对市场销售会有很好的指导作用。

（3）可以测定产品的使用功能。在新产品的研究开发过程中一般都会开发出多个产品,这就需要借助感官评定中的情感检验来确定哪个产品或哪些产品更容易被消费者接受,即哪个产品最能满足市场需求,具有较好的使用功能。

7.1.2 情感检验评定员

参加情感检验的评定员可以是企业的员工、具有代表性的消费者、企业附近地区的居民等。不同类型的评定员有着不同的特点,选择时应根据具体的要求灵活掌握。最快速的方法是利用企业员工作为情感检验的评定员,这样不仅组织方便,而且很经济。但员工往往会不由自主地对产品有一些偏见,这样就会影响结果的真实性。而选用普通消费者作为情感检验的评定员取得的结果最具有代表性,因为他们代表了消费者对产品的评价,但要组织消费者参加感官评定难度很大,而且成本相对较高。因而,为了获得理想的感官评定结果的同时,又能很便利、经济地组织情感分析检验,经常利用当地居民代替员工作为感官评定员,一方面当地居民能够代表消费者对产品的感受,另一方面由于离公司较近便于组织和实施。

一般来说,选择合适的评定员是很重要的。首先,评定员应对所评价的样品喜爱。

其次,如果检验中使用了等级标度法,评定员应能有效地区别产品之间的差异。当用消费者作为评定员时,还应考虑人口统计学、心理学及评定员的生活方式等。

7.2 常用情感检验的方法

食品感官评定中情感检验主要有两大类型。一类是偏爱检验,它希望获得产品是否显著的受消费者喜好或喜好程度,或产品间差异是否能被察觉等,是用样品来检验不同人群的感官偏爱分布,主要有成对偏爱检验、偏爱排序检验和分类检验;另一类是接受性检验,评定员在一个特定的标度上评估他们对产品的喜爱程度,主要有快感评分检验法、接受性检验等。

7.2.1 成对偏爱检验

7.2.1.1 成对偏爱检验的基本方法

成对偏爱检验常用于食品感官分析中。研究对象为消费者,在食品生产、消费环节用于判断消费者对差别能否接受或有无偏爱。当消费者表现出对商品的偏爱时就可以有针对性地改进食品市场的定位。

在很多情况下,感官评定组织者为了获得更多的信息,在进行差别检验后要求评定员指出对样品的偏爱,实际上这种行为是不科学的。首先,差别检验和偏爱检验选择的评定员是不同的,差别检验的评定员要按感官灵敏度进行挑选,而偏爱检验的评定员是产品的使用者。其次,两种方法的要求不同,差别检验要求评定员指出样品的差异,而偏爱检验只要求对样品的整体进行偏爱评价,如果进行差别检验后再进行偏爱检验,差别检验的结果会影响到偏爱检验的结果。

7.2.1.2 成对偏爱检验的检验程序

成对偏爱检验可以同时比较两个样品,也可以进行一系列的两两比较。按选择方式可分为必选成对偏爱检验和非必选成对偏爱检验。

一般选用必选成对偏爱检验,即同时呈送给评定员两个 3 位随机编码样品,要求评价小组鉴别出更偏爱的样品。成对偏爱检验的评价单(必选)见表7.1。有时为了数据分析的便利,也会先用非必选成对偏爱检验,即同时呈送两个 3 位随机编码样品,要求选出喜爱的一个样品,允许"无偏爱"选项或"同样喜欢"和"同样不喜欢"选项的出现。该检验相对于成对必选偏爱检验来说具有一定的优势,即评定员能够按照自己的喜好做出真实的选择。成对偏爱检验的评价单(非必选)见表 7.2。成对偏爱检验一般是双尾检验,因为我们无法提前知道哪个产品会更受到喜爱。值得注意的是进行检验时应只让消费者回答一个问题,即偏爱哪个产品;若再询问评定员选择的理由则会存在相当大的风险,因为让消费者准确地解释选择的原因是很困难的。

表 7.1　成对偏爱检验的评价单(必选)

成对偏爱检验(必选)
评定员姓名:　　　　编号:　　　　　　日期:
请在开始前用清水漱口,然后按从左到右的顺序品尝两个编码的样品,您可以重复饮用所要评价的样品,品尝后用圆圈圈出您喜欢的产品的样品代码,必须做出选择。

417	863

感谢您的参与!

表 7.2　成对偏爱检验的评价单(非必选)

成对偏爱检验(非必选)
评定员姓名:　　　　编号:　　　　　　日期:
请在开始前用清水漱口,然后按从左到右的顺序品尝两个编码的样品,您可以重复饮用所要评价的样品,品尝后用圆圈圈出您所偏爱的样品编码的样品代码,如果两个样品中您实在分不出偏爱哪个,您请圈上无偏爱选项。

157	925
无偏爱	

感谢您的参与!

　　如果在成对偏爱检验允许有无偏爱选择,结果分析时可根据情况选择以下 3 种不同的方法进行处理:第一是除去检验结果中无偏爱选项评定员后再进行分析,这样就减少了评定员的数量,检验可信度随之会降低;第二是把无偏爱的选择分成一半分别加在两个样品的结果中,然后进行分析;第三是将无偏爱选项的评定员按比例分配到相应的样品中。

7.2.1.3　成对偏爱检验结果的统计分析

　　在成对偏爱检验中,如果不允许无偏爱选择,则一个特定产品的选择是两者中选一个。无差异假设的概率 $P=0.5$ 。在实际的研究中,研究人员并不知道哪个样品会被消费者更多地偏爱。检验具有两重性,成对偏爱检验的结果也表明了两个样品中的受偏爱方向。数据分析建立在二项分布的基础上。

　　在偏爱检验中,通过二项分布可以帮助分析人员判断分析的结论是否仅仅是偶然因素引起的,还是评价小组对一个产品的偏爱真的超过了另一个样品。在排除偶然因素后样品有显著性偏爱的概率可用下面公式计算:

$$P = \frac{N!}{(N-X)!\ X!} P^{X} (1-P)^{N-X} \tag{7.1}$$

式中: N ——有效评定员总数;

　　　 X ——最受偏爱产品的评定员数;

　　　 P ——对最受偏爱产品做出偏爱选择数目的概率。

上述公式的计算十分复杂,因此已有研究人员计算出了正确评估的数目以及它们发生的概率,给出了统计显著性的最小值(见表7.3)。在实际分析时,只要统计出被多数评定员偏爱的样品的评定员数量,然后与表7.3中数据进行比较,如果实际评定员的数量大于或等于表中对应显著水平下的数值,则表明两个样品被偏爱的程度有显著的差异。

表7.3 无方向性成对比较检验(双尾检验)正确响应值临界表

评定员数量 n	显著性水平 α				评定员数量 n	显著性水平 α			
	0.1	0.05	0.01	0.001		0.1	0.05	0.01	0.001
4	—				29	20	21	22	24
5	5	—			30	20	21	23	25
6	6	6			31	21	22	24	25
7	7	7	—		32	22	23	24	26
8	7	8	8		33	22	23	25	27
9	8	8	9		34	23	24	25	27
10	9	9	10	—	35	23	24	26	28
11	9	10	11	11	36	24	25	27	29
12	10	10	11	12	40	26	27	29	31
13	10	11	12	13	44	28	29	31	34
14	11	12	13	14	48	31	32	34	36
15	12	12	13	14	52	33	34	36	39
16	12	13	14	15	56	35	36	39	41
17	13	13	15	16	60	37	39	41	44
18	13	14	15	16	64	40	41	43	46
19	14	15	16	17	68	42	43	46	48
20	15	15	17	18	72	44	45	48	51
21	15	16	17	19	76	46	48	50	53
22	16	17	28	19	80	48	50	52	56
23	16	17	19	20	84	51	52	55	58
24	17	18	19	21	88	53	54	57	60
25	18	18	20	21	92	55	56	59	63
26	18	19	20	22	96	57	59	62	65
27	19	20	21	23	100	59	61	64	67
28	19	20	22	23					

注:$x = \frac{1}{2}z\sqrt{n} + \frac{(n+1)}{2}$,其中 n=评定员数量,x=正确判断的最小数,取整数,$z_{0.05}=1.96$,$z_{0.01}=2.58$

【例7.1】在一个成对偏爱检验中,有 A、B 两个样品,共有评定员 40 名参与评价。评价的结果有 25 名评定员偏爱 A,有 15 名评定员偏爱 B。判断评定员对 A、B 两个样品的偏爱是否有显著差异。

根据上述的评价结果,查表7.3可以看出,评价结果的较大值25<27(5%),因此,评

价小组对 A 样品的偏爱没有超过对 B 样品的偏爱。即 A、B 两样品的偏爱程度没有显著性的差异。

【例7.2】在一个成对偏爱检验中,有 A、B 两个样品,共有评定员 40 名参与评价。评价的结果是有 20 名评定员偏爱 A,有 10 名评定员偏爱 B,有 10 名评定员选择无偏爱选项。判断评定员对 A、B 两个样品的偏爱是否有显著差异。

根据上述结果,需要对无偏爱选项的数据进行处理,处理方法有以下 3 种。

(1)去掉无偏爱选项,然后进行分析。上述结果去掉无偏爱选项后,检验的结果变为:总有效评价数 30 位,其中偏爱 A 的评定员有 20 位,偏爱 B 的评定员有 10 位。查表 7.3 可看出,评价结果的较大值 20<21(5%),表明 A、B 两样品的偏爱程度没有显著性的差异。

(2)将无偏爱的选择评价平分加在两个样品的结果中,然后进行分析。上述结果按照这样处理后变为:偏爱 A 的评定员有 25 位,偏爱 B 的评定员有 15 位。结果同例 7.1 的结果相同。

(3)将无偏爱选项的评定员按比例分配到样品中。上述结果中,在做出偏爱的评定员中偏爱 A 的比例为 2/3,偏爱 B 的比例为 1/3,计算时将无偏爱选项的数量按上述的比例加入到两个样品中,这样偏爱 A 的评定员有 27 位,偏爱 B 的评定员有 13 位。根据表 7.3 的数据,评价结果的较大值 27=27(5%),结果表明 A、B 两样品的偏爱程度有显著性的差异。

从结果分析来看,对无偏爱选项数据的处理不同,得出的结论会有所差异。因此,在实际的偏爱检验中,除非有特别的需要,最好要求评定员必须做出选择,这样得出的结论更可靠一些。

7.2.2 偏爱排序检验

7.2.2.1 偏爱排序检验的基本方法

偏爱排序检验是指在感官检验中要求评定员按照偏爱或喜欢样品的程度对样品进行排序的一种检验方法。

偏爱排序检验只能按一种特性或对样品的偏爱程度进行下降或上升排序,如要比较样品的不同特性,则需要按不同的特性安排不同的排序检验。在排序过程中,通常不允许两个样品相等的结论存在。排序结果表明了人们对产品的偏爱方向,但并没有给出对产品偏爱的相对差别,也不能表明连续产品之间的偏爱范围。

7.2.2.2 偏爱排序检验的优缺点

偏爱排序检验比较简单,可迅速使用,但其缺点是不能比较重复产品。视觉和触觉偏爱的排序相对简单一些,若包括对风味的排序,则对多种风味的品尝容易产生疲劳。基于偏爱排序检验的前提条件,人员选择并非专业人员,对多个样品、多感官刺激,能做出正确选择的概率值得考察(数据的再现性可能不高、前后反应不一、受外界条件影响不定)。不建议进行以消费人群为评定员的多种样品或过于复杂的偏爱排序。

7.2.2.3 偏爱排序检验的技术要点

检验前由感官评定组织者根据检验目的选择检验的方法,制订实验的具体方案;明确需要排序的感官特性;指出排列的顺序是由弱到强还是由强到弱;明确样品的处理方法及保持方法;指明品尝时应注意的事项;指明对评定员的要求及培训方法,要使评定员对需要评价的指标和要求有一致的理解。

7.2.2.4 偏爱排序检验程序

偏爱排序检验中,提供给鉴评员编号的样品,且样品的摆放顺序要以相同的频率出现。要求鉴评员按照喜爱程度给样品排列序号。制定的评价单要求给评定员的指令简单扼要,能够很好地理解,表7.4是对单一感官特性进行偏爱排序时的评价单。

表7.4 偏爱排序检验的评价单

偏爱排序检验(喜好程度)
产品名称:
评定员姓名: 编号: 日期:
请在开始前用清水漱口,然后按从左到右的顺序品尝4个样品,如果需要可重复品尝,请按最喜欢到最不喜欢排序样品,使用1~4的数值表示样品的顺序,其中:1=最喜欢,4=最不喜欢。
品尝的结果:
样品编号排列顺序(1~4,不允许相同)
591( )
834( )
057( )
336( )
感谢您的参与!

7.2.2.5 偏爱排序检验结果的统计分析

品尝完成后收集每位评定员的评分表,将评分表中的样品编码进行解码,变为每个样品的排序结果,按表7.5的格式进行结果的统计。表中所列出的是6位评定员对4种芒果味酸牛奶(分别用A、B、C、D表示)喜爱程度排序的统计结果,1~4的顺序表示喜好程度的顺序。其中1表示最喜欢,4表示最不喜欢。偏爱排序检验法得到的结果可以用Friedman检验和Page检验对样品之间喜好程度进行显著性检验。

表7.5 偏爱排序检验结果统计表

评定员	1	2	3	4
1	A	C	D	B
2	C	D	A	B
3	A	D	B	C
4	C	A	B	D
5	A	B	D	C
6	C	A	D	B

（1）Friedman 检验。采用 Friedman 检验对排序检验的结果进行分析时,先计算每个样品的秩次和,再计算统计值 F 值,最后将计算出的 F 值与表 7.6 中的临界值进行比较,判断样品间的差异显著性。

表 7.6　Friedman 秩次和检验临界值表

评定员数目 b	样品数目 t					
	3	4	5	3	4	5
	$\alpha = 0.05$			$\alpha = 0.01$		
2	—	6.00	7.60	—	—	8.00
3	6.00	7.00	8.53	—	8.20	10.13
4	6.50	7.50	8.80	8.00	9.30	11.10
5	6.40	7.80	8.96	8.40	9.96	11.52
6	6.33	7.60	9.49	9.00	10.20	13.28
7	6.00	7.62	9.49	8.85	10.37	13.28
8	6.25	7.65	9.49	9.00	10.35	13.28
9	6.22	7.81	9.49	8.66	11.34	13.28
10	6.20	7.81	9.49	8.60	11.34	13.28
11	6.54	7.81	9.49	8.90	11.34	13.28
12	6.16	7.81	9.49	8.66	11.34	13.28
13	6.00	7.81	9.49	8.76	11.34	13.28
14	6.14	7.81	9.49	9.00	11.34	13.28
15	6.40	7.81	9.49	8.93	11.34	13.28

下面以表 7.5 中偏爱排序的结果来分析评定员对 4 种芒果酸牛奶的喜好程度是否有差异。

1）样品秩次和的计算。以表 7.5 中 4 种芒果酸牛奶喜好程度排序结果为例来进行分析,判断 4 种产品的喜好程度是否有差异。先将上述结果转换为次序数,计算时将排列第一位转换为数值 1,排列第二位转换为数值 2,以此类推。上述的排序结果转化次序后统计的结果见表 7.7。

表 7.7　排序检验次序和计算表

评定员	A	B	C	D	合计
1	1	4	2	3	10
2	3	4	1	2	10
3	1	3	4	2	10
4	2	3	1	4	10
5	1	2	4	3	10
6	2	4	1	3	10
秩次和(R)	10	20	13	17	60

2)统计量 F 值的计算。F 值的计算公式如下：

$$F = \frac{12}{bt(t+1)} \sum_{j=1}^{t} R_j^2 - 3b(t+1) \tag{7.2}$$

式中：b——评定员数；

t——样品(或产品)数；

R_j——每种样品的秩次和。

根据上述公式计算出的 F 值如下：

$$F = \frac{12}{6 \times 4(4+1)} (10^2 + 20^2 + 13^2 + 17^2) - 3 \times 6(4+1) = 5.8$$

3)统计结果分析计算出 F 值后，与表 7.6 中的数据进行比较，如果计算的 F 值大于或等于表中对应的临界值，则可判断样品之间有显著性的差异；若小于表中的临界值，则可据此判断样品之间有显著性的差异；若小于表中的临界值，则可据此判断样品之间没有显著性差异。

根据表 7.6 可知，在样品数(t)为 4，评定员(b)为 6 时，显著水平为 0.05 时的临界 F 值为 7.6，表 7.7 中的数据计算出的 F 值 5.8<7.6(5%)，表明 4 种芒果酸牛奶的喜好程度没有显著性的差异。

(2)Page 检验。在食品生产中产品会因为配方、热处理的温度、储藏温度和时间等的不同而有自然的顺序，在这种情况下，为了检验该因素效应，可以采用 Page 检验。Page 检验也是一种秩序和检验，在产品有自然顺序的情况下，Page 检验比 Friedman 检验更有效。检验时先用下列公式计算统计量：

$$L = R_1 + 2R_2 + \cdots + tR_j \tag{7.3}$$

式中：L——Page 检验的统计量；

R_j——每种样品的秩序和。

若计算出的 L 值大于或等于表 7.5 中相应的临界值，则说明样品间有显著差异性。

对表 7.5 中检验结果如果用 Page 检验，先用上述公式计算 L 值如下：

$$L = 10 + 2 \times 20 + 3 \times 13 + 4 \times 17 = 157$$

查表 7.8，在显著性水平为 0.05，样品数为 4 时，临界 L 值为 163，大于计算出的 L 值，表明对 4 种芒果酸牛奶的喜好程度没有显著性的差异。从分析的结果来看，Page 检验和 Friedman 检验的结果是一致的。

(3)多重比较和分组。当检验的样品通过 Page 检验和 Friedman 检验后发现样品间有显著性的差异，再采用最小显著差数法(LSD)比较哪些样品有差异。

(4)Kramer 检验。Kramer 检验是一种顺位检验法，先计算每个样品的秩序和，查顺位检验法的检验表进行判断分析。Kramer 检验时，通过上段来检验样品间是否有显著性差异，将每个样品的秩次和与上段的最大值和最小值相比较。若样品的秩次和的所有数据都在上段范围内，则样品间没有显著性差异；若样品的秩次和大于等于上段的最大值或小于等于上段的最小值，则样品间有显著性差异。通过下段检验样品间的差异程度，若样品的秩次和处于下段范围内，表明样品间没有差异，可将其分为一组，样品秩次和在下段范围之外的可分为不同的两组，即在上限之外和下限之外的样品分别分为一组。

表 7.8　Page 检验临界值表

评定员数量	显著水平 $\alpha=0.05$					显著水平 $\alpha=0.01$				
	3	4	5	6	7	3	4	5	6	7
2	28	58	103	166	252	—	60	106	173	261
3	41	84	150	244	370	42	87	155	252	382
4	54	111	197	321	487	55	114	204	331	501
5	66	137	244	397	603	68	141	251	409	620
6	79	163	291	474	719	81	167	299	486	737
7	91	189	338	550	835	93	193	346	563	855
8	104	214	384	625	950	106	220	393	640	972
9	116	240	431	701	1 065	119	246	441	717	1 088
10	128	266	477	777	1 180	131	272	487	793	1 205
11	141	292	523	852	1 295	144	298	534	869	1 321
12	153	317	570	928	1 410	156	324	584	946	1 437
13	165	343	615	1 003	1 525	169	350	628	1 022	1 553
14	178	368	661	1 078	1 639	181	376	674	1 098	1 668
15	190	394	707	1 153	1 754	194	402	721	1 174	1 784
16	202	420	754	1 228	1 868	206	427	767	1 249	1 899
17	215	445	800	1 303	1 982	218	453	814	1 325	2 014
18	227	471	846	1 378	2 097	231	479	860	1 401	2 130
19	239	496	891	1 453	2 217	243	505	906	1 476	2 245
20	251	522	937	1 528	2 325	256	531	953	1 552	2 360

　　表 7.9 是评定员为 6 和样品数为 4 的 Kramer 检验显著性临界值。以表 7.6 的结果为例,在 0.05 的显著水平下,上段的值为 9～21,而上述样品 A、样品 B、样品 C 和样品 D 的秩次和都在上段范围内,因此评定员对 4 种芒果酸牛奶的喜好程度没有显著性差异。

表 7.9　Kramer 检验显著性检验表

	显著水平 $\alpha=0.05$	显著水平 $\alpha=0.01$
上段	9～21	8～22
下段	11～19	9～21

　　【例 7.3】6 位评定员对 A、B、C、D 4 种饮料的甜味排序。1～4 的顺序表示甜味强度的顺序,其中,1 表示甜味最弱,4 表示甜味最强。排列结果见表 7.10。

表 7.10　评定员品评的排序结果

评定员	秩次			
	1	2	3	4
1	A	B	C	D
2	B=C		A	D
3	A		B=C=D	
4	A	B	D	C
5	A	B	C	D
6	A	C	B	D

当出现相同秩次时,则取平均秩次,见表 7.11 所示 4 种饮料甜味的排列次序。若采用 Friedman 检验,由于出现了等秩次排序,计算统计量 F 值时要给予校正。

表 7.11　饮料甜味的排列次序和计算表

评定员	A	B	C	D	合计
1	1	2	3	4	10
2	3	1.5	1.5	4	10
3	1	3	3	3	10
4	1	2	4	3	10
5	1	2	4	3	10
6	1	3	2	4	10
秩次和(R)	8	13.5	16.5	22	60

现采用 Kramer 检验进行比较,可以看出,样品 A 秩次和 $R_A = 8$,样品 D 秩次和 $R_D = 22$,与表 7.8 上段临界值比较,正好在 0.01 水平临界点上,表明 4 种饮料的甜味在 0.01 水平上有显著差异。再用下段临界值进行多重比较,可以看出 $R_A < 9$,$R_D > 22$,R_B、R_C 在 9 ~ 21 区间内,所以 A、B、C、D 按甜味强度可划分为 3 个组,D、BC、A。即在 0.01 的显著水平上,D 样品最甜,C、B 样品次之,甜度上无显著差异,A 样品最不甜。

7.2.3　快感评分检验

7.2.3.1　快感评分检验的概述

快感评分检验是要求评定员将样品的品质特性以特定标度的形式来进行评价的一种方法。采用的标度形式可以是 9 点快感标度、7 点快感标度或 5 点快感标度。标度的类型可根据评定员的类型来灵活运用,有经验的评定员可采用较复杂或评价指标较细的标度,如 9 点快感标度;如果评定员是没有经验的普通消费者,则尽量选择区分度大一些的评价标度,如 5 点快感标度。标度也可以采用线性标度,然后将线性标度转换为评分。

快感评分检验法可同时评价一个或多个产品的一个或多个感官指标的强度及其差异。在新产品的研究开发过程中也可用这种方法来评价不同配方、不同工艺开发出来的产品质量的优劣,也可以对市场上不同企业间已有产品进行比较。可以评价某个或几个感官指标(如食品的甜度、酸度、风味等),也可评价产品的综合指标(产品的综合评价、产品的可接受性等)。

7.2.3.2　快感评分检验的评价单

在给评定员准备评分表时要明确采用标度的类型,使评定员对标度上的点的具体含义有相同或相近的理解,以便于检验的结果能够反映产品真实的感官质量上的差异。表7.12 是某乳业公司评价 3 种不同杀菌方式生产的牛奶风味是否有差异时采用的评价单。

表 7.12　快感评分检验法的评价单

快感评分检验法评分表

产品名称:纯牛奶

姓名:　　　　评定员:　　　　编号:　　　日期:

　　请在开始前用清水漱口,在您面前有 3 个 3 位数字编码的牛奶样品,请您依次品尝,然后对每个样品的总体风味进行评价。评价时按下面的 5 点标度进行(分别是:风味很好、风味好、一般、风味差、风味很差)。在每个编码的样品下写出您的评价结果。

评价的标度:风味很好

　　　　　　风味好

　　　　　　风味一般

　　　　　　风味差

　　　　　　风味很差

评级的结果:样品编码:354622081

　　风味评价结果(　)(　)(　)

　　感谢您的参与!

7.2.3.3　快感评分检验的结果统计分析

快感评分检验结果采用参数检验法进行统计分析,根据检验样品的多少可选择 t 检验或方差分析来分析。如果只有两个样品进行比较,则结果采用 t 检验;如果检验的样品超过两个,则需要采用方差分析的方法。下面通过一个具体的例子来说明。

【例 7.4】某牛奶生产企业要比较用 3 种不同杀菌方式生产的牛奶风味的差异,决定采用评分检验法来比较 3 种方式生产的牛奶在风味上是否有明显的差异,3 种牛奶分别是采用巴氏杀菌的鲜牛奶(A)、超巴氏杀菌的鲜牛奶(B)和超高温灭菌的纯牛奶(C)。共有 16 位评定员参与评价。评价的结果见表7.13。请对检验的结果进行分析,判断3 种不同杀菌方式生产的牛奶的风味是否有差异。

表 7.13 评分检验法结果统计表

样品	风味很好	风味好	风味一般	风味差	风味很差
A	2	5	2	6	1
B	2	5	7	2	0
C	2	10	4	0	0

①将结果转化为评分转换的方法:主要有两种,一种是采用 1~5 的数字,另一种是采用正负数字,即风味很好为+2,风味好为+1,风味一般为 0,风味差为−1,风味很差为−2。本例采用第二种转换方法,转换的结果见表 7.14。

表 7.14 快感评分检验结果统计表

样品	+2	+1	0	−1	−2	总分
A	2	5	2	6	1	1
B	2	5	7	2	0	7
C	2	10	4	0	0	14

②计算平方和:根据表 7.14 中的结果计算出得分的总和 T,然后计算出总平方和(SS_T)、样品平方和(SS_A)和误差平方和(SS_e)。

以 a 表示样品数,b 表示参与样品评价的评定员数,x_{ij} 表示各评分值,C 为矫正数,T_i 为第 i 个样品评分总和($i=1,2,3$ 分别代表 A、B、C),T 表示所有样品评分总和。

$$T = A + B + C = 1 + 7 + 14 = 22$$

$$C = \frac{T^2}{ab} = \frac{22^2}{3 \times 16} = 10.08$$

$$SS_T = \sum_{i=1}^{a} \sum_{j=1}^{b} x_{ij}^2 - C = \sum_{i=1}^{3} \sum_{j=1}^{16} x_{ij}^2 - C$$
$$= 2 \times (+2)^2 + 5 \times (+1)^2 + \cdots + 0 \times (-2)^2 - 10.08 = 45.92$$

$$SS_A = \frac{1}{b} \sum_{i=1}^{a} T_i^2 - C = \frac{1}{16} \sum_{i=1}^{3} T_i^2 - C = \frac{1}{16}(1^2 + 7^2 + 14^2) - 10.08 = 5.30$$

$$SS_e = SS_T - SS_A = 45.92 - 5.30 = 40.62$$

③自由度的计算:总自由度 $df_T = ab - 1 = 48 - 1 = 47$,样品自由度 $df_A = a - 1 = 3 - 1 = 2$,误差自由度 $df_e = df_T - df_A = 47 - 2 = 45$。

④方差的计算:样品方差 $MS_A = \dfrac{SS_A}{df_A} = \dfrac{5.30}{2} = 2.65$,

误差方差 $MS_e = \dfrac{SS_e}{df_e} = \dfrac{40.62}{45} = 0.90$

⑤计算 F 值:$F = 2.65/0.90 = 2.94$。

由附录 2 附表 3 查得 F 临界值 $F_{0.05(2,45)} \approx 3.20$,大于计算出的 F 值,由此可判断 3

种牛奶的风味没有明显的差异。

【例 7.5】有 10 位评定员对两种果酱的风味进行了评分检验,采用 9 点标度进行评分。评价结果见表 7.15,分析这两种果酱的风味是否有显著差异。

表 7.15　两种饼干风味的评分检验的结果

评定员		1	2	3	4	5	6	7	8	9	10	总和	平均
样品	A	8	7	7	8	6	7	7	8	6	7	71	7.1
	B	6	7	6	7	6	6	7	7	7	7	66	6.6
评分差	d	2	0	1	1	0	1	0	1	-1	0	5	0.5
	d^2	4	0	1	1	0	1	0	1	1	0	9	

由于只有两个样品,因此可采用 t 检验进行分析。

$$t = \frac{\overline{d}}{\delta_e / \sqrt{n}}$$

其中: $\overline{d} = 0.5$, n 为评定员数, $n = 10$。

$$\delta_e = \sqrt{\frac{\sum (d - \overline{d})^2}{n-1}} = \sqrt{\frac{\sum d^2 - (\sum d)^2 / n}{n-1}} = \sqrt{\frac{9 - \frac{5^2}{10}}{10 - 1}} = 0.85$$

得出　$t = \dfrac{0.5}{0.85 / \sqrt{10}} = 1.86$

查 t 分布表 7.16 得, $t_{0.05,9} = 2.262$,大于计算出的 t 值,由此可判断两种果酱的风味没有显著的差异。

表 7.16　t 分布表

自由度	显著水平		自由度	显著水平		自由度	显著水平	
	5%	1%		5%	1%		5%	1%
3	3.182	5.841	9	2.262	3.250	15	2.131	2.947
4	2.776	4.604	10	2.228	3.169	16	2.120	2.921
5	2.571	3.365	11	2.201	3.106	17	2.110	2.898
6	2.447	3.707	12	2.179	3.055	18	2.101	2.878
7	2.365	3.499	13	2.160	3.012	19	2.093	2.861
8	2.306	3.355	14	2.145	2.977	20	2.086	2.845

7.2.4　接受性检验

7.2.4.1　接受性检验的类型

接受性检验是感官检验中一种很重要的方法,主要用于检验消费者对产品的接受程度,既可检验新产品的市场反应,也可通过这种方法比较不同公司产品的接受程度。通过接受性检验获得的信息可直接作为企业经营决策的重要依据,比其他消费者检验提供更大的信息。

接受性检验根据实验进行的场所不同分为实验室场所、集中场所和家庭情景的接受性检验共3种主要类型。在某种程度上实验室场所和相对集中场所比较相近,评定员都集中在一起进行感官评价,而家庭使用情景的检验的差别就比较大,每个家庭的情况不同,检验的时间也不一样,因此得到的结果会有所差异。不同类型的接受性检验之间的主要区别是:检验程序、控制的程序和检验的环境不一样。不同类型的接受性检验的特征见表7.17。

表7.17　不同类型接受性检验的特征

项目	实验室场所	集中场所	家庭场所
评定员类型	员工或当地居民	普通消费者	员工或普通消费者
评定员数量	25～50	100个以上	50～100
样品数量	少于6个	最多5个或6个	1～2个
检验类型	偏爱,接受性	偏爱,接受性	偏爱,接受性
优点	条件可控,反馈顺序,评定员有经验,费用少	评定员数量多,没有员工的参与	环境接近食用环境,结果反映了家庭成员的意见
缺点	过于熟悉产品,信息有限,不利于产品的开发	可控性差,没有指导,要求评定员较多	可控性较差,花费较高

7.2.4.2　接受性检验的程序

在进行食品的接受性检验时,通常是采用9点快感标度来进行评价对产品的喜好程度。对于儿童评定员则可以用儿童快感标度。表7.18是9点快感标度的评价单。

接受性检验的结果分析与评分检验法的统计分析方法相同。首先将快感标度换算为数值,然后进行统计分析,分析方法为 t 检验或方差分析。下面通过实例来对接受性检验的结果进行分析。

表 7.18　接受性检验评价单

> 接受性检验评价表
>
> 产品名称:<u>酸牛奶</u>　　　　日期:　　　　　　评定员姓名:
>
> 请在开始前用清水漱口,如果需要您可以在检验中的任何时间再漱口。请仔细品尝所呈送给您的样品,确认下面对产品总体质量的描述中哪个最适合描述您的感受,请将相应的样品编码写在相应的位置。
>
> 　　样品:392917679
>
> 　　评价结果:
>
> 　　□非常喜欢
>
> 　　□很喜欢
>
> 　　□喜欢
>
> 　　□稍喜欢
>
> 　　□一般(既不喜欢,也不厌恶)
>
> 　　□稍不喜欢
>
> 　　□不喜欢
>
> 　　□很不喜欢
>
> 　　□非常不喜欢
>
> 谢谢您的参与! 实验中如有任何问题,请与组织者联系。

【例 7.6】某食品公司研究开发人员开发了一种饼干产品(A),为了了解消费者对这种饼干是否喜欢,从市场购买了两种不同类型的产品(分别用 B、C 表示),用快感标度对 3 种样品的喜好程度进行检验。挑选了 16 位评定员($n=48$)进行评价。采用 7 点快感标度进行评分:+3 表示非常喜欢;+2 表示很喜欢;+1 表示喜欢;0 表示一般;-1 表示不喜欢;-2 表示很不喜欢;-3 表示非常不喜欢。检验结果见表 7.19。试比较 3 种饼干的可接受性是否有差异。

表 7.19　接受性检验结果统计表

样品(饼干)	+3	+2	+1	0	-1	-2	-3	总分
A	2	4	5	2	2	1	0	15
B	2	2	4	4	2	1	1	7
C	0	1	3	4	3	2	1	-5

对接受性检验中采用的方差分析方法与评分检验方法中的方差分析是相同的。先计算出每个样品的得分,然后计算平均平方和、误差平方和,最后计算出方差、F 值。

①计算每个样品的得分。样品 A 的得分 $T_A=(+3)\times2+(+2)\times4+(+1)\times5+(0)\times2+(-1)\times2+(-2)\times1+(-3)\times0=15$;同理,计算 $T_B=7$,$T_C=-5$。

样品得分总和 $T=T_A+T_B+T_C=15+7-5=17$

②计算平方和

$$C = \frac{T^2}{ab} = \frac{17^2}{3 \times 16} = 6.0$$

$$SS_T = \sum_{i=1}^{a} \sum_{j=1}^{b} x_{ij}^2 - C = \sum_{i=1}^{3} \sum_{j=1}^{16} x_{ij}^2 - C$$

$$= 2 \times (+3)^2 + 4 \times (+2)^2 + \cdots + 1 \times (-3)^2 - 6.0 = 111.0$$

$$SS_A = \frac{1}{b} \sum_{i=1}^{a} T_i^2 - C = \frac{1}{16} \sum_{i=1}^{3} T_i^2 - C = \frac{1}{16} [15^2 + 7^2 + (-5)^2] - 6.0 = 12.7$$

$$SS_e = SS_T - SS_A = 111.0 - 12.7 = 98.3$$

③自由度的计算。总自由度 $df_T = ab-1 = 48-1 = 47$，样品自由度 $df_A = a-1 = 3-1 = 2$，误差自由度 $df_e = df_T - df_A = 47-2 = 45$。

④方差的计算。样品方差 $MS_A = \frac{SS_A}{df_A} = \frac{12.7}{2} = 6.4$，误差方差 $MS_e = \frac{SS_e}{df_e} = \frac{98.3}{45} = 2.2$

⑤计算 F 值。$F = 6.4/2.2 = 2.9$。

由附录2附表3查得 F 临界值 $F_{0.05(2,45)} \approx 3.20$，大于计算出的 F 值，由此可判断 3 种饼干的可接受性没有显著的差异。

在新产品的研究开发过程的不同阶段，经常要对开发出的产品进行接受性检验，有时是同时开发的产品之间进行比较，有时是本企业开发出的产品与竞争对手之间的比较。在新产品上市之前多要对产品的接受性进行检验。为了使检验的结果可靠，需要选择正确的方法、挑选合适的评定员、采用正确的分析方法。

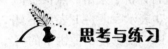 思考与练习

1. 情感检验的应用范围及目的是什么？
2. 情感检验的主要方法有哪些？具体的操作方法是什么？
3. 不同的情感检验对评定员有哪些具体的要求？

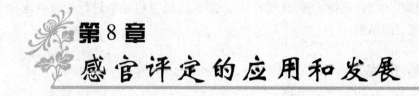

第8章
感官评定的应用和发展

8.1　市场调查

8.1.1　市场调查的目的和要求

　　市场调查的目的:一是了解市场走向,预测产品形式,即市场动向调查;二是了解试销产品的影响和消费者意见,即市场接受程度调查。两者都是以消费者为对象,不同的是前者多是对流行于市场的产品而进行的,后者多是对企业所研制的新产品开发而进行的。

　　感官评定是市场调查中的组成部分,并且感官鉴评学的许多方法和技巧也被大量运用于市场调查中。但是,市场调查不仅是了解消费者是否喜欢某种产品(即食品感官鉴评中的嗜好实验结果),更重要的是了解其喜欢的原因或不喜欢的理由,从而为开发新产品或改进产品质量提供依据。

8.1.2　市场调查的对象和场所

　　市场调查的对象包括所有的消费者或潜在消费者。但每次市场调查都应根据产品的特点,选择特定的人群作为调查对象。如老年食品应以老年人为主;大众性食品应选低等、中等和高等收入家庭成员各1/3。营销系统人员的意见也应起很重要的作用。

　　市场调查的人数每次不应少于400人,最好在1 500~3 000人。人员的选定以随机抽样方式为基本,也可采用整群抽样法和按分等比例抽样法。否则可能会影响调查结果的可信度。

　　市场调查的场所通常是在调查对象的家中进行。复杂的环境条件对调查过程和结果的影响是市场调查组织者所应考虑的重要内容之一。

　　由此可见,市场调查与感官鉴评实验无论在人员的数量上,还是在组成上,以及环境条件方面都相差极大。

8.1.3　市场调查的方法

　　市场调查一般通过调查人员与调查对象面谈来进行的。首先由组织者统一制作答题纸,把要进行调查的内容写在答题纸上。调查员登门调查时,可以将答题纸交于调查对象并要求他们根据调查要求直接填写意见或看法;也可由调查人员根据答题要求与调查对象进行面对面问答或自由问答,并将答案记录在答题纸上。

调查中常常采用顺序实验、选择实验、成对比较实验等方法,并将结果进行相应的统计分析,从而分析出可信的结果。

8.2 新产品的开发

食品感官分析技术及标准在新产品的开发过程中起着极其重要且不可替代的作用,新产品的开发过程一般分为以下几个阶段。

(1)设想。设想构思是第一阶段,也是非常重要的阶段,只有好的设想才可能有最终的产品的出现。这些设想可能来源于企业内部的管理人员、技术人员或普通工人的"突发奇想"的灵感,以及竭尽全力的猜测,也可能来源于特殊客户的要求和一般消费者的建议及市场动向调查等。为了确保设想的合理性,需要动员各方面的力量,从技术、费用和市场角度,经过若干月甚至若干年的可行性评价后才能做出最后决定。

(2)研制和鉴评阶段。现代新食品的开发不仅要求味美、色适、口感好、货架期长,同时还要求营养性和生理调节性,因此这是一个极其重要的阶段。研制开发过程中,食品质量的变化必须由感官鉴评来进行,只有不断发现问题,才能不断改正,研制出适宜的食品。因此,新食品的研制必须要与鉴评同时进行,以确定开发中的产品在不同阶段的可接受性。

(3)消费者抽样调查阶段。即新食品的市场调查。先分送一些样品给一些有代表性的家庭,并告知他们,调查人员过几天再来询问他们对新产品的看法如何。调查人员登门拜访收到样品的家庭并进行询问,以获取关于这种新产品的信息,了解他们对该产品的想法、是否购买、估计价格、经常消费的概率。一旦发现该产品不太受欢迎,那么继续开发下去将会犯错误。通过抽样调查往往会得到改进产品的建议,这将增加产品在市场上成功的希望。

(4)货架寿命和包装阶段。食品必须具备一定的货架寿命才能成为商品。食品的货架寿命除与本身加工质量有关外,还与包装有着不可分割的关系。包装除了具有吸引性和方便性外,还具有保护食品、维持原味、抗撕裂等作用。

(5)生产和试销阶段。在新产品开发工作进行到一定程度后,就应建立生产线。如果新产品已进入销售实验,那么等到试销成功再安排规模生产并不是明智之举。许多企业往往在小规模的中试期间就生产销售实验的产品。

试销是大型企业为了打入全国性市场之前避免惨重失败而设计的。大多数中小型企业的产品在当地销售,一般并不进行试销。试销方法也与感官鉴评方法有关联。

(6)商品化阶段。商品化是决定一种新产品成功与否的最后一举。新产品进入什么市场、怎样进入市场有着深奥的学问。这就涉及很多市场营销方面的策略,其中广告就是重要的手段之一。

8.3 产品的感官质量控制

8.3.1 感官质量控制与感官评价

感官质量控制与传统的质量控制不同。传统的质量控制假设一批产品中的任一个体是相同的,根据仪器测定和小组评论的结果,可以得出质量评价。而感官质量控制选择大量不同背景人群,检测人们感官评定的平均分数。在仪器测定中,一个人可以取出数百个产品样品,分别对每一个产品进行测定。而在感官质量控制中,通过人们的工作,可能对每种产品而言只取一个样品,但是必须经过多重的测定。

在感官质量控制系统中感官检验项目的可信度会受到这样一种想法的影响:质量好的产品要比有缺陷产品受到更多的检验。尤其在两种条件下:首先是相对于正常情况而言,发生问题时,对这种情况因而有较好的记忆力;第二,当感官评价项目对某些产品做出标记时,人们需要对该批次的产品再进行一些额外的或表面的检验。

8.3.2 感官质量控制一般程序

感官质量控制一般程序见图 8.1。

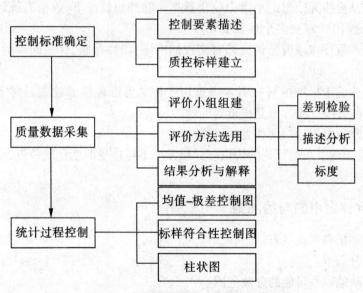

图 8.1 感官质量控制一般程序示意图

8.4 感官评定在食品质量分级和比赛中的作用

感官评定是最简单、方便,在国际上广泛应用的食品评价方法。感官品评能在接触产品后的很短时间内,迅速确定产品的质量状况,并确定人对产品的多方面综合性的感受,是常规分析、仪器分析所无法替代的。另外,感官品评还是评判产品质量层次的重要手段,也是相关产品质量分级及对应评奖、大赛评判的重要依据和方法。世界各国几乎都建立有感官评价组织。世界著名的国际性酒类评比赛会,均利用感官品评作为定级、选拔优秀产品的依据。

8.5 感官评定在应用中的注意事项

8.5.1 感官质量检验的 10 条准则

(1)建立最优质量(优质标准)的目标以及可接受和不可接受产品范围的标准。

(2)如果可能,要利用消费检验来校准这些标准。可选择的方法是:有经验的个人可能会设置一些标准,但是这些标准应该由消费者的意见(产品的使用者)来检查。

(3)一定要对评估者进行训练,如让他们熟悉标准以及可接受变化的限制。

(4)不可接受产品的标准应该包括可能发生在原料、过程或包装中的所有缺陷和偏差。

(5)如果标准能有利地代表这些问题的话,应该训练评估者如何获得缺陷样品的判定信息。可能要使用针对强度或清单的标度。

(6)应该从至少几个辩论小组中收集数据。在理想情况下,收集有统计意义的数据总数(每个样品 10 个或更多个观察结果)。

(7)检验的程序应该遵循优良感官实践的准则:隐性检验、合适的环境、检验控制的顺序等。

(8)每个检验中标准的盲标引入应该用于评估者准确性的检查。对于参考目的来说,包括一个(隐性)优质标准是很重要的。

(9)隐性重复可以检验评估者的可靠性。

(10)有必要建立小组评论的协议。如果发生不可接受的变化或争议,要保证评价人员可以进行再训练。

8.5.2 感官评定中参与的准则

(1)身体和精神状态良好。

(2)了解分数卡。

(3)了解缺陷以及可能的分数范围。

(4)对于一些食品和饮料而言,打开样品容器后立即发现香气是有利的。

(5)品尝足够的数量(是专业的,不是犹豫不定的)。

(6)注意风味的顺序。

(7)偶然的冲洗,作为情形和产品类型的保证。

(8)集中注意力。仔细考虑你的感知,并设计所有其他的事情。

(9)不要批评太多,而且不要受标度中点的吸引。

(10)不要改变你的想法。第一印象往往是很有用的,特别是对香气而言。

（11）评估之后检查一下你的评分。回想一下你是如何工作的。

（12）对你自己诚实。面对其他意见时，坚持你自己的想法。

（13）要实践。实验和专家意见来的较慢，要有耐心。

（14）要专业。避免不正式的实验室玩笑和自我主义的错误。坚持合适的实验管理，提防"歪曲"的实验。

（15）在参与前至少 30 min 不要吸烟、喝酒或吃东西。

（16）不要洒香水和修面等。避免使用有香气的肥皂和洗手液。

可以将经过处理的其他准则应用于评估者或辩论小组。应该筛选、证明，并用合适的动机激励评价小组成员。一定不要在一天里给他们加上过重的负担，或者要求他们检验太多的样品。按照有规则的时间间隔，进行评价小组的轮转，可以改善他们的动机并减轻其厌倦感。

数据应该由可能的时间间隔内的标度测定结果所组成。如果利用了大规模的评价小组（10 个或更多个评估者），进行统计分析是合适的，并可以通过一定的方式和标准误差对数据进行总结。如果利用了非常小规模的评价小组，数据只能做定性处理。应该报告个别分数的频率数，并把它考虑在行为标准之内。要考虑对局外分数的删除，但是如上所述，一些作为少数意见的低分数样品可能预示着一个重要的问题。当存在很强烈的争论或者评价小组的成员发生高度的变化时，有可能要进行重新品尝，以保证结果的可靠性。

8.5.3　食品感官质量鉴别后的食用与处理原则

8.5.3.1　鉴别原则

通过感官鉴别方法挑选食品时，要对具体情况做具体分析，充分做好调查研究工作。感官鉴别食品的品质时，要着眼于食品各方面的指标进行综合性考评，尤其要注意感官鉴别的结果，必要时参考检验数据，做全面分析，以期得出合理、客观、公正的结论。这里应遵循的原则如下：

（1）《中华人民共和国产品质量法》《中华人民共和国食品卫生法（试行）》、国务院有关部委和省、市行政部门颁布的食品质量法规和卫生法规是鉴别各类食品能否食用的主要依据。

（2）食品已明显腐败变质或含有过量的有毒有害物质（如重金属含量过高或霉变）时，不得供食用。达不到该种食品的营养和风味要求，显系假冒伪劣食品的，不得供食用。

（3）食品由于某种原因不能直接食用，必须加工复制或在其他条件下处理的，可提出限定加工条件和限定食用及销售等方面的具体要求。

（4）食品某些指标的综合评价结果略低于卫生标准，而新鲜度、病原体、有毒有害物质含量均符合卫生时，可提出要求在某种条件下供人食用。

（5）在鉴别指标的掌握上，婴幼儿、病人食用的食品要严于成年人、健康人食用的食品。

（6）鉴别结论必须明确，不得含糊不清，对附条件可食的食品，应将条件写清楚。对于没有鉴别参考标准的食品,可参照有关同类食品恰当地鉴别。

（7）在进行食品质量综合性鉴别前,应向有关单位或个人收集该食品的有关资料,如食品的来源、保管方法、贮存时间、原料组成、包装情况以及加工、运输、储藏、经营过程中的卫生情况,寻找可疑环节,为上述鉴别结论提供必要的正确判断基础。

8.5.3.2 鉴别后的食用与处理原则

感官鉴别和选购食品时,遇有明显变化者,应当即做出能否食用的确切结论。对于感官指标变化不明显的食品,借助理化指标和微生物指标的检验,得出综合性的判断结果。因此,通过感官鉴别后,特别是对有疑问和有争议的食品,都必须再进行实验室的理化和细菌分析,以便辅助验证感官鉴别的初步结论。尤其是混入了有毒有害物质或被分解蛋白质的致病菌所污染的食品,在感官质量评价后,必须做上述两种专业操作,以确保鉴别结果的准确性,并且应提出该食品是否存在有毒有害物质,阐明其来源和含量、作用和危害,根据被鉴别食品的具体情况提出食用或处理原则。食品的食用与处理原则是在确保人民群众身体健康的前提下,以尽量减少国家、集体和个人的经济损失为目的,并考虑到物尽其用的问题而提出的。具体方式通常有以下四种:

（1）正常食品。经过鉴别和挑选的食品,其感官性状正常,符合国家的质量标准和卫生标准,可供食用。

（2）无害化食品。食品在感官鉴别时发现了一些问题,对人体健康有一定危害,但经过处理后,可以被清除或控制,其危害不再会影响到食用者的健康。如高温加热、加工复制等。

（3）附条件可食食品。有些食品在感官鉴别后,需要在特定的条件下才能供人食用。如有些食品已接近保质期,必须限制出售和限制供应对象。

（4）危害健康食品。在食品感官鉴别过程中发现的对人体健康有严重危害的食品,不能供给食用。但可在保证不扩大蔓延并对接触人员安全无危害的前提下,充分利用其经济价值,如做工业使用。但对严重危害人体健康且不能保证安全的食品,如畜、禽患有烈性传染病,或易造成在畜禽肉中蔓延的传染病,以及被剧毒毒物或被放射性物质污染的食品,必须在严格的监督下毁弃。

8.6　食品感官分析的新技术

8.6.1　多点传感器

食品的感官检验是依靠人类的感觉来进行分析和判断的,而人工鉴别往往会受到年龄、性别、识别能力、语言表达能力等因素的影响,具有很大的主观性。因此,需要有一种客观准确的鉴别方法来代替人工品鉴食品。随着生命科学与人工智能的研究进展,人们利用传感器的功能与人类五大感觉器官相比拟:流体传感器——触觉,气敏传感器——嗅觉,光敏传感器——视觉,声敏传感器——听觉,化学传感器——味觉。

通常据其基本感知功能可分为热敏元件、光敏元件、气敏元件、力敏元件、磁敏元件、湿敏元件、声敏元件、放射线敏感元件、色敏元件和味敏元件等十大类（还有人曾将敏感元件分 46 类)。然而,单个传感器的性能并不高,把多个性能有所重叠的传感器组合起来构成传感器整列,即多点传感器,其检测范围会更宽,灵敏度和可靠性都有很大的提高。传感器阵列装置的发展趋势是集成化、检测范围宽,且携带方便。表 8.1 所示为常用的嗅觉传感器阵列装置及有关特性。

表 8.1　常用的嗅觉传感器阵列装置及有关特性

气体敏感材料	传感器类型	传感器个数	典型的被测对象
金属氧化物	化学电阻	6,8,12	可燃气体
有机导电聚合物	化学电阻	12,20,24,32	NH_3,NO,H_2,酒精
脂涂层	声表面波、压电材料	6,8,12	有机物
红外线	光能量吸收	20,22,36	CH_4,CO_X,NO_X,SO_2

8.6.2　电子鼻和电子舌

8.6.2.1　电子鼻

(1)定义　电子鼻的检测对象主要针对挥发性的风味物质。当一种或多种风味物质经过电子鼻时,该风味物质的"气味指纹"可以被传感器感知并经过特殊的智能模式识别算法提取。利用不同风味物质的不同"气味指纹"信息,就可以来区分、辨识不同的气体样本。另外,某些特定的风味物质恰好可以表征样品在不同的原料产地、不同的收获时间、不同的加工条件、不同存放环境等多变量影响下的综合质量信息。电子鼻采用最先进的传感器组合而成,是目前同类仪器稳定性最好,检测精度最高的电子鼻。非常适用于检测含有挥发性物质的液体、固体样品。

(2)原理　利用多个具有不同性质的金属氧化物半导体传感器组合而成传感器阵列,结合特定的智能学习、辨识模式识别算法构建出智能嗅觉仿生系统。它主要由三个结构部分组成:气体进样及采样装置系统,传感器阵列,传感器检测曲线以及智能模式识别软件系统。

(3)应用　①过程控制:食品生产中添加剂的用量,工业清洗过程的控制,发酵过程控制,自然气体中人造气体的量,食品工业中包装物的生产控制,油榨或烧烤的过程控制。②质量控制:油脂的恶臭,食品的新鲜度,包装物的外散气体,聚合物的溶剂残留物,风味的退化,药物气体,树脂的特点,饮料的香气等。③环境安全控制:废水纯化过程的气味,肥料气味,过滤过程管理,工作室中空气中的有机溶剂,细菌辨别,泄露控制,燃烧控制。

具体可应用于食品腐臭分析、糖蜜种类和芳香特性的分析、肉品新鲜度分析、水果新鲜度芳香种类的分析、酸奶和酸奶辅料的鉴定分析、牛奶新鲜度分析、果汁等不含酒精的饮料的区分判定、酒精饮料香气的区别分析以及其他食品香气的分析。

8.6.2.2　电子舌

(1)定义　又称味觉传感器或味觉指纹分析仪,是一种主要由交互敏感传感器阵列、信号采集电路、基于模式识别的数据处理方法组成的现代化定性定量分析检测仪器。

（2）特点　体系使用范围广（溶液、粉体、水溶液、有机溶液等）；检测速度快（1～3 min）；响应谱信息量大（分辨率高）；传感器使用寿命长（1 年以上）；清洗快捷（1～2 min）；适宜智能化与小型化。

（3）原理　电子舌是一种主要由交互敏感传感器阵列、信号采集电路、基于模式识别的数据处理方法组成的现代化定性定量分析检测仪器。智舌基于惰性金属电极构成稳定的传感器阵列，通过伏安电化学脉冲技术激发实现原创的组合脉冲弛豫谱思想，然后经交互感应解析技术来获取测量对象的整体信息，立足于自主开发的电子电路硬件和计算机智能化算法软件，快速、实时、在线实现对产品的整体特征评价及若干成分定性定量的快速检测与分析。它主要由三个结构部分组成：非特异性传感器阵列、信号激发采集系统和多元数理统计系统。

（4）应用　目前，智舌在液体食品如酒类、饮料、茶叶等的真假辨识、品牌企业的产品质量控制与货架期、农残快速检测、病原微生物快速检测等方面有长期实验和应用研究，已经表现出了明显的技术优势，积累了许多成熟的应用范例。作为一种新型测试技术，它除提供给相关研究部门、检测部门作为常规科学研究仪器之外，最重要的是为规模化产品提供了现场实时快速检测的智能质量监控手段。

8.6.3　食品感官评价的数学模型

现代最优化方法分为数学方法和经验方法两大类。数学方法包括线性规划、非线性规划、动态规划，将实验结果用实验条件的数学函数表示，这样不仅可知道某一因子对结果的影响是否显著，而且可定量地知道该因子改变时引起结果的变动有多大，因此即使对这因子的某些未经实验的水平也能做出预测。这种数学方程常被称作数学模型，模型可以是理论的，也可以是经验的，有些变量之间在理论上存在一定的关系，可直接利用。但在许多场合下往往并无简单的理论模型可以遵循，需要采用经验模型，即以足够的实验数据，假设一个简单的模型求出参数。数学方法虽然在理论上是可行的，但在实际应用中有时会遇到问题，例如不知道响应函数的形式，这时就可以考虑使用经验法。

湖南理工学院的程望斌等人结合实际感官评价数据，运用 SPSS 软件，利用 MATLAB 建立配对样本 t 检验模型，并进行配对样本 t 检验求解，得到两组评酒员的评价结果存在显著性差异的结论，利用此方法可对评酒员的评价结果进行科学评判，具有较高的准确性和科学性，为葡萄酒的准确评价提供了重要的参考依据。中央民族大学的聂艺轩等人从感官评价结果的显著性差异、酿酒葡萄的分级、葡萄与葡萄酒的理化指标之间的联系、基于理化指标的葡萄酒质量评价体系四个方面来研究，建立了方差分析法、主成分分析法、系统聚类法相关系数分析和典型相关分析五种方法的综合分析体系，得到了回归方程来定量解决基于理化指标的评价体系。

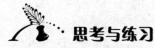 **思考与练习**

1. 市场调查的目的是什么?
2. 市场调查的一般方法有哪些?
3. 以一种常见食品为例,简述新产品开发的过程。
4. 简述产品质量控制与感官评价的关系。
5. 产品感官质量控制的一般程序是什么?
6. 感官质量控制的方法有哪些?
7. 简单介绍你所了解的感官分析的新技术。

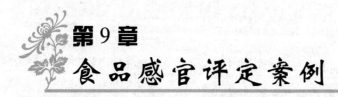

第9章 食品感官评定案例

9.1 谷物类及其制品感官评定

感官鉴别谷物质量的优劣时,一般依据色泽、外观、气味、滋味等项目进行综合评价。眼睛观察可感知谷类颗粒的饱满程度,是否完整均匀,质地的紧密与疏松程度,以及其本身固有的正常色泽,并且可以看到有无霉变、虫蛀、杂物、结块等异常现象;鼻嗅和口尝能体会到谷物的气味和滋味是否正常,有无异臭异味。其中注重观察其外观与色泽在对谷类做感官鉴别时有着尤其重要的意义。

9.1.1 谷物类的感官检验

我国市场常见谷物种类有稻谷、小麦、大豆、玉米、大米、小米、绿豆、蚕豆等数十种,消费量最大、应用范围最广的是稻谷、小麦、大豆、玉米、大米四类,在此以稻谷和小麦为例简要介绍其感官特性及检验方法。

9.1.1.1 稻谷的感官检验

(1)色泽鉴别。进行稻谷色泽的感官鉴别时,将样品在黑纸上撒成一薄层,在散射光下仔细观察。然后将样品用小型出白机或装入小帆布袋揉搓脱去米壳,看有无黄粒米,如有捡出称重。

良质稻谷——外壳呈黄色、浅黄色或金黄色,色泽鲜艳一致,具有光泽,无黄粒米。

次质稻谷——色泽灰暗无光泽,黄粒米超过2%。

劣质稻谷——色泽变暗或外壳呈褐色、黑色,肉眼可见霉菌菌丝。

(2)外观鉴别。进行稻谷外观的感官鉴别时,可将样品在纸上撒一薄层,仔细观察各粒的外观,并观察有无杂质。

良质稻谷——颗粒饱满,完整,大小均匀,无虫害及霉变,无杂质。

次质稻谷——有未成熟颗粒,少量虫蚀粒、生芽粒及病斑粒等,大小不均,有杂质。

劣质稻谷——有大量虫蚀粒、芽粒、霉变颗粒、有结团、结块现象。

(3)气味鉴别。进行稻谷气味的感官鉴别时,取少量样品于手掌上,用嘴哈气使之稍热,立即嗅其气味。

良质稻谷——具有纯正的稻香味,无其他任何异味。

次质稻谷——稻香味微弱,稍有异味。

劣质稻谷——有霉味、酸臭味、腐败味等不良气味。

9.1.1.2 小麦的感官检验

(1)色泽鉴别。进行小麦色泽的感官鉴别时,可取样品在黑纸上撒成一薄层,在散射光下仔细观察。

良质小麦——去壳后小麦皮色呈白色、黄白色、金黄色、红色、深红色、红褐色,有光泽。

次质小麦——色泽变暗,无光泽。

劣质小麦——色泽灰暗或呈白色、胚芽发红,带红斑,无光泽。

(2)外观鉴别。进行小麦外观的感官鉴别时,可取样品在黑纸上或白纸上(根据品种,色浅的用黑纸,色深的用白纸)撒一薄层,仔细观察各粒的外观,并观察有无杂质。最后取样用手搓或牙咬来感知其质地是否紧密。

良质小麦——颗粒饱满,完整,大小均匀,组织紧密,无虫害及霉变,无杂质。

次质小麦——颗粒饱满度差,有少量破损粒、生芽粒及虫蚀粒等,有杂质。

劣质小麦——有严重虫蚀粒、生芽,霉变结块,有多量赤霉病颗粒(被赤霉菌感染,麦粒皱缩,呆白,胚芽发红或带红斑,或有明显的粉红色霉状物,质地疏松),质地疏松。

(3)气味鉴别。进行小麦气味的感官鉴别时,取少量样品于手掌上,用嘴哈气,立即嗅其气味。

良质小麦——具有小麦正常的气味,无其他任何异味。

次质小麦——稍有异味。

劣质小麦——有霉味、酸臭味或其他不良气味。

(4)滋味鉴别。进行小麦滋味的感官鉴别时,可取少量样品进行咀嚼,品尝其滋味。

良质小麦——味佳微甜,无异味。

次质小麦——乏味或稍有异味。

劣质小麦——有苦味、酸味或其他不良滋味。

9.1.2 谷物制品的感官鉴别

所谓谷物制品是指以大米、小麦等为原料加工制成的产品,现以面粉、方便面为例介绍。

9.1.2.1 面粉的感官鉴别

(1)色泽鉴别。进行面粉色泽的感官鉴别时,应将样品在黑纸上撒成一薄层,然后与适当的标准颜色或标准样品做比较,仔细观察其色泽异同。

良质面粉——呈青白色或微黄色,不发暗,无杂质的颜色。

次质面粉——色泽暗淡。

劣质面粉——色泽呈灰白或深黄色,发暗,色泽不均。

(2)组织状态鉴别。进行面粉组织状态的感官鉴别时,将面粉样品在黑纸上撒一薄层,仔细观察有无发霉、结块及杂质等,然后用手捻捏,以试手感。

良质面粉——呈细粉末状,不含杂质,手指捻捏时无粗粒感,无虫子和结块,置手中紧捏后放开不成团。

次质面粉——手捏时有粗粒感,生虫或有杂质。

劣质面粉——面粉吸潮后霉变,有结块或手捏成团。

(3)气味鉴别。进行面粉气味的感官鉴别时,取少量样品于手掌中心,用嘴哈气使之稍热。为了增强气味,也可将样品置于有塞瓶中,浸入 60 ℃热水,紧塞片刻,然后取出开塞嗅其气味。

良质面粉——具有面粉正常的气味,无任何异味。

次质面粉——稍有异味。

劣质面粉——有霉臭味、酸味、煤油味或其他不良气味。

(4)滋味鉴别。进行面粉滋味的感官鉴别时,可取少量样品进行咀嚼,品尝其滋味。

良质面粉——味佳微甜,无任何异味。

次质面粉——乏味或稍有异味。

劣质面粉——有苦味、酸味及其他不良滋味。

9.1.2.2　方便面的感官鉴别

根据加工工艺不同分为油炸方便面(简称油炸面)、热风干燥方便面(简称风干面)等,主要原料有小麦粉、荞麦粉、绿豆粉、米粉等。

(1)感官检验方法:①取两袋(碗)以上样品观察,应具有该方便面正常的色泽,不得有霉变及其他外来的污染物;②取一袋(碗)样品,放入盛有 500 mL 沸水的锅中煮 3～5 min后观察,应符合感官特性的要求。

(2)感官特性。

形状:外形整齐,花纹均匀,无异物、焦渣。

色泽:具有该品种特有的色泽,无焦、生现象,正反两面可略有深浅差别。

气味:气味正常,无霉味、哈喇味及其他异味。

烹调性:面条复水后应无明显断条、并条,口感不夹生、不粘牙。

9.2　植物油料与油脂感官评定

植物油料即压榨油脂的农产品原材料,主要包括大豆、油菜籽、花生、芝麻和葵花籽等种类,植物油料的质量优劣直接影响产油率和油脂的品质。植物油料的感官鉴别主要是依据其色泽,组织状态、水分、气味和滋味几项指标进行。鉴别方式是通过眼观籽粒饱满程度、颜色、光泽、杂质、霉变、虫蛀、成熟度等情况,借助牙齿咬合、手指按捏、声响和感觉来判断其水分大小,此外就是鼻嗅其气味,口尝其滋味,以感知是否有异臭异味。其中尤以外观、色泽、气味三项为感官鉴别的重要依据。

植物油脂的质量优劣,在感官鉴别上也可大致归纳为色泽、气味、滋味等几项,再结合透明度、水分含量、杂质沉淀物等情况进行综合判断。其中眼观油脂色泽是否正常,有无杂质或沉淀物,鼻嗅是否有霉、焦、哈喇味,口尝是否有苦、辣、酸及其他异味,是鉴别植物油脂好坏的主要指标。

9.2.1　植物油料质量的感官鉴别

9.2.1.1　植物油料含油量的感官检验

植物油料的含油量受气候、环境和品种的影响较大。一般来说,通过感官评定可以确定植物油料的含油量水平。具体内容如下。

(1)看品质好坏确定出油率。

好货:籽粒饱满,大小适中,品种一致,整齐均匀,鲜亮圆滑,体质老性,一次晒干者,含油量高。

次货:籽粒大小不一,成熟度不同,并逐次晒干者,含油率次之。

差货:有杂籽,籽粒不齐或粒大皮缩,或皮厚肉小,或粒小皮硬的出油率低。

坏货:一般色泽气味不正常,有霉变现象,皱瘪萎缩粒多,这样的油料出油率更低,甚至不适宜再加工油脂。

(2)手指捻确定出油率。用食、拇两指捏起一定数量的植物油料,反复碾压,碾后用指头使劲挤压,两指头边缘会有一线粗的油分。将此油拭去,再行回碾挤压,两指头边缘会出现油分。根据回碾时两指头边缘的油迹大小和残渣状态判断该植物油料的出油率相对大小。

9.2.1.2　植物油料水分的感官检验

(1)碾压法把油料放在桌面上用手指或竹片用力碾压,根据碾压后的表现,如皮与仁的分离度、残渣状态来判别水分的相对含量。以油菜籽为例,皮与仁完全分离,并有碎粉,仁呈黄白色,水分为8%～9%;皮仁能部分分离,但无碎粉,仁呈微黄色,水分为9%～10%;皮仁能部分分离,并有个别的被压成了片状,仁呈嫩黄色,水分为10%～11%;皮仁不能分开,被整个压成片,仁为黄色,水分为12%～13%。

(2)手感法抓满一把油料,紧紧握住,水分小的会发出"嚓嚓"的响声,并从拳眼和指缝间向外射出,将手张开时,手上剩余的籽粒自然散开,不成团,否则即为水分含量高者。另外用手插入堆深处时,有发热的感觉,且堆内的呈灰白色,可断定水分过大,有发霉现象。

9.2.1.3　植物油料杂质的感官检验

检查油料的杂质是用手插入油料堆深处,抓起一把,掌心向上,手指伸直,使粮粒或油料籽平摊于手上,将手倾斜轻轻抖动,让其徐徐下落,最后视手掌中留存泥沙、茎叶残体等杂质多少,确定杂质的含量。其杂质含量常用油料中杂质的百分比来表示。

9.2.2　常见植物油脂质量的感官评定

植物油脂的原料、质量、加工工艺和储藏等方面都会在感官效果上体现出来。因而感官鉴别是评定植物油脂质量优劣的一个重要方法。现以大豆油和芝麻油为例详细介绍感官评定的方法、方式等,其他油种的感官评定方法、方式以其为参照。

9.2.2.1　大豆油质量的感官评定

大豆油是目前世界上产量最多的植物油脂。大豆油中含有大量的亚油酸。亚油酸是人体必需的脂肪酸,具有重要的生理功能。

(1)色泽鉴别。纯净油脂是无色、透明,略带黏性的液体。但因油料本身带有各种色素,在加工过程这些色素溶解在油脂中而使油脂具有颜色。油脂色泽的深浅主要取决于油料所含脂溶性色素的种类及含量、油料籽品质的好坏、加工方法,精炼程度及油质脂储藏过程中的变化等。

进行大豆油色泽的感官鉴别时,将样品混匀并过滤,然后倒入直径 50 mm、高 100 mm 的烧杯中,油层高度不得小于 5 mm。在室温下先对着自然光线观察。然后再置于白色背景前借助反射光线观察。冬季油脂变稠或凝固时,取油样 250 g 左右,加热至 35 ~ 40 ℃,使之呈液态,并冷却至 20 ℃ 左右按上述方法进行鉴别。

良质大豆油——呈黄色至橙黄色。

次质大豆油——油色呈棕色至棕褐色。

(2)透明度鉴别。品质正常的油质应该是完全透明的,如果油脂中含有磷脂,固体脂肪,蜡质以及含量过多或含水量较大时,就会出现混浊,使透明度降低。

进行大豆油透明度的感官鉴别时,将 100 mL 充分混合均匀的样品置于比色管中,然后置于白色背景前借助反射光线进行观察。

良质大豆油——完全清晰透明。

次质大豆油——稍浑浊,有少量悬浮物。

劣质大豆油——油液混浊,有大量悬浮物和沉淀物。

(3)水分含量鉴别。油脂是一种疏水性物质,一般情况下不易和水混合。但是油脂中常含有少量的磷脂、固醇和其他杂质等能吸收水分,而形成胶体物质悬浮于油脂中,所以油脂中仍有少量水分,同时还混入一些杂质,会促使油脂水解和酸败,影响油脂贮存时的稳定性。

进行大豆油水分的感官鉴别时,可用以下三种方法进行。

1)取样观察法:取干燥洁净的玻璃扦油管,斜插入装油容器内至底部,吸取油脂,在常温和直时光下进行观察。如油脂清晰透明,水分杂质含量在 0.3% 以下;若出现混浊,水分杂质在 0.4% 以上;油脂出现明显混浊并有悬浮物,则水分杂质在 0.5% 以上;把扦油管的油放回原容器,观察扦油管内壁油迹,若有乳浊现象,观察模糊,则油中水分杂质在 0.3% ~ 0.4%。

2)烧纸验水法:取干燥洁净的扦油管,插入静置的油容器里,直到底部,抽取油样少许涂在易燃烧的纸片上点燃,听其发出声音,观察其燃烧现象。如果纸片燃烧正常,水分约在 0.2% 以内;燃烧时纸面出现气泡,并发出“滋滋”的响声,水分在 0.2% ~ 0.25%;如果燃烧时油星四溅,并发出“叭叭”的爆炸声,水分约在 0.4% 以上。

3)钢精勺加热法:取有代表性的油约 250 g,放入普通的钢精勺内,在炉火或酒精灯上加热到 150 ~ 160 ℃,看其泡沫,听其声音和观察其沉淀情况(霉坏、冻伤的油料榨得的油例外),如出现大量泡沫,又发出“吱吱”响声,说明水分较大,在 0.5% 以上,如有泡沫但很稳定,也不发出任何声音,表示水分较小,一般在 0.25% 左右。

良质大豆油——水分不超过 0.2%。

次质大豆油——水分超过 0.2%。

（4）杂质和沉淀鉴别。油脂在加工过程中混入机械性杂质（泥沙、料坯粉末、纤维等）和磷脂、蛋白、脂肪酸、黏液、树脂、固醇等非油脂性物质，在一定条件下沉入油脂的下层或悬浮于油脂中。

进行大豆油脂杂质和沉淀物的感官鉴别时，可用以下三种方法。

1）取样观察法：用洁净的玻璃扦油管，插入到盛油容器的底部，吸取油脂，直接观察有无沉淀物、悬浮物及其量的多少。

2）加热观察法：取油样于钢精勺内加热不超过160 ℃，拨去油沫，观察油的颜色。若油色没有变化，也没有沉淀，说明杂质少，一般在0.2%以下；如油色变深，杂质约在0.49%；如勺底有沉淀，说明杂质多，在1%以上。

3）高温加热观察法：取油于钢精勺内加热到280 ℃，如油色不变，无析出物，说明油中无磷脂；如油色变深，有微量析出物，说明磷脂含量超标；如加热到280 ℃，油变黑，有多量的析出物，说明磷脂含量较高，超过国家标准；如油脂变成绿色，可能是油脂中铜含量过多之故。

良质大豆油——可以有微量沉淀物，其杂质含量不超过0.2%，磷脂含量不超标。

次质大豆油——有悬浮物及沉淀物，其杂质含量不超过0.2%，磷脂含量超过标准。

劣质大豆油——有大量的悬浮物及沉淀物，有机械性杂质。将油加热到280 ℃时，油色变黑，有较多沉淀物析出。

（5）气味鉴别。可以用三种方法鉴别大豆油的气味：一是盛装油脂的容器打开封口的瞬间，用鼻子挨近容器口，闻其气味。二是取1~2滴油样放在手掌或手背上，双手合拢快速摩擦至发热，闻其气味。三是用钢精勺取油样25 g左右。加热到50 ℃左右，用鼻子接近油面，闻其气味。

良质大豆油——具有大豆油固有的气味。

次质大豆油——大豆油固有的气味平淡，微有异味，如青草等味。

劣质大豆油——有霉味、焦味、哈喇味等不良气味。

（6）滋味鉴别。进行大豆油滋味的感官鉴别时，应先漱口，然后用玻璃棒取少量油样，涂在舌头上，品尝其滋味。

良质大豆油——具有大豆固有的滋味，无异味。

次质大豆油——滋味平淡或稍有异味。

劣质大豆油——有苦味、酸味、辣味及其他刺激味或不良滋味。

9.2.2.2　芝麻油质量的感官评价

芝麻油又叫香油，为我国三大油料之一，是一种普遍受到消费者欢迎的食用油。它不仅具有浓郁的香气，而且含有丰富的维生素E。芝麻油的耐藏性较其他植物油强。

（1）色泽鉴别。进行芝麻油色泽的感官鉴别时，可取混合搅拌得很均匀的油样置于直径50 mm、高100 mm的烧杯内，油层高度不低于5 mm，放在自然光线下进行观察，随后置白色背景下借反射光线再观察。

良质芝麻油——呈棕红色至棕褐色。

次质芝麻油——色泽较浅（掺有其他油脂）或偏深。

劣质芝麻油——呈褐色或黑褐色。

（2）透明度鉴别。

良质芝麻油——清澈透明。

次质芝麻油——有少量悬浮物，略混浊。

劣质芝麻油——油液混浊。

（3）水分含量鉴别。

良质芝麻油——水分含量不超过0.2%。

次质芝麻油——水分含量超过0.2%。

（4）杂质和沉淀物鉴别。

良质芝麻油——有微量沉淀物，其杂质含量不超过0.2%；将油加热到280 ℃时，油色无变化且无沉淀物析出。

次质芝麻油——有较少量沉淀物及悬浮物，其杂质含量超过0.2%；将油加热到280 ℃时，油色变深，有沉淀物析出。

劣质芝麻油——有大量的悬浮物及沉淀物存在，油被加热到280 ℃时，油色变黑且有较多沉淀物析出。

（5）气味鉴别。

良质芝麻油——具有芝麻油特有的浓郁香味，无任何异味。

次质芝麻油——芝麻油特有的香味平淡，稍有异味。

劣质芝麻油——除芝麻油微弱的香气外，还有霉味、焦味、油脂酸败味等不良气味。

（6）滋味鉴别。

良质芝麻油——具有芝麻固有的滋味，口感滑爽，无任何异味。

次质芝麻油——具有芝麻固有的滋味，但是显得淡薄，微有异味。

劣质芝麻油——有较浓重的苦味、焦味、酸味、刺激性辛辣味等不良滋味。

9.3　畜禽肉及制品感官评定

对畜禽肉进行感官鉴定时，一般是按照如下顺序进行：首先是眼看其外观、色泽、组织状态，特别应注意肉表面和切口处的颜色与光泽，看有无色泽灰暗、是否存在瘀血、水肿、囊肿和污染等情况。其次是嗅肉品的气味，不仅要了解肉表面的气味，还应感知其切开时和试煮后的气味，注意是否有腥臭味。最后用手指按压、触摸，以感知其弹性和黏度，结合脂肪以及试煮后肉汤的情况，才能对肉进行综合性的感官评价和鉴别。

9.3.1　猪肉的鉴别方法

9.3.1.1　鲜猪肉质量的鉴别方法

（1）外观鉴别。

新鲜猪肉——表面有一层微干或微湿的外膜，呈淡红色，有光泽，切断面稍湿、不粘手，肉汁透明。

次鲜猪肉——表面有一层风干或潮湿的外膜，呈暗灰色，无光泽，切断的色泽比新鲜的猪肉暗，有黏性，肉汁混浊。

变质猪肉——表面外膜极度干燥或粘手,呈灰色或淡绿色、发黏并有霉变现象,切断面也呈暗灰或淡绿色、很粘,肉汁严重混浊。

(2)气味鉴别。

新鲜猪肉——具有鲜猪肉正常的气味。

次鲜猪肉——在肉的表层能嗅到轻微的氨味、酸味或酸霉味,但在肉的深层却没有这些气味。

变质猪肉——腐败变质的肉,不论在肉的表层还是深层均有腐臭气味。

(3)弹性鉴别。

新鲜猪肉——新鲜猪肉质地紧密且富有弹性,用手指按压凹陷后会立即恢复原状。

次鲜猪肉——肉质比新鲜肉柔软、弹性小,用指头按压凹陷后不能完全复原。

变质猪肉——腐败变质的肉由于自身被分解严重,组织失去原有弹性而出现不同程度的腐烂,用手指按压后凹陷,不但不能复原,有时手指还可以把肉刺穿。

(4)脂肪鉴别。

新鲜猪肉——脂肪呈白色,具有光泽,有时呈肌肉红色,柔软而富于弹性。

次鲜猪肉——脂肪呈灰色,无光泽,容易粘手,有时略带油脂酸败味和蛤喇味。

变质猪肉——脂肪表面污秽有黏液,常霉变呈淡绿色,脂肪组织很软,具有油脂酸败味。

(5)肉汤鉴别。

新鲜猪肉——肉汤透明、芳香,汤表面聚集大量油滴,油脂的气味和滋味鲜美。

次鲜猪肉——肉汤混浊,汤表面油滴较少,没有鲜香的滋味,常略有轻微的油脂酸败和霉变气味及味道。

变质猪肉——肉汤极混浊,汤内漂浮着有如絮状的烂肉片,汤表面几乎无油滴,具有浓厚的油脂酸败或显著的腐败臭味。

9.3.1.2　冻猪肉质量的鉴别方法

(1)色泽鉴别。

良质冻猪肉——肌肉色红、均匀,具有光泽,脂肪洁白,无霉点。

次质冻猪肉——肌肉红色稍暗,缺乏光泽,脂肪微黄,可有少量霉点。

变质冻猪肉——肌肉色泽暗红,无光泽,脂肪呈污黄或灰绿色,有霉斑或霉点。

(2)气味鉴别。

良质冻猪肉——无臭味,无异味。

次质冻猪肉——稍有氨味或酸味。

变质冻猪肉——具有严重的氨味、酸味或臭味。

(3)组织状态鉴别。

良质冻猪肉——肉质紧密,有坚实感。

次质冻猪肉——肉质软化或松弛。

变质冻猪肉——肉质松弛。

(4)黏度鉴别。

良质冻猪肉——外表及切面微湿润,不粘手。

次质冻猪肉——外表湿润,微粘手;切面有渗出液,但不粘手。

变质冻猪肉——外表湿润,粘手,切面有渗出液亦粘手。

发黏是肉质不新鲜的表现。猪肉的变质往往先于肉表发黏、发滑,并有一种陈腐的气味,严重时有臭味。肉质发黏的原因是,将刚宰杀的猪肉(肉温高)放在湿度大的地方,或肉与肉接触处通风不良的情况下造成的。在发黏和发绿的鲜肉中,能检出有绿色黏液假单胞细菌。如果只是肉的表面轻度黏滑,则修刮洗净后,经高温烧煮,可以食用。如果黏滑严重,臭味大,表明肉已变质,不能食用。

9.3.2 非正常畜肉的鉴别方法

9.3.2.1 健康畜肉与病死、毒死畜肉的鉴别

(1)色泽鉴别。

健畜肉——肌肉色泽鲜红,脂洁白(牛肉为黄色),具有光泽。

死畜肉——肌肉色泽暗红或带有血迹,脂肪呈桃红色。

(2)组织状态鉴别。

健畜肉——肌肉坚实致密,不易撕开,肌肉有弹性,用手指按压后可立即复原。

死畜肉——肌肉松软,肌肉弹性差。

(3)血管状态鉴别。

健畜肉——全身血管中无凝结的血液,胸腹腔内无瘀血,浆膜光亮。

死畜肉——全身血管充满了凝结的血液,尤其是毛细血管中更为明显,胸腹腔呈暗红色,无光泽。

9.3.2.2 老畜肉与幼畜肉质量的鉴别方法

老畜肉肉体的皮肤粗老,多皱纹,肌肉干瘦,皮下脂肪少,肌纤维粗硬而色泽深暗,结缔组织发达,淋巴结萎缩或变为黑褐色,肉味不鲜。

幼畜肉含水量多,滋味淡薄,肉质松软,易于煮熟,脂肪含量少,皮肤细嫩柔软,骨髓发红。

9.3.3 禽肉的鉴别方法

9.3.3.1 鲜光鸡的鉴别方法

(1)眼球鉴别。

新鲜鸡肉——眼球饱满。

次鲜鸡肉——眼球皱缩凹陷,晶体稍显混浊。

变质鸡肉——眼球干缩凹陷,晶体混浊。

(2)色泽鉴别。

新鲜鸡肉——皮肤有光泽,因品种不同可呈淡黄、淡红和灰白等颜色,肌肉切面具有光泽。

次鲜鸡肉——皮肤色泽转暗,但肌肉切面有光泽。

变质鸡肉——体表无光泽,头颈部常带有暗褐色。

（3）气味鉴别。

新鲜鸡肉——具有鲜鸡肉的正常气味。

次鲜鸡肉——仅在腹腔内可嗅到轻度不快味，无其他异味。

变质鸡肉——体表和腹腔均有不快味甚至臭味。

（4）黏度鉴别。

新鲜鸡肉——外表微干或微湿润，不粘手。

次鲜鸡肉——外表干燥或粘手，新切面湿润。

变质鸡肉——外表干燥或粘手腻滑，新切面发黏。

（5）弹性鉴别。

新鲜鸡肉——指压后的凹陷能立即恢复。

次鲜鸡肉——指压后的凹陷恢复较慢，且不完全恢复。

变质鸡肉——指压后的凹陷不能恢复，且留有明显的痕迹。

（6）肉汤鉴别。

新鲜鸡肉——肉汤澄清透明，脂肪团聚于表面，具有香味。

次鲜鸡肉——肉汤稍有浑浊，脂肪呈小滴浮于表面，香味差或无褐色。

变质鸡肉——肉汤浑浊，有白色或黄色絮状物，脂肪浮于表面者很少，甚至能嗅到腥臭味。

9.3.3.2　冻光鸡的鉴别方法

（1）眼球鉴别。

良质冻鸡肉（解冻后）——眼球饱满或平坦。

次质冻鸡肉（解冻后）——眼球皱缩凹陷，晶状体稍有浑浊。

变质冻鸡肉（解冻后）——眼球干缩凹陷，晶状体浑浊。

（2）色泽鉴别。

良质冻鸡肉（解冻后）——皮肤有光泽，因品种不同而呈黄、浅黄、淡红、灰白等色，肌肉切面有光泽。

次质冻鸡肉（解冻后）——皮肤色泽转暗，但肌肉切面有光泽。

变质冻鸡肉（解冻后）——体表无光泽，颜色暗淡，头颈部有暗褐色。

（3）黏度鉴别。

良质冻鸡肉（解冻后）—外表微湿润，不粘手。

次质冻鸡肉（解冻后）—外表干燥或粘手，切面湿润。

变质冻鸡肉（解冻后）—外表干燥或黏腻，新切面湿润、粘手。

（4）弹性鉴别。

良质冻鸡肉（解冻后）——恢复。

次质冻鸡肉（解冻后）——指压后的凹陷恢复慢，且不能完全，肌肉发软，指压后的凹陷几乎不能恢复。

变质冻鸡肉（解冻后）——肌肉软、散，指压后凹陷不但不能恢复，而且容易将鸡肉用指头戳破。

(5)气味鉴别。

良质冻鸡肉(解冻后)——具有鸡的正常气味。

次质冻鸡肉(解冻后)——唯有腹腔内能嗅到轻度不快味,无其他异味。

变质冻鸡肉(解冻后)——体表及腹腔内均有不快气味。

(6)肉汤鉴别。

良质冻鸡肉(解冻后)——煮沸后的肉汤透明,澄清,脂肪团聚于表面,具备特有的香味。

次质冻鸡肉(解冻后)——煮沸后的肉汤稍有混浊,油珠呈小滴浮于表面,香味差或无鲜味。

变质冻鸡肉(解冻后)——肉汤混浊,有白色到黄色的絮状物悬浮,表面几乎无油滴悬浮,气味不佳。

9.4 饮料类感官评定

9.4.1 汽水的感官评定

汽水是以砂糖、糖精、柠檬酸、防腐剂、色液、香精为基本原料和辅料,含有二氧化碳的清凉饮料,饮用后能帮助人体散热,产生凉爽感。汽水内含有部分柠檬酸,在夏季饮用后可促进人体胃液的分泌和补充胃酸不足。

(1)色泽鉴别。进行汽水色泽的感官鉴别时,可透过无色玻璃瓶直接观察,对于有色瓶装和金属听装饮料可打开倒入无色玻璃杯内观察。

良质汽水——色泽与该类型汽水要求的正常色泽相一致。

次质汽水——色泽深浅与正常产品色泽尚接近,色调调理得尚好。

劣质汽水——产品严重褪色,呈现出与该品种不相符的使人不愉快的色泽。

(2)组织状态鉴别。进行汽水组织状态的感官鉴别时,先直接观察,然后将瓶子颠倒过来观察其中有无杂质下沉。另外,还要把瓶子浸入热水中看是否有漏气现象。

良质汽水——清汁类汽水澄清透明,无混浊,混浊类汽水混浊而均匀一致,透明与混浊相宜。两类汽水均无沉淀及肉眼可见杂质,瓶子瓶口严密,无漏液、漏气现象。汽水罐装后的正常液面距瓶口2～6 cm。玻璃瓶和标签符合产品包装要求。

次质汽水——清汁类汽水有轻微的混浊,浊汁类汽水混浊不均,有分层现象,有微量沉淀物存在。液位距瓶口2～6 cm,瓶盖有锈斑,玻璃瓶及标签有不同程度的缺陷。

劣质汽水——清汁类汽水液体混浊,浊汁类汽水的分层现象严重,有较多的沉淀物或悬浮物,有杂质。瓶盖封得不严,漏气、漏液或瓶盖极易松脱,瓶盖锈斑严重,无标签。

(3)气味鉴别。感官鉴别汽水的气味时,可在室温下打开瓶盖直接嗅闻。

良质汽水——具有各种汽水原料所特有的气味,并且协调柔和,没有其他不相关的气味。

次质汽水——气味不够柔和,稍有异味。

劣质汽水——有该品种不应有的气味及令人不愉快的气味。

(4)滋味鉴别。感官鉴别汽水的滋味时,应在室温下打开瓶后立即进行品尝。

良质汽水——酸甜适口,协调柔和,清凉爽口,上口和留味之间只有极小差异。二氧化碳含量充足,富于杀口力。

次质汽水——适口性差,不够协调柔和,上口和留味之间有差异。味道不够绵长。二氧化碳含量尚可,有一定的杀口力。

劣质汽水——酸甜比例失调,风味不正,有严重的异味。二氧化碳含量少或根本没有。

9.4.2　咖啡的感官评定

咖啡中含有咖啡因,具有兴奋大脑中枢神经作用,饮用后能提神醒目、消除疲乏和睡意,可提高工作效率。咖啡有独特的香味、色泽,给人以色、香、味等方面的享受。所以咖啡深受群众喜爱,成为人们日常生活中的主要饮料之一。

(1)色泽:深褐色。

(2)香味:具有焙炒咖啡应有的独特香气。

(3)颗粒:2 mm 左右大小的不规则颗粒。

9.5　酒类感官评定

9.5.1　酒类的感官检验方法

9.5.1.1　评酒的准备工作

评酒室的室温在 15～20 ℃ 为宜,相对湿度 50%～60%,避免外界干扰,噪声应在40 分贝以下,无有气味物质的影响,室内保持空气新鲜,呈无风状态,光线充足柔和,照度以 500 lx 为宜。墙壁色调适中单一,反射率在 40%～50%。

选定品评样品,每个评酒员每天的品评用量不得超过 24 个品种。准备好品酒用的各种酒杯,不得混用,注入酒杯的酒液量以酒杯的 3/5 为好,留有空间,便于旋转酒杯进行品评。含气酒品注入酒杯时,瓶口距杯口 3 mm 缓慢注入,达到适当高度时,注意观察起泡情况,计算泡沫保持的时间。

9.5.1.2　各类酒品的最佳品评温度

白酒 15～20 ℃,黄酒 30 ℃ 左右,啤酒在 15 ℃ 以下保持 1 h 以上,葡萄酒、果酒 9～18 ℃,干白葡萄酒 10～11 ℃,干红葡萄酒、深甜葡萄酒 16～18 ℃,高级白葡萄酒 13～15 ℃,淡红葡萄酒 12～14 ℃,香槟酒 9～10 ℃。

9.5.1.3　同一类酒样的品评顺序

酒度,先低后高,香气先淡后浓,滋味先干后甜,酒色先浅后深。

评酒时还要注意防止生理和心理上的顺效应、后效应等情况所引起的品评误差,影响结论的正确性。品评时可以采取反复品评、间隔时间休息、清水漱口等方法加以克服。

评外观时要在适宜的光线下直观或侧观,注意酒液的色泽,有无悬浮物、沉淀物等情况。

评气味时,杯口应放置于鼻下约6 cm处,略低头,转动酒杯,轻嗅酒气,经反复嗅过后做出判断。

评口味时,入口要慢,使酒液先接触舌尖,后接触舌两侧,再到舌根,然后卷舌,把酒液扩展到整个舌面,进行味觉的全面判断,最后咽下,辨别后味,并进行反复品评,对酒品的杂味刺激性、协调、醇等做出判断评价。品评时高度酒可少饮,一般2 mL即可,低度酒可多饮,一般在4~12 mL,酒液在口中停留的时间一般在2~3 s。品评程序是:一看,二嗅,三尝,四回味。

9.5.1.4　评酒的基本方法

(1)一杯评酒法,也称直接品评法。评酒时采用暗评的方法,评酒人先品尝酒品,然后进行评述,可以一种酒样品尝后即进行评价,也可重复品尝几种酒样后,再逐一进行评述。

(2)两杯品评法,也称对比品评法。评酒时采用暗评的方法,评酒的人依次品尝两种酒样,然后评述两种酒的风格和风味等差异,以及各自的风格特点。

(3)三杯品评法,也称三角品评法。评酒时采用暗评的方法,品评人员依次品尝三杯酒样,其中两杯是同样酒样,品评人应品出哪两杯是同样的酒,其与另外一种酒之间在风味、风格上存在哪些差异,并对各自的风味、风格进行评述。

9.5.2　白酒质量的感官鉴别

(1)色泽与透明度。白酒的正常色泽应是无色、透明、无悬浮物和沉淀物,这是说明酒质量是否纯净的一项重要指标;将白酒注入杯中,杯壁上不得出现环状不溶物;将酒瓶突然颠倒过来,在强光下观察酒体,不得有混浊、悬浮物和沉淀物。冬季如白酒中有沉淀物,可用水浴加热到30~40 ℃,如沉淀消失则视为正常。发酵期较长和贮存期较长的白酒,往往有极浅的淡黄色,如茅台酒,这是允许的。

(2)香气。白酒的香气有逸香、喷香、留香三种。当鼻腔靠近酒杯口,白酒中芳香成分逸散在杯口附近,很容易使人闻到香气,这就是逸香,也称闻香,用嗅觉即可直接辨别香气的浓度及特点。当酒液饮入口中,香气充满口腔,叫喷香。留香是酒已咽下,而口中仍持续留有酒香气。

在对白酒的香气进行感官鉴别时,最好使用大肚小口的玻璃杯,将白酒注入杯中稍加摇晃,即刻用鼻子在杯口附近短促呼吸仔细嗅闻其香气。如对某种酒要进行细致的鉴别或精细比较时,可以采用下列特殊的闻香方法。

1)用一条吸水性强,无味的纸,浸入酒杯吸一定量的酒样,闻纸条上散发的气味,然后将纸条放置8~10 min后再闻一次。这样可以鉴别酒液香气的浓度和时间长短。同样也易于辨别有无不快气味以及气味的大小。

2)在手心中滴几滴酒样,再把手握成拳头,从大拇指和食指间的缝隙中,紧接用鼻子闻其气味。此法可以用以验证所判断香气是否正确有明显效果。

3)在手心或手背上滴几滴酒样,然后两手相搓,使酒样迅速挥发,及时闻其气味。此法可以用于鉴别酒香的浓淡。

评香气时闻酒气味前要先呼气,再对酒杯吸气。还应注意酒杯和鼻子的距离,呼气时间的长短、间歇、呼气量尽可能相同。一般的白酒都应具有一定的逸香,而很少有喷香或留香。名酒中的五粮液,就是以喷香著称的,而茅台酒则是以留香而闻名。白酒不应该有异味,诸如焦煳味、腐臭味、泥土味、糖味、酒糟味等不良气味均不应存在。

(3)滋味。白酒的滋味应有浓厚和淡薄、绵软和辛辣、纯净和邪味之分;酒咽下后,又有回甜和苦辣之别。白酒滋味应要求醇厚无异味、无强烈的刺激性、不辛辣呛喉、各味协调。好的白酒还要求滋味醇香、浓厚、味长、甘甜,入口有愉快舒适的感觉。进行品尝时,饮入口中的白酒,应于舌头及喉部细品,以鉴别酒味的醇厚程度和滋味的优劣。

(4)酒花鉴别。用力摇晃瓶,瓶中酒顿时会出现酒花,一般都以酒花白晰、细碎、堆花时间长的为佳品。

(5)风格品评。酒的风格,是对酒的色、香、味全面评价的综合体现。这主要靠鉴评人员平日广泛接触各种名酒积累下来的经验。没有对各类酒风格的记忆,风格是无法品评的。

白酒的感官要求:各类白酒,一般都要求具有本品种突出的风格,色泽为无色,清凉透明,无悬浮物,无沉淀。

不同香型的白酒其香气和口味要求如下。

酱香型:要求酱香突出、优雅细致、酒体醇厚、回味悠长,以茅台酒为代表。

浓香型:其特点是窖香浓郁、绵软甘洌、尾净余长,即有"香、甜、浓、净"的特征,如泸州老窖、五粮液、剑南春、洋河大曲等。

清香型:其特点是清香纯正、口味协调、微甜绵长、余味爽净,如山西汾酒,河南宝丰酒。

米香型:其特点是米香洁雅纯正、入口绵软、落口甘洌、回味怡畅,以桂林三花酒为代表。

兼香型:其特点是浓酱协调、香气浓郁、纯正柔和、后味回甜,如白沙液酒。

还有混合香型或特殊香型的白酒,如西凤酒、董酒等。

9.6　乳类及乳制品感官评定

9.6.1　乳及乳制品的感官鉴别与食用原则

乳及乳制品的营养价值较高,又极易因微生物生长繁殖而受污染,导致乳品质量的不良变化。因此对于乳品质量的要求较高。经感官鉴别后已确认了品级的乳品,即可按如下食用原则做处理。

(1)凡经感官鉴别后认为是良质的乳及乳制品,可以销售或直接供人食用。但未经有效灭菌的新鲜乳不得市售和直接供人食用。

(2)凡经感官鉴别后认为是次质的乳及乳制品均不得销售和直接供人食用,可根据具体情况限制作为食品加工原料。

(3)凡经感官鉴别为劣质的乳及乳制品,不得供人食用或作为食品工业原料,可限作非食品加工用原料或做销毁处理。

在乳及乳制品的色泽、滋味、气味、质感四项感官鉴别指标中,若有一项表现为劣质品级,即应按第(3)条所述方法处理。如有一项指标为次质品级,而其他三项均识别为良质者,即应按第(2)条所述的方法处理。

9.6.2 乳和乳制品的感官鉴别应用举例

(1)鲜乳质量的感官鉴别

1)色泽。

良质鲜乳——为乳白色或稍带微黄色。

次质鲜乳——色泽较良质鲜乳为差,白色中稍带青色。

劣质鲜乳——呈浅粉色或显著的黄绿色或是色泽灰暗。

2)组织状态。

良质鲜乳——呈均匀的流体,无沉淀、凝块和机械杂质,无黏稠和浓厚现象。

次质鲜乳——呈均匀的流体,无凝块,但可见少量微小的颗粒,脂肪聚黏表层呈液化状态。

劣质鲜乳——呈稠而不匀的溶液状,有乳凝结成的致密凝块或絮状物。

3)气味。

良质鲜乳——具有乳特有的乳香味,无其他任何异味。

次质鲜乳——乳中固有的香味稍使或有异味。

劣质鲜乳——有明显的异味,如酸臭味、牛粪味、金属味、鱼腥味、汽油味等。

4)滋味。

良质鲜乳——具有鲜乳独具的纯香味,滋味可口而稍甜,无其他任何异常滋味。

次质鲜乳——有微酸味(表明乳已开始酸败),或有其他轻微的异味。

劣质鲜乳——有酸味、咸味、苦味等。

(2)炼乳质量的感官鉴别

1)色泽。

良质炼乳——呈均匀一致的乳白色或稍带微黄色,有光泽。

次质炼乳——色泽有轻度变化,呈米色或淡肉桂色。

劣质炼乳——色泽有明显变化,呈肉桂色或淡褐色。

2)组织状态。

良质炼乳——组织细腻,质地均匀,黏度适中,无脂肪上浮,无乳糖沉淀,无杂质。

次质炼乳——黏度过高,稍有一些脂肪上浮,有沙粒状沉淀物。

劣质炼乳——凝结成软膏状,冲调后脂肪分离较明显,有结块和机械杂质。

3)气味。

良质炼乳——具有明显的牛乳乳香味,无任何异味。

次质炼乳——乳香味淡或稍有异味。

劣质炼乳——有酸臭味及较浓重的其他异味。

4)滋味。

良质炼乳——淡炼乳具有明显的牛乳滋味,甜炼乳具有纯正的甜味,均无任何异物。

次质炼乳——滋味平淡或稍差,有轻度异味。

劣质炼乳——有不纯正的滋味和较重的异味。

9.7　蜂蜜类感官评定

蜂蜜由于蜜源不同,口感存在一定的差异,其中甜味、香气、综合风味是影响蜂蜜口感的重要因素,因此,建立一套科学合理的感官评价方法至关重要。

在对蜂蜜进行感官鉴别时,主要是凭借以下几方面的依据,首先是观察其颜色深浅,是否有光泽以及其组织状态是否呈胶体状,黏稠程度如何,同时注意有无沉淀、杂质、气泡等;然后是嗅其气味是否清香宜人,有没有发酵酸味、酒味等异味;最后是品尝其滋味,感知味道是否清甜纯正,有无苦涩、酸和金属味等不良滋味以及麻舌感等。

(1)色泽。进行蜂蜜色泽的感官鉴别时,可取样品于比色管内在白色背景下借散射光线进行观察。

良质蜂蜜——一般呈白色,淡黄色到琥珀色。不同的蜜源性植物有不同的颜色。油菜花蜜色淡黄,紫云英蜜白色带淡黄,柑橘蜜浅黄色,荔枝蜜浅黄色,龙眼蜜琥珀色,枇杷蜜浅白色,棉花蜜浅琥珀色。蜜质亮而有光泽。

次质鲜蜜——色泽变深、变暗。

劣质蜂蜜——色泽暗黑,无光泽。

(2)组织状态。进行蜂蜜组织状态的感官鉴别时,可取样品置于白色背景下借散射光线进行观察,并注意有无沉淀物及杂质。也可将蜂蜜加 5 倍蒸馏水稀释,溶解后静置 12~24 h 离心后观察,看有无沉淀及沉淀物的性质。另外可用木筷挑起蜂蜜观察其黏稠度。

良质蜂蜜——在常温下是黏稠、透明或半透明的胶状流体,温度较低时可发生结晶现象,无沉淀和杂质,用木筷挑起蜜后可拉起柔韧的长丝,断后断头回缩并形成下粗上细的叠塔状,并慢慢消失。

次质蜂蜜——在常温下较稀薄,有沉淀物及杂质(死蜂、残肢、幼虫、蜡屑等),不透明,用木筷将蜜挑起后呈糊状并自然下沉,不会形成塔状物。

劣质蜂蜜——表面出现泡沫,蜜液混浊不透明。

(3)气味。进行蜂蜜气味的感官鉴别时,可在室温下打开包装嗅其气味。必要时可取样品于水浴中加热 5 min,然后再嗅其气味。

良质蜂蜜——具有纯正的清香味和各种本类蜜源植物花香味。无任何其他异味。

次质蜂蜜——香气淡薄。

劣质蜂蜜——香气很薄或无香气,有发酵味、酒味及其他不良气味。

(4)滋味。在进行蜂蜜滋味的感官鉴别时,可取少许样品放在舌头上,用舌头与上腭反复摩擦,细品其味道。

良质蜂蜜——具有纯正的香甜味。

次质蜂蜜——味甜并有涩味。

劣质蜂蜜——除甜味外还有苦味、涩味、酸味、金属味等不良滋味及其他外来滋味，有麻舌感。

9.8 果蔬及其制品类感官评定

9.8.1 果品质量的感官鉴别

(1)苹果质量的感官鉴别。有些人在选购苹果时喜欢挑又红又大的，其实这样的苹果不一定是上品。现仅将几类苹果所具有的感官特点介绍如下。

1)一类苹果，主要有红香蕉(红元帅)、红金星、红冠、红星等。

表面色泽：色泽均匀而鲜艳，表面洁净光亮，红者艳如珊瑚、玛瑙，青者黄里透出微红。

气味与滋味：具有各自品种固有的清香味，肉质香甜鲜脆，味美可口。

外观形态：个头以中上等大小且均匀一致为佳，无病虫害，无外伤。

2)二类苹果，主要有青香蕉、黄元帅(金帅)等。

表面色泽：青香蕉的色泽是青色透出微黄，黄元帅色泽为金黄色。

气味与滋味：青香蕉表现为清香鲜甜，滋味以清心解渴的舒适感为主。黄元帅气味醇香扑鼻，滋味酸甜适度，果肉细腻而多汁，香润可口，给人以新鲜开胃的感觉。

外观形态：个头以中等大均匀一致为佳，无虫害，无外伤，无锈斑。

3)三类苹果，主要有国光、红玉、翠玉、鸡冠、可口香、绿青大等。

表面色泽：这类苹果色泽不一，但具有光泽，洁净。

气味与滋味：具有本品种的香气，国光滋味酸甜稍淡，吃起来清脆，而红玉及鸡冠，颜色相似，苹果酸度较大。

外观形态：个头以中上等大，均匀一致为佳，无虫害，无锈斑，无外伤。

4)四类苹果，主要有倭锦、新英、秋花皮、秋金香等。

表面色泽：这类苹果色泽鲜红，有光泽，洁净。

气味与滋味：具有本品种的香气，但这类苹果纤维量高，质量较粗糙，甜度和酸度低，口味差。

外观形态：一般果形较大。

(2)香蕉质量的感官鉴别

1)良质香蕉。

果柄：完整，无缺口和脱落现象。

果个：体形大而均匀。

果色：色泽新鲜、光亮。果皮呈鲜黄或青黄色。

果面：果面光滑，无病斑，无虫疤，无霉菌，无创伤。果皮易剥离，果肉稍硬而不摊浆。

口感：果肉柔软糯滑，香甜适口，不涩口，无怪味，不软烂。

2)次质香蕉。

果形：果实细窄而不丰满，果形一般，单只蕉体直而细，无托柄，蕉梳上脱只不整。

果个:果个小而不均。

果色:色泽青暗,果皮呈青绿色或发黑。

果面:果皮不光洁、不整齐,有病虫害或机械伤口,有霉斑。果皮极易剥离,果肉瘫软呈腐烂状,成熟度不够的果皮不易剥离。

口感:果肉硬挺或软烂,涩味重,无香味。

手感:用手捏蕉体,可感到果实肉硬或软陷。

3)劣质香蕉。果实畸形,单只蕉体短小而细瘦,形体大小不均,果皮霉烂,手捏时果皮下陷,果肉软烂或腐烂,稀松外流。无香味,有怪异味和腐臭味。

9.8.2　蔬菜质量的感官鉴别

(1)春小萝卜质量的感官鉴别。为长圆柱形的小型萝卜,多于早春风障阳畦或春露地中栽培,春末夏初上市。春小萝卜的肉为白色,质细,脆嫩,水分多,皮色分红白两种。上市时多带缨出售。

良质萝卜——色泽鲜嫩,大小均匀,捆扎成把,不带须根,肉质松脆,不抽苔,不糠心,不带黄叶、枯叶和烂叶。

次质萝卜——色泽鲜嫩,肉质松脆,不抽苔,不糠心,大小不均匀,有黄叶、枯叶。

劣质萝卜——大小不均匀,抽苔或糠心,有黄叶、烂叶,弹击时有弹性和空洞感。

(2)大白菜质量的感官鉴别。大白菜又叫结球白菜,是我国的特产。在北方地区,大白菜曾经是一种一季吃半年的蔬菜,在整个蔬菜生产和供应中都占有重要位置。

按照大白菜成熟的早晚,可将其分成早熟、中熟、晚熟三种。

早熟种:一般棵较小,叶片色淡黄,叶肉薄,纤维含量少,味淡汁多,品质中等。

中熟种:一般棵较大,叶片厚实。

晚熟种:棵大,叶片肥厚,组织紧密,韧性大,不易受伤,耐储藏,品质好。

(3)番茄质量的感官鉴别。番茄又叫番柿、西红柿、洋柿子,也有人称之对火柿子、红茄等。番茄传入我国百年左右,现已成为我国主要蔬菜之一。

番茄的果实味酸甜汁多,营养丰富,风味好,它既是菜,又是一种大众化的水果。番茄中含有的番茄素还有帮助消化的功能。

良质番茄——表面光滑,着色均匀,有四分之三变成红色或黄色,果实大而均匀饱满,果形圆正,不破裂,只允许果肩上部有轻微的环状裂痕或放射性裂痕,果肉充实,味道酸甜适口,无筋腐病、脐腐病、日烧病害和虫害。

次质番茄——果实着色不均或发青,成熟度不好,果实变形而不圆整,呈桃形或长椭圆形,果肉不饱满,有空洞。

劣质番茄——果实有不规则的瘤状突起(瘤状果)或果脐处与果皮处开裂(脐裂果),果实破裂,有异味,有筋腐、脐腐、日烧等病害或虫蛀孔洞。

9.8.3　果蔬罐头制品的感官鉴别

根据罐头包装材质的不同,可将市售罐头粗略分为马口铁听装和玻璃瓶装两种(软包装罐头不常见,这里不述及)。所有罐头的感官鉴别都可以分为开罐前和开罐后两个阶段。

开罐前的罐头鉴别主要依据眼看容器外观、手捏(按)罐盖、敲打听声音和漏气检查四个方面进行,具体如下。

(1)眼看鉴别法。主要检查罐头封口是否严密,外表是否清洁,有无磨损及锈蚀情况,如外表污秽、变暗、起斑、边缘生锈等。如是玻璃罐头,可以放置明亮处直接观察其内部质量情况,轻轻摇动后看内容物是否块形整齐,汤汁是否混浊,有无杂质异物等。

(2)手捏鉴别法。主要检查罐头有无胖听现象。可用手指按压马口铁罐头的底和盖,玻璃罐头按压瓶盖即可,仔细观察有无胀罐现象。

(3)敲听鉴别法。主要用以检查罐头内容物质情况,可用小木棍或手指敲击罐头的底盖中心,听其声响鉴别罐头的质量。良质罐头的声音清脆,发实音;次质和劣质罐头(包括内容物不足、空隙大的)声音浊、发空音,即"破破"的沙哑生。

(4)漏气鉴别法。罐头是否漏气,对于罐头的保存非常重要。进行漏气检查时,一般是将罐头沉入水中用手挤压其底盖,如有漏气的地方就会发现小气泡。但检查时罐头淹没在水中不要移动,以免小气泡看不清楚。

开罐后的感官鉴别指标主要是色泽、气味、滋补和汤汁。首先应在开罐后目测罐头内容物的色泽是否正常,这里既包括了内容物又包括了汤汁,对于后者还应注意澄清程度、杂质情况等。其次是嗅其气味,看是否为该品种罐头所特有;然后品尝滋味,由于各类罐头的正常滋味人们都很熟悉和习惯,而且这项指标不受环境条件和工艺过程的过多影响,因此品尝一种罐头是否具有其固有的滋味,在感官鉴别时具有特别重要的意义。

9.9 茶叶类感官评定

一般而言,茶叶质量的感官鉴别都分为两个阶段,即按照先"干看"(即冲泡前鉴别)后"湿看"(即冲泡后鉴别)的顺序进行。"干看"包括了对茶叶的形态、嫩度、色泽、净度、香气滋味等五方面指标的体察与目测。"湿看"则包括了对茶叶冲泡成茶汤后的气味、汤色、滋味、叶底等四项内容的鉴别。即闻一闻茶汤的香气是否醇厚浓郁,观察其色度、亮度和清浊度,品尝其味道是否醇香甘甜、叶底的色泽、薄厚与软硬程度等。归纳以上所有各项识别结果来综合评价茶叶的质量。

带有包装的茶叶必须在包装物上印有产品名称、厂家名称、生产日期、批号规格、保存期限等。产品要有合格证明。

(1)干评外形。

嫩度:是外形审评项目的重点,嫩度好的茶叶,应符合该茶类规格外形的要求,条索紧结重实,芽毫显露,完整饱满。

条索:是各类茶具有的一定外形规格,是区别商品茶种类和等级的依据。各种茶都有其一定的外形特点。一般长条形茶评比松紧、弯直、壮瘦、圆扁、轻重;圆形茶评比颗粒的松紧、匀正、轻重、空实;扁形茶评比是否符合规格,平整光滑程度等。

整碎:是指茶叶的匀整程度,优质的茶叶要保持茶叶的自然形态,精制茶要看筛档是否匀称,面张茶是否平伏。

色泽:是反映茶叶表面的颜色、色的深浅程度,以及光线在茶叶表现的反射光亮度。各种茶叶有其一定的色泽要求,如红茶乌黑油润、绿茶翠绿、乌龙茶青褐色、黑茶黑油色等,但原则上叶底的色泽仍然要求均匀、鲜艳明亮才好。

净度:是指茶叶中含夹杂物的程度。净度好的茶叶不含任何夹杂物。

(2)湿评内质。

香气:是茶叶冲泡后随水蒸气挥发出来的气味。由于茶类、产地、季节、加工方法的不同,就会形成与这些条件相应的香气。如红茶的甜香、绿茶的清香、白茶的毫香、乌龙茶的果香或花香,黑茶的陈醇香、高山茶的嫩香、祁门红茶的砂糖香、黄大茶和武夷岩茶的火香等。审评香气除辨别香型外,主要比较香气的纯异、高低、长短。纯异指香气与茶叶应有的香气是否一致,是否夹杂其他异味;高低可用浓、鲜、清、纯、平、粗来区分;长短指香气的持久性。

汤色:是茶叶形成的各种色素,溶解于沸水中而反映出来的色泽,汤色随茶树品种、鲜叶老嫩、加工方法、栽培条件、储藏等而变化,但各类茶有其一定的色度要求,如绿茶的黄绿明亮、红茶的红艳明亮、乌龙茶的橙黄明亮、白茶的浅黄明亮等。审评汤色时,主要抓住色度、亮度、清浊度三方面。

滋味:是审评茶师的口感反应。评茶时首先要区别滋味是否纯正,一般纯正的滋味可以分为浓淡、强弱、鲜爽、醇和几种。不纯正滋味有苦涩、粗青、异味。好的茶叶浓而鲜爽,刺激性强或者富有收敛性。

叶底:是冲泡后剩下的茶渣。评定方法是以芽与嫩叶含量的比例和叶质的老嫩度来衡量。芽或嫩叶的含量与鲜叶等级密切相关,一般好的茶叶叶底,嫩芽叶含量多,质地柔软,色泽明亮均匀一致。好茶叶的叶底表现明亮、细嫩、厚实、稍卷;差的叶底表现暗、粗老、单薄、摊张等。

余味:茶汤一进口就产生强烈的印象,茶汤喝下去一段时间之后仍留有印象,这种印象就叫"余味"。不好的茶汤叫作"无味",好的茶汤则"余味无穷"。

回甘:也称为喉韵。收敛性和刺激性渐渐消失以后,唾液就慢慢地分泌出来,然后感到喉头清爽甘美,这就是回甘,回甘强而持久表示品质良好。

看渣:就是看冲泡之后的茶渣,也就是看叶底。到了这个时候,茶叶品质的好坏可说一览无遗了。看渣时,必须注意几件事,以下分别说明。

完整性:叶底的形状以叶形完整为佳,断裂不完整的叶片太多,都不会太好,由叶底的断面可看出是手采或机采。另外,芽尖是否碎断,也关系成茶品质。

嫩度:茶叶泡开以后就会恢复鲜叶的原状,这时用视觉观察,或用手捏捏看就可明白茶叶的老嫩了。老的茶叶摸起来比较刺手,嫩的茶叶比较柔软。

弹性:用手捏捏,弹性强的叶底,原则上是幼嫩肥厚的茶菁所制,而且制茶过程没有失误。弹性佳的茶叶,喝起来会比较有活性。茶菁如果粗老或制造不当就会没有弹性。

叶面展开度:属于揉捻紧结的茶,应该是冲泡之后慢慢展开来,而不是一下子就展开,如此可耐多次冲泡,品质较好。但是如果冲泡之后叶面不展开的也不好,极有可能是焙坏了的茶,茶中的养分会消失很多,这时可观察是否有炒焦茶菁或焙焦茶叶的情形。

齐一程度:是否有新旧茶,或其他因素的混杂,可从叶底看得很清楚。新茶鲜艳有光泽,而旧茶会较变成黄褐色或暗褐色,没有光泽。又如颜色比较接近的茶类之混杂,如白乌龙混入红茶,又如不同品种、不同制法的茶混在一起都会影响茶叶的齐一程度。原则上均匀整齐为佳,但是如果有特殊风味要求的并是被允许的,不能视为不好的茶。

走水状态:茶菁在萎凋的过程中会慢慢地将叶中的水分经由水孔散发出去,这个情形就叫作"走水",走水良好的话,叶底在光线的照射下,会呈半透明的状态,颜色鲜艳,红茶会红而明亮,包种茶则淡绿透明,绿茶则全叶呈淡绿色。

发酵程度:随着发酵程度的不同,叶底也会从淡绿、咸菜绿、褐绿到橘红、深红等不同色彩,发酵越重,颜色越红。

焙火程度:随着焙火的轻重,叶底颜色会从浅到深到暗,从绿、褐绿、一直到黑褐色,焙火越重,颜色会越深越暗。

9.10 水产品及其制品感官评定

9.10.1 鲜鱼的感官评定

(1)眼球状态。

新鲜鱼——眼球凸出饱满,角膜清亮透明。

次鲜鱼——眼球不凸出,眼角膜混浊起皱,甚至溢血发红。

劣质鱼——眼球干瘪,眼角膜皱缩破裂。

(2)鱼鳃。

新鲜鱼——鳃色鲜红且鳃丝透明,黏液润滑且透明,无异味。

次鲜鱼——鳃颜色变暗,黏液混浊且稍有腥臭味。

劣质鱼——鳃色为褐色或灰白色,黏液污秽且带有不愉快的腐臭味。

(3)体表。

新鲜鱼——具有该品种应有的颜色,有透明黏液,鳞片有光泽且与鱼体贴附紧密、不易脱落。

次鲜鱼——颜色稍有变化,黏液多且混浊不透明,鳞片光泽度差且易脱落。

劣质鱼——体表暗淡无光,黏液污秽且有腐臭味,鳞片脱落殆尽。

(4)肌肉状态。

新鲜鱼——肌肉坚实有弹性,用手指压后凹陷立即消失,肌肉的横断面有光泽,无异味。

次鲜鱼——肌肉稍呈松软,用手指压后凹陷消失较慢,肌肉横断面无光泽,脊骨处有红色圆圈,稍有酸味。

劣质鱼——肌肉松软无力,用手指压后凹陷不消失或手指可将鱼肉刺穿,肌肉易与鱼骨分离,有臭味和酸味。

(5)鱼腹。

新鲜鱼——鱼腹部大小正常、不膨胀、肛孔呈白色,凹陷。

次鲜鱼——腹部稍有膨胀,肛门稍突出。

劣质鱼——鱼腹部膨胀、出现变软或破裂情况,表面出现暗灰色或淡绿色斑点,肛门突出或破裂。

除以上评定方法外,必要时还可结合水煮后鱼的气味和滋味来评定鲜鱼的质量优劣。

9.10.2 冻鱼的感官评定

单冻产品的个体间应易于分离,冰衣透明光亮。块冻产品冻块平整不破碎,冰被清洁且均匀盖没鱼体,鱼体大小均匀,且排列整齐,无干耗和软化现象。解冻后鱼的感官评定方法与鲜鱼相似,可观察其体表、眼球状态、鱼鳃、腹部、组织、气味等情况。

(1)体表。

优质冻鱼——色泽光亮如鲜鱼般鲜艳,体表清洁,肛门紧缩。

次质冻鱼——颜色变暗。

劣质冻鱼——体表暗无光泽,肛门凸出。

(2)眼球状态。

优质冻鱼——眼球饱满凸出,角膜透明,洁净无污物。

次质冻鱼——眼球表面略现干燥,光泽消失,浮现血丝,逐渐呈现红到暗红色,且眼球表面发黏。

劣质冻鱼——眼球向眼窝内下陷,玻璃体变得白浊并不透明。

(3)鱼鳃。

优质冻鱼——鳃丝清晰,呈淡红或鲜红色,无异臭味,仅具有海水鱼的咸腥味或淡水鱼的土腥味,且鱼鳃上的黏液量多透明,不易取出。

次质冻鱼——鳃丝逐渐变为灰褐色,稍有腥臭味,黏液透明度差。

劣质冻鱼——鳃丝变为暗黑色或绿色,至此开始急剧增加腐败臭,且黏液混浊易取出,冻鱼失去食用价值。

(4)腹部。

优质冻鱼——鱼腹部呈饱满状态,其有光泽的表面是滑爽的。

次质冻鱼——鱼腹表面略有褪色,指压时变软。

劣质冻鱼——内脏逐渐由肛圈外溢,进而排出黑色液汁。

(5)组织评定。

优质冻鱼——体型完整无缺,用刀切开检查,肉质结实不寓刺,且肉质略有透明感,脊骨处无红线,胆囊完整不破裂。

次质冻鱼——体型较为完整,肉质稍有松散。

劣质冻鱼——体型变得不完整,用刀切开后,肉质松散,有寓刺现象,胆囊破裂,肌肉失去透明感,呈模糊状态。

(6)气味评定。

优质冻鱼——具有不太明显的固有"香气"。

次质冻鱼——稍有腐败臭味。

劣质冻鱼——有强烈的腐臭味。

9.10.3　干海参的感官评定

干海参是以新鲜海参为原料经水煮、盐渍、拌灰、干燥等工序制成的产品。

（1）感官特性：产品规格按个体大小分为四个等级：大规格 ≥15.1 g/个，中规格 10.1～15.0 g/个，小规格 7.6～10.0 g/个，特小规格 ≤7.5 g/个。

产品感官根据组织形态的不同分为三级：一级品体形肥满，肉质厚实，刺挺直无残缺，嘴部石灰质露出少，切口较整齐；二级品体形细长，肉质较厚，个别刺有残缺，嘴部石灰质露出较多；三级品体形不正，刺有残缺，嘴部石灰质露出较多。

产品色泽均呈黑灰色或灰色；体内洁净，基本无盐结晶，体表无盐霜，附着的木炭粉或草木灰少，无杂质，无异味。

（2）感官检验方法：在目测规格的基础上，随机取 10 个海参，分别于 0.1 g 的天平逐个称量。将样品平摊于白瓷盘内，于光线充足无异味的环境中，按感官特性的要求逐项检验，肉质及内部杂质应剖开后进行检验。必要时，水发后检验。

9.11　调味品感官评定

9.11.1　酱油的感官评定

酱油是每个家庭不可缺少的调味品，它们不仅味道鲜美，而且还富有营养。酱油的质量优劣可以从以下几个方面进行感官评定。

（1）色泽。观察评定酱油的色泽时，应将酱油置于有塞且无色透明的容器中，在白色背景下观察。良质酱油呈棕褐色或红褐色（白色酱油除外），色泽鲜艳，有光泽。次质酱油色泽无明显变化。劣质酱油的酱油色泽黑暗而无光泽，酱油色泽发乌、混浊，灰暗而无光泽。

（2）体态。观察酱油的体态时，可将酱油置于无色玻璃瓶中，在白色背景下对光观察其清浊度，同时振摇，检查其中有无悬浮物，然后将样品放一昼夜，再看瓶底有无沉淀以及沉淀物的性状。良质酱油表现澄清，无霉花浮膜，无肉眼可见的悬浮物，无沉淀，浓度适中。次质酱油微混浊或有少量沉淀。劣质酱油显示严重混浊，有较多的沉淀和霉花浮膜，有蛆虫。

（3）气味。感官评定酱油的气味时，应将酱油置于容器内加塞振摇，去塞后立即嗅其气味。良质酱油具有酱香或酯香等特有的芳香味，无其他不良气味。次质酱油具有平淡酱香味和酯香味。劣质酱油无酱油的芳香或香气平淡，并且有焦煳、酸败、霉变和其他令人厌恶的气味。

（4）滋味。良质酱油味道鲜美醇厚、咸甜适口、味感柔和，余味在口内停留的时间长，无异味。次质酱油味道平淡。劣质酱油只有咸味，无鲜味或有苦涩等异味。

在选购酱油时，首先要看标签认品牌。一看标签上标明的氨基酸态氮含量，其含量不得小于 0.4 g/100 mL。一般来说，特级、一级、二级、三级酱油的氨基酸态氮含量分别 ≥0.8 g/100 mL、≥0.7 g/100 mL、≥0.55 g/100 mL 和 0.4 g/100 mL。二看标签上的酱油类型是餐桌酱油还是烹调酱油,根据用途选购。三看标签上的生产方法,认清是酿造酱油还是配制酱油,根据个人爱好选购。四看标明的生产工艺,根据自己的喜好取舍。五看生产日期,不要购买过期产品。六看生产厂家,不要被类同标签图案误导。购买时应优先选购标签上标志完整的大中型企业生产的适合自己用途的名牌产品。

其次要辨色泽识体态。具有鲜艳的红褐色的酱油为佳品。体态澄清、浓度大的酱油质量较好,反之质量较次。

最后要闻香气尝滋味。酱香浓郁、无不良气味者为品质优良的酱油。无酱香味者不能称之为酱油。味道鲜美、醇厚、咸淡适口,无异味者质量较好。只有咸味,无鲜味或有苦涩等异味的酱油最好不要购买。

9.11.2 食盐的感官评定

食盐系指以氯化钠为主要成分,用海盐、矿盐、井盐或湖盐等粗盐加工而成的晶体状调味品。

(1)色泽。感官评定食盐的颜色时,应将样品在白纸上撒一薄层,仔细观察其颜色。

良质食盐——呈现颜色洁白。

次质食盐——呈灰白色或淡黄色。

劣质食盐——呈暗灰色或黄褐色。

(2)外形。食盐外形的感官评定手法同于其颜色评定。观察其外形的同时,应注意有无肉眼可见的杂质。

良质食盐——具有结晶整齐一致,坚硬光滑,呈透明或半透明。不结块,无反卤吸潮现象,无杂质。

次质食盐——具有晶粒大小不匀,光泽暗淡,有易碎的结块。

劣质食盐——有结块和反卤吸潮现象,有外来杂质。

(3)气味。感官评定食盐的气味时,约取样 20 g 于研钵中研碎后,立即嗅其气味。

良质食盐——无气味。

次质食盐——无气味或夹杂轻微的异味。

劣质食盐——有异臭或其他外来异味。

(4)滋味。感官评定食盐的滋味时,可取少量样品溶于 15～20 ℃蒸馏水中制成 5%的盐溶液,用玻璃棒蘸取少许尝试。

良质食盐——具有纯正的咸味。

次质食盐——有轻微的苦味。

劣质食盐——有苦味、涩味或其他异味。

9.12 蛋类及其制品感官评定

9.12.1 鲜蛋质量的感官检验

鲜蛋的感官检验分为蛋壳检验和打开检验。蛋壳检验包括眼看、手摸、耳听、鼻嗅等方法,也可借助于灯光透视进行检验。打开检验是将鲜蛋打开,观察其内容物的颜色、稠度性状、有无血液、胚胎是否发育、有无异味和臭味等。蛋制品的感官检验指标主要是色泽、外观形态、气味和滋味等。同时应注意杂质、异味、霉变、生虫和包装等情况,以及是否具有蛋品本身固有的气味或滋味。

(1)蛋壳的感官评定

1)眼看。用眼睛观察蛋的外观形状、色泽、清洁程度等。

良质鲜蛋——蛋壳清洁、完整、无光泽,壳上有一层白霜,色泽鲜明。

次质鲜蛋——蛋壳有裂纹、硌窝现象,蛋壳破损、蛋清外溢或壳外有轻度霉斑等。

二类次质鲜蛋——蛋壳发暗,壳表破碎且破口较大,蛋清大部分流出。

劣质鲜蛋——蛋壳表面的粉霜脱落,壳色油亮,呈乌灰色或暗黑色,有油样浸出,有较多或较大的霉斑。

2)手摸。用手摸蛋的表面是否粗糙,掂量蛋的轻重,把蛋放在手掌心上翻转等。

良质鲜蛋——蛋壳粗糙,重(质)量适当。

次质鲜蛋——蛋壳有裂纹、硌窝或破损,手摸有光滑感。

二类次质鲜蛋——蛋壳破碎、蛋白流出。手掂重(质)量轻,蛋拿在手掌上翻转时总是一面向下(贴壳蛋)。

劣质鲜蛋——手摸有光滑感,掂量时过轻或过重。

3)耳听。把蛋拿在手上,轻轻抖动使蛋与蛋相互碰击,细听其声;或是手握蛋摇动,听其声音。

良质鲜蛋——蛋与蛋相互碰击声音清脆,手握蛋摇动无声。

次质鲜蛋——蛋与蛋碰击发出哑声(裂纹蛋),手摇动时内容物有流动感。

劣质鲜蛋——蛋与蛋相互碰击发出嘎嘎声(孵化蛋)、空空声(水花蛋)。手握蛋摇动时内容物有晃荡声。

4)鼻嗅。用嘴向蛋壳上轻轻哈一口热气,然后用鼻子嗅其气味。

良质鲜蛋——有轻微的生石灰味。

次质鲜蛋——有轻微的生石灰味或轻度霉味。

劣质鲜蛋——有霉味、酸味、臭味等不良气体。

(2)鲜蛋的灯光透视评定。在市场上无暗室和照蛋设备时,可用手电筒围上暗色纸筒(照蛋端直径稍小于蛋)进行检验。如有阳光也可以用纸筒对着阳光直接观察。

良质鲜蛋——气室直径小于11 mm,整个蛋呈微红色,蛋黄略见阴影或无阴影,且位于中央,不移动。蛋壳无裂纹。

一类次质鲜蛋——蛋壳有裂纹,蛋黄部呈现鲜红色小血圈。

二类次质鲜蛋——透视时可见蛋黄上呈现血环,环中及边缘呈现少许血丝,蛋黄透光度增强而蛋黄周围有阴影。气室大于11 mm,蛋壳某一部位呈绿色或黑色。蛋黄部完整,散如云状,蛋壳膜内壁有劣、白混杂不清,呈均匀灰黄色。蛋全部霉点,蛋内有活动的阴影。

劣质鲜蛋——透视时黄、白混杂不清,呈均匀灰黄色。蛋全部或大部不透光,呈灰黑色,蛋壳及内部均有黑色或粉红色斑点。蛋壳某一部分呈黑色且占蛋黄面积的1/2以上,有圆形黑影(胚胎)。

(3)鲜蛋打开评定。将鲜蛋打开,将其内容物置于玻璃平皿或瓷碟上,观察蛋黄与蛋清的颜色、稠度、性状,有无血液,胚胎是否发育,有无异味等。

1)颜色。

良质鲜蛋——蛋黄、蛋清色泽分明,无异常颜色。

一类次质鲜蛋——颜色正常,蛋黄有圆形或网状血红色;蛋清颜色发绿,其他部分正常。

二类次质鲜蛋——蛋黄颜色变浅,色泽分布不均匀,有较大的环状或网状血红色,蛋壳内壁有黄中带黑的粘连痕迹或霉点,蛋清与蛋黄混杂。

劣质鲜蛋——蛋内液态流体呈灰黄色、灰绿色或暗黄色,内杂有黑色霉斑。

2)性状。

良质鲜蛋——蛋黄呈圆形凸起而完整,并带有韧性。蛋清浓厚、稀稠分明,系带粗白且有韧性,并紧贴蛋黄的两端。

一类次质鲜蛋——性状正常或蛋黄呈红色的小血圈或网状血丝。

二类次质鲜蛋——蛋黄扩大、扁平,蛋黄膜增厚发白,蛋黄中呈现大血环,环中或周围可见少许血丝。蛋清变得稀薄,蛋壳内壁有蛋黄的粘连痕迹,蛋清与蛋黄相混杂(蛋无异味)。

劣质鲜蛋——蛋清和蛋黄全部变得稀薄混浊,蛋膜和蛋液中都有霉斑或蛋清呈胶冻样霉变,胚胎形成长大。

3)气味。

良质鲜蛋——具有鲜蛋的正常气味,无异味。

次质鲜蛋——具有鲜蛋的正常气味,无异味。

劣质鲜蛋——有臭味、霉变味或其他不良气味。

(4)鲜蛋分级。鲜蛋按照下列规定分为三等三级。

1)按等别规定分为以下三等。

一等蛋——每个蛋重在 60 g 以上。

二等蛋——每个蛋重在 50 g 以上。

三等蛋——每个蛋重在 38 g 以上。

2)按级别规定分为以下三级。

一级蛋——蛋壳清洁、坚硬、完整,气室深度 0.5 cm 以上者,不得超过 10%,蛋白清明,质浓厚,胚胎无发育。

二级蛋——蛋壳尚清洁、坚硬、完整,气室深度 0.6 cm 以上者,不得超过 10%,蛋白略鲜明而质尚浓厚,蛋黄略显清明,但仍固定,胚胎无发育。

三级蛋——蛋壳污壳者不得超过 10%,气室深度 0.8 cm 的不得超过 25%,蛋白清明质稍稀薄,蛋黄显明而移动,胚胎微有发育。

9.12.2　皮蛋(松花蛋)质量的感官检验

皮蛋的外观评定主要是观察其外观是否完整,有无破损、霉斑等。也可用手掂动,感觉其弹性,或握蛋摇晃听其声音。

(1)皮蛋(松花蛋)外观评定。

良质皮蛋——外表泥状包料完整、无霉斑,包料剥掉后蛋壳亦完整无损,去掉包料后用手抛起约30 cm高自然落于手中有弹性感,摇晃时无动荡声。

次质皮蛋——外观无明显变化或裂纹,抛动实验弹动感差。

劣质皮蛋——包料破损不全或发霉,剥去包料后,蛋壳有斑点或破、漏现象,有的内容物已被污染,摇晃后有水荡声或感觉轻飘。

(2)皮蛋(松花蛋)灯光透视评定。将皮蛋去掉包料后按照鲜蛋的灯光透照法进行评定,观察蛋内颜色、凝固状态、气室大小等。

良质皮蛋——呈玳瑁色,蛋内容物凝固不动。

次质皮蛋——蛋内容物凝固不动,或有部分蛋清呈水样,或气室较大。

劣质皮蛋——蛋内容物不凝固,呈水样,气室很大。

(3)皮蛋(松花蛋)打开评定。将皮蛋剥去包料和蛋壳,观察内容物性状及品尝其滋味。

1)组织状态评定。

良质皮蛋——整个蛋凝固、不粘壳、清洁而有弹性,呈半透明的棕黄色,有松花样纹理,将蛋纵剖可见蛋黄呈浅褐色或浅黄色,中心较稀。

次质皮蛋——内容物或凝固不完全,或少量液化贴壳,或僵硬收缩,蛋清色泽暗淡,蛋黄呈墨绿色。

劣质皮蛋——蛋清黏滑,蛋黄呈灰色糊状,严重者大部或全部液化呈黑色。

2)气味与滋味评定。

良质皮蛋——芳香,无辛辣气。

次质皮蛋——有辛辣气味或橡皮样味道。

劣质皮蛋——有刺鼻恶臭或有霉味。

思考与练习

1.鲜鱼感官评定的方法有哪些?

2.青虾感官评定的方法有哪些?

3.干海参感官评定的方法有哪些?

4.海蜇头和海蜇皮感官评定的方法有哪些?

5.鱼糜感官评定的方法有哪些?

6.在超市选购酱油时应注意哪些问题?

7.在超市选购食醋时应注意哪些问题?

8.鲜蛋感官评定的方法有哪些?

9.皮蛋(松花蛋)感官评定的方法有哪些?

10.咸蛋感官评定的方法有哪些?

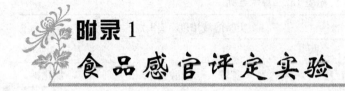

附录 1
食品感官评定实验

实验一　味觉敏感度测定

1　实验原理与目的

1.1　实验原理

酸、甜、苦、咸是人类的四种基本味觉,通过实验使学生掌握四种基本味酸、甜、苦、咸的代表性成分;学会感官评价实验的准备步骤与方法。实验方法是取四种标准物质味感物质按算术系列稀释,以浓度递增的顺序向评定员提供样品,品尝后记录味感。

1.2　实验目的

通过本实验掌握四种基本味的识别;认识四种基本味的代表性成分;本法也可适用于评定员味觉敏感度的测定,用作选择及培训评定员的初始实验,测定评定员对四种基本味道的识别能力。

2　试剂(样品)及设备

2.1　实验试剂

水:无色、无味、无臭、无泡沫,中性,纯度接近于蒸馏水,对实验结果无影响。

四种味感物质储备液:按附表 1.1 规定制备。

附表 1.1　四种味感物质配制表[①]

基本味道	参比物质	浓度/(g/L)
酸	DL 酒石酸(结晶)$M^{①}=150.1$	2
	柠檬酸(一水化合物结晶)$M=210.1$	1
甜	蔗糖 $M=342.3$	32
苦	盐酸奎宁(二水化合物)$M=196.9$	0.02
	咖啡因(一水化合物结晶)$M=212.12$	0.20
咸	无水氯化钠 $M=58.46$	6

注:①M 为物质的分子量;酒石酸和蔗糖溶液在实验前几个小时配制;试剂均为分析纯

四种味感物质的稀释溶液:用上述储备液按附表1.2制备算术系列的稀释溶液。算术系列稀释方法浓度间差异较小,用于味觉敏感度的精确测定。

附表1.2 算术系列

稀释液	成分		实验溶液浓度/(g/L)					
	储备液/mL	水	酸		甜	苦		咸
			酒石酸	柠檬酸	蔗糖	盐酸奎宁	咖啡因	氯化钠
A9	250		0.50	0.25	8.0	0.005 0	0.05	1.50
A8	225		0.45	0.225	7.2	0.004 5	0.045	1.35
A7	200		0.40	0.200	6.4	0.004 0	0.040	1.20
A6	175		0.35	0.175	5.6	0.003 5	0.035	1.05
A5	150	稀释至 1 000 mL	0.30	0.150	4.8	0.003 0	0.030	0.90
A4	125		0.25	0.125	4.0	0.002 5	0.025	0.75
A3	100		0.20	0.100	3.2	0.002 0	0.020	0.60
A2	75		0.15	0.075	2.4	0.001 5	0.015	0.45
A1	50		0.1	0.050	1.6	0.001 0	0.010	0.30

2.2 实验器具

容量瓶、量筒、足量玻璃容器(玻璃杯)等。

3 实验步骤

把稀释好的溶液分别放置在9个已编号的容器内,每种味道的溶液分置于1~3个容器中,另有一容器盛水。评定员按随机提供的顺序分别取约15 mL溶液,品尝后,按附表1.3填写。

附表1.3 (实例)四种基本味测定纪录(按算数系列稀释)

姓名: 　　　　班级:
学号: 　　　　时间: 　　年　　月　　日

容器编号	未知	酸味	苦味	咸味	甜味	水
	×					
				×		
		×				
					×	
						×
		×				
			×			
					×	
			×			
	×					

4　结果分析

根据评定员的品评结果,统计该评定员的基本味识别准确情况。

5　注意事项

(1)要求评定员细心品尝每种溶液,如果溶液不咽下,需含在口中停留一段时间。每次品尝后,用水漱口,如果是再次品尝另一种味液,需等待 1 min 后再品尝。

(2)实验期间样品和水温尽量保持在 20 ℃左右。

(3)实验样品的组合,可以是同一浓度系列的不同味液样品,也可以是不同浓度系列的同一味感样品或 2~3 种不同味感样品,每批样品数一致(如均为 7 个)。

(4)样品编号以随机数编号,无论以哪种组合,都应使各种浓度的实验溶液都被品评过,浓度顺序应为以稀释逐步到高浓度。

(5)学生实验前应保持良好的生理状态和心理状态。

6　思考题

(1)味觉的四种基本味是什么? 四种基本味的代表成分是哪个物质?

(2)在样品品尝时,应如何品尝才是正确的? 为什么要求不立即咽下,主要是原因什么?

(3)在样品准备和品尝样品时,为什么样品编号应随机数编号?

实验二　嗅觉辨别实验

1　实验原理与目的

1.1　实验原理

嗅觉属于化学感觉,是辨别各种气味的感觉。嗅觉的感受器位于鼻腔最上端的嗅上皮内,嗅觉的感受物质必须具有挥发性和可溶性的特点。嗅觉的个体差异很大,有嗅觉敏锐者和迟钝者。嗅觉敏锐者也并非对所有气味都敏锐,因不同气味而异,且易受身体状况和生理的影响。

1.2　实验目的

通过实验练习嗅觉评定的方法,并初步检测评定员对不同气味的辨别能力以及对所嗅气体进行简单描述的能力。

本实验可作为候选评定员的初选及培训评定员的初始实验。

2　试剂(样品)及设备

2.1　实验用品

8 种使用香精(不同班级种类不同,请写出名称)。挑选不同香型的香精用无色溶剂稀释配制成1%的溶液,置于瓶内。另准备一个稀释用的溶剂作对照样品。

2.2   实验器具

烧杯、量筒、9个磨口棕色瓶、棉球等。

3   实验步骤

3.1   基础测试

挑选不同香型的香精样品,以随机数编码,让每个评定员得到4个样品,其中有两个相同,一个不同,外加一个对照样品。

打开样品小瓶子(避免观察样品的状态和颜色等情况,否则会给予你提示),使鼻子接近瓶口(不应该靠太近),吹气,辨别逸出的气味,并将气味描述和气味辨别结果记录在附表2.1中,如果不能够写出食品名称,也请尽可能对气味进行描述,例如柠檬为水果味、香兰素为芳香味。评定员应有100%的选择正确率。

附表2.1   嗅觉基础测试实验记录

顺序	样品号	气味描述	气味辨别物	备注(与标准对照结果)
1				
2				
3				
4				

3.2   辨香测试

挑选8个不同香型的香精,适当稀释至相同香气强度,分装入干净棕色瓶中,贴上标签名称,让评定员充分辨别并熟悉它们的香气特征。

3.3   等级测试

将上述辨香实验的8个香精分别制成两份样品,其中一份写明香精名称,另一份只写编号,让评定员对16瓶样品进行分辨评香,并填写附表2.2。

附表2.2   嗅觉等级测试记录

顺序	1	2	3	4	5	6	7	8
表明香精名称的样品号码								
你认为香型相同的样品编号								

3.4 配对实验

在评定员经过辨香实验熟悉了评价样品后,任取上述香精中5个不同香型的香精分别稀释制备成外观完全一致的两份样品,分别写明随机数码编号。让评定员对10个样品进行配对实验,将你认为二者相同的香精编号填入附表2.3,并简单描述香气特征。

附表2.3 嗅觉配对实验记录

香气特征	
相同两种香精编号	

4 结果分析

参加基础测试的评定员最好有100%的选择正确率,如经过几次重复还不能觉察出差别,则不能入选评定员。

等级测试中可用评分法对评定员进行初评。总分为100分,答对一个香型得10分。30分以下为不合格,30～70分为一般评香员,70～100分为优选评香员。

5 注意事项

(1)辨别气味时,吸入过度和吸气次数过多都会引起嗅觉疲劳。

(2)等级测试的目的是学会辨别气味的方法,并非要求每次实验结果都准确无误。

6 思考题

(1)影响嗅觉的因素都有哪些?

(2)范式实验的一般步骤有哪些?

实验三 基本味的阈值实验

1 实验原理与目的

1.1 实验原理

将配制好的不同浓度的四种基本味溶液编码,分组送给评定员,由评定员细心品尝每一个样品后,写出此样品对应的四种基本味之一。将样品全部品尝完毕后,由组织者统计出全部参与品评者的四种基本味阈值。

1.2 实验目的

利用本实验测定品评人员对四种基本味的识别能力及阈值,观察品评人员的味觉灵敏度。

2 试剂(样品)及设备

2.1 实验试剂

水:无色、无味、无臭、无泡沫,中性,纯度接近于蒸馏水,对实验结果无影响。

四种味感物质储备液由附表1.1制得。

四种味感物质的稀释溶液:用上述储备液按附表3.1制备几何系列稀释溶液,稀释比率为2。

附表3.1 几何系列

稀释液	成分		实验溶液浓度/(g/L)					
	储备液/mL	水	酸		甜	苦		咸
			酒石酸	柠檬酸	蔗糖	盐酸奎宁	咖啡因	氯化钠
G6	500	稀释至1 000 mL	1	0.5	16	0.01	0.1	3
G5	250		0.5	0.25	8	0.005	0.05	1.5
G4	125		0.25	0.125	4	0.002 5	0.025	0.75
G3	62		0.12	0.062	2	0.001 2	0.012	0.37
G2	31		0.06	0.031	1	0.000 6	0.006	0.18
G1	16		0.03	0.05	0.5	0.000 3	0.003	0.09

2.2 实验器具

容量瓶、足量玻璃容器(玻璃杯)。

3 实验步骤

实验溶液按要求逐级稀释,样品间可随机插入相同浓度的样品,溶液自清水开始依次从低浓度到高浓度逐一送交评定员,由评定员各取15 mL,品尝后按附表3.2填写。

附表3.2 四种基本味不同阈值的测定纪录(按系列稀释)

姓名:		班级:										
学号:		时间:		年	月	日						
容器顺序	水	1	2	3	4	5	6	7	8	9	10	11
容器编号												
记录												

4 结果分析

(1)根据评定员的品评结果,统计评定员的察觉阈和识别阈。具体填写实例可见附表3.3。

附表3.3 （实例）四种基本味不同阈值的测定纪录（按几何系列稀释）[①]

姓名：		班级：										
学号：		时间：	年	月	日							
容器顺序	水	1	2	3	4	5	6	7	8	9	10	11
容器编号		89	43	12	25	14	18	29	51	22	78	87
记录	○	○	○	×	××	××	×××	×××	×××	×××	×××	×××

注：①○无味；×察觉阈；××识别阈；×××识别不同浓度，随识别浓度递增,增加×数

（2）统计出每个人的四种基本味阈值并求平均阈值。

5 注意事项

（1）实验过程中保持安静,不互相讨论品尝结果。
（2）品尝后请漱口再品尝下一个样品。
（3）当品尝结果不能确定时,第一印象往往比较准确。
（4）全班同学的实验结果按四种基本味分别统计在四个表格内。

6 思考题

（1）什么是察觉阈、识别阈、差别阈值?
（2）低浓度情况下容易引起味感变化的现象是什么? 讨论其原因。

实验四 差别实验Ⅰ（二点实验法）

1 实验原理与目的

1.1 实验原理

二点实验法是差别类实验中的一种,它以随机的顺序同时提供两个样品,然后对其进行比较,确定两个样品在某一特定方面是否存在差异,如甜度、色度、易碎度等。此实验方法适用于快速判别两样品间的差别,但由于它只是在两个未知样品之间比较鉴别,因此对品尝者来说,除能够正确地感觉出差别外,另有50%猜出准确的概率,因而此方法应用时对样品的要求较高,限制了实际运用的范围。

1.2 实验目的

练习分辨样品的味道,学会差别实验的方法,通过对差别大小的判别,测试感官灵敏度。

2 试剂（样品）及设备

2.1 实验试剂

酒石酸母液:20 g/L。

蔗糖母液:500 g/L。

酒石酸试液 A 0.2 g/L,酒石酸试液 B 0.22 g/L,酒石酸试液 C 0.24 g/L。以 A、B 和 A、C 配对组成两组。

蔗糖试液 A 50 g/L,蔗糖试液 B 52.5 g/L,蔗糖试液 C 55 g/L。以 A、B 和 A、C 配对组成两组。

试液配制见附表4.1。

附表4.1　试液配制表

试液	酒石酸试液 A	酒石酸试液 B	酒石酸试液 C	蔗糖试液 A	蔗糖试液 B	蔗糖试液 C
母液用量/mL	5	5	5	50	50	50
加水量/mL	495	450	410	450	426	405

2.2　实验器具

托盘天平、容量瓶、玻璃棒、足量烧杯(玻璃杯)等。

3　实验步骤

(1)在每人面前成对放有几组配制好的试液,按顺序依次成对品尝试液。根据品尝时感官所感受到的情况,描述出成对样品间的差别。

(2)品尝样品前,先用清水漱口,然后含一口成对实验样品液中左边的样液并在口内做口腔运动(勿咽下),品尝后吐出,再含一口成对实验样品液中右边的样液并在口内做口腔运动。将所感受到的差别填入附表4.2中。

(3)如果一次品尝感觉不到差别或差别不明显,可按上述步骤再次品尝,但在不同成对样品品尝之间应有一短暂间隙。

(4)整理实验结果,先根据给出的标准答案,判别自己所得结果正确与否,而后把所有实验者的结果综合,计算最终结果。

4　结果分析

填写实验记录表(附表4.2)并讨论实验结果。

附表4.2　二点实验法记录表

姓名：　　　　　　　　　　　　　　　　　　　　　　　日期：

组号	1		2		3		…	6	
样品号	102	446	558	321	158	479	…	667	384
味觉									
程度									

5　注意事项

(1)将成对实验样品液的号码按左右分别填入相应位置,然后把你认为味道较强的试液的号码用笔圈上。

(2)在差别实验中,所谓差别阈是指被辨别出的最小浓度差。例如从分辨30%差别的样品开始(例如1%对1.3%的NaCl溶液),通过大量实验,最后确定10%作为差别阈值(例如1%对1.1%的NaCl溶液)。

(3)如果只是对味觉、嗅觉和风味进行分析,所提供的样品必须是有相同(或类似)的外表、形态、温度和数量等,否则会引起人们的偏爱。

6　思考题

(1)二点检验法的原理是什么?
(2)二点检验法在实际应用中为什么会受到限制?

实验五　差别实验Ⅱ(二-三点实验法)

1　实验原理与目的

1.1　实验原理

二-三点实验法也是差别实验中的一种方法。该方法是先提供给品尝者一个对照样品,接着提供两个被试样品,其中一个与对照样品相同,要求品尝者挑选出被试样品中与对照样品相同的试样。此法适用于辨别两个同类样品间是否存在感官上的差别,例如实际生产中的成品检验。

1.2　实验目的

让评定员通过对感官品质非常接近的两种食物进行检验评价,了解二-三检验的实施方法,同时通过对本组同学的检验结果进行统计处理,了解差别显著性分析评价方法。

2　试剂(样品)及设备

2.1　实验试剂

两种感官品质接近的两种食物样品甲和乙;漱口纯净水。

2.2　实验器具

一定数量的盛放样品器具和托盘,保证干燥清洁。

3　实验步骤

(1)样品制备。在一组已编号的样品杯中分别放入甲样品和乙样品,样品编号采用三位数编码,编码方式由主持人制定并记录。

将样品杯放入托盘中,其中每个托盘中先放入一种样品作为标样,然后分别放入A

和 B 样品各一杯。从整体上讲,两样品作为标样的概率要相同。此外,两样品在各排列位次上出现的频率相等。同时,在每个托盘中放入一个盛有纯净水的漱口杯。

(2)评定员品尝前先用清水漱口,对托盘内的样品进行品尝并填写问卷(附表 5.1),每个评定员进行两组实验。

附表 5.1   二–三点实验法记录表(一)

姓名:_____   产品:_____   日期:_____

对照样品 R	被试样品号

(3)实验结束后,将每个评定员评价结果当场判断对错,一组评定员将该组内的结果统计并进行差异显著性判断。

(4)根据填写的实验记录表记录实验结果(附表 5.2)。

附表 5.2   二–三点实验法记录表(二)

样品:_____   姓名:_____
温度:_____   日期:_____

实验指令:

在你面前有 3 个样品,其中用三位数编码的为待测样品,以 R 为标准样品。请从左往右依次品尝 2 个待测样品,指出两个样品之间的差异;再品尝 R 样品,指出哪个样品与标样一样。

差别大小(请选择以下合适的描述,在相应处打✓)   与样品一致的编码是
大中等小略有无   R = _____

4   结果分析

实验结束后根据标准答案判别自己所得答案正确数,而后把所有实验者的结果综合,计算最终结果并讨论样品间是否存在显著性差异。

5   注意事项

(1)该检验方法不适用于偏爱检验,也不适用于特性评价或感官差别程度检验。

(2)严格按同一方式(相同容器、相同检验设备、相同数量产品等)制备所有样品,不能使评定员从样品提供方式中对样品性质做出任何结论。同时在检验过程中样品温度保证相同,并记录下来。

（3）具体评价人数根据检验目的与所选择的显著水平来定。在5%或1%显著水平上最少需要7位评定员才能完成检验,而在0.1%显著水平上最少需要10位评定员。

6 思考题

二-三点检验法的检验技术有哪些? 二者有什么不同?

实验六 差别实验Ⅲ(三点实验法)

1 实验原理与目的

三点实验法是差别实验中最常用的方法。在感官评定中,三点实验法是一种专门的方法,可用于两种样品间的细微差异分析,也可用于挑选和培训品评员。

1.1 实验原理

同时提供3个编码样品,其中有两个样品相同,另一个不同。要求品评员从中挑选出不同于其他两样的样品。这种实验方法就叫作三点实验法。具体来讲,就是首先需要进行三次配对比较:A与B,B与C,A与C,然后指出两个样品之间是否为同一种样品。

1.2 实验目的

了解三点检验的实施方法;通过对本组实验结果进行统计处理,了解差别检验显著性分析评价方法。

2 试剂(样品)及设备

2.1 实验试剂

存在细微差异的两种待检样品A和B:A可口可乐,B百事可乐。

2.2 实验器具

足量味碟或一次性水杯,要求清洁、干燥。

3 实验步骤

3.1 样品制备

（1）查随机数表,先获取所需的三位随机数,每个样品准备3个编号,填入附表6.1中。

（2）制备足量的样品A和B:每3个检验样品为一组,按下述六种组合,即ABB、AAB、ABA、BAA、BBA、BAB,制备相应数量的样品组,并按照表中在容器上对应编好号。

附表6.1 样品准备工作表填写实例

班级: 组别:

姓名: 时间:

样品类型:可乐   实验类型:三点实验法

	样品代码	样品名称	样品编号
样品情况	A	百事可乐	124,812,954
	B	可口可乐	636,249,116
评定员号	代表类型		号码顺序
01	ABB		124,636,249
02	AAB		812,954,116
03	ABA		812,116,954
04	BAA		116,812,954
05	BBA		636,249,124
06	BAB		636,124,249
…			

3.2 品评检验

将按照准备表组合并标记好的样品连同问答表一起呈送给评定员。每个评定员每次得到一组3个样品,依次品评,并填好问答表(附表6.2)。在评价同一组3个被检样品时,评定员对每种被检样品可重复检验。

检验技术有下面两种,可任选一种。

(1)"强迫选择":即使评定员声明没有差异时,也要求评定员指出其中的一个样品与其他两个的差异。

(2)允许回答"无差异":当评定员不能鉴别差异时,允许回答"无差异"。

若要考虑检验结果的准确性时,应该使用"强迫选择"。

附表6.2 三点实验法记录表

样品:_____   姓名:_____

编号:_____   日期:_____

实验指令:

在你面前有3个带有编号的样品,其中有2个是一样的,另一个和其他两个不同。请从左往右依次品尝3个样品。然后在不同于其他两个样品的那个样品的编号上画圈。你可以多次品尝,但不能没有答案。

相同的2个样品编号是:_____

不同的1个样品编号是:_____

在某些情况下,检验负责人可以决定扩展三点检验,以提供一些附加的内容,见附表 6.3。例如,指明差异的特性,指明差异的强度或程度等。

附表 6.3　扩展的三点实验法记录表

样品:可乐	姓名:三点实验法
编号:＿＿＿＿　　日期:＿＿＿＿	

实验指令:

在你面前有 3 个带有编号的样品,其中有 2 个是一样的,另一个和其他两个不同。请从左往右依次品尝 3 个样品。然后在不同于其他两个样品的那个样品的编号上画圈。你可以多次品尝,但不能没有答案。

相同的 2 个样品编号是:＿＿＿＿＿＿＿＿＿＿

不同的 1 个样品编号是:＿＿＿＿＿＿＿＿＿＿

描述差别:

4　结果分析

统计每个实验员的实验结果,与样品准备工作表进行核对,统计正确答案数,再参考三点实验法检验表,确定样品间有无显著差异,并分别对本组结构结合本班结果进行分析。

正确答案数的统计方法如下:

(1)“强迫选择”:直接统计正确答案数。

(2)允许回答“无差异”:根据实验目的,可以按以下两种方式处理“无差异”答案。

1)忽略不计“无差异”答案数,即从评价小组的答案总数中减去这些数。

2)将此答案数各分一半给正确和错误的答案中。

5　注意事项

(1)实验过程中应以同一方式(相同设备、相同容器、相同数量产品和相同排列形式如三角形、直线等)制备各种检验样品组,避免评定员从样品提供的方式中对样品性质做出判断。

(2)任一样品组中,检验样品的温度应当保持一致,尽可能使提供的检验系列中所有其他样品组的温度也相同。

(3)盛装检验样品的容器应编号,一般是随机选取三位数。每次检验,编号应不同。

(4)检验时评定员数量最好为 6 的倍数以保证每组样品检验次数一致。当评定员的数目不足 6 的倍数时,可采取下述两种方式处理:①舍弃多余样品组;②为每个评定员提供 6 组样品做重复检验。

6　思考题

一家公司开发一种甜点时有两种增稠剂可供使用,其中增稠剂Ⅱ价格比增稠剂Ⅰ更低,公司想知道使用增稠剂Ⅱ是否可行。

假设有 18 名评定员参加实验,请设计出该实验的样品准备工作表和问答表。

假设 18 名评定员中分别有 10 人回答正确和 13 人回答正确,对结果进行分析并得出结论。

实验七 排序(列)实验

1 实验原理与目的

此实验方法可用于进行消费者可接受性检查及确定偏爱的顺序,选择产品,确定不同原料、加工、处理、包装和储藏等环节对产品感官特性的影响。

1.1 实验原理

比较数个样品,按指定特性的强度或程序排出一系列样品的方法称为排序(列)实验法。该实验法只排出样品的次序,不估计样品间差别的大小。

排序实验形式可以有以下几种。

(1)按某种特性(如甜度、咸味等)强度递增顺序。

(2)按质量顺序(如竞争食品的比较)。

(3)赫道尼克(Hedonic)顺序(如喜欢/不喜欢等)。

具体来讲,就是以均衡随机的顺序将样品呈送给品评员,要求品评员就指定指标将样品进行排序,计算序列和,然后利用 Friedman 检验法等对数据进行统计分析。其优点在于可以同时比较两个以上的样品,但样品品种较多或样品之间差别很小时,则难以进行。所以通常在样品需要为下一步的实验预筛或预分类的时候,可应用此方法。

排序(列)实验中的判断情况取决于鉴定者的感官分辨能力和有关食品方面的性质。

1.2 实验目的

了解排序检验法的基本方法和适用范围。学会采用排序检验法对系列样品的某一感官品质的强弱进行比较。同时学会对实验结果进行统计分析。

2 试剂(样品)及设备

2.1 实验试剂

含糖量为 2% 、3% 、4% 、5% 、6% 的豆浆,纯净水。

2.2 实验仪器

足量玻璃容器或一次性水杯,保鲜膜。

3 实验步骤

3.1 样品制备

查随机数表,先获取所需的三位随机数,每个样品每位评定员准备一个编号,填入附

表 7.1 中。提供 ABCDE 五种豆浆,这五种样品按照实验设计进行随机组合,从实验室样品中制备相应数量的样品组,并在容器上对应编好号。

附表 7.1 排序检验样品准备工作表

班级:	组别:		
姓名:	时间:		
样品类型:豆浆	实验类型:排序实验法		
	样品代码	样品名称	样品编号
	A	加糖6%	124,249,116,812,636
	B	加糖5%	954,901,758,732,436
样品情况	C	加糖4%	757,625,256,133,277
	D	加糖3%	393,465,528,573,621
	E	加糖2%	851,787,984,911,119
评定员号	代表类型	号码顺序	
01	BECAD	954,851,757,124,393	
02	ABDEC	249,901,465,787,625	
03	DAECB	528,116,984,256,758	
04	CDBEA	133,573,732,911,812	
05	BACDE	436,636,277,621,119	
06	CDABE	256,573,249,901,911	
07	ECABD	787,757,124,732,393	
08	DBEAC	621,901,851,249,625	

3.2 品评检验

将按照准备表组合并标记好的样品连同问答表一起呈送给评定员。每个评定员每次得到一组 5 个样品,依次品评,并填好问答表(附表 7.2)。在评价同一组 5 个被检样品时,评定员对每种被检样品可重复检验。

附表 7.2 排序实验法记录表

样品:	豆浆姓名:	排序检验法
编号:_____	日期:_____	

实验指令:
在你面前有 5 个带有编号的样品,按照样品的甜度进行排序,把最甜的样品号码写在左边的第一个位置,最不甜的样品号码写在右边位置(每空必须填一个号码)。

最甜　　　　　　　　　　　　　　　　　　　　　最不甜

4 结果分析

填写附表7.3。

附表7.3 评定员的排序结果

评定员序号	秩次				
	1	2	3	4	5
01					
02					
03					
04					
05					
06					
07					
08					

4.1 计算样品的秩和

用附表7.4计算样品的秩和。

附表7.4 秩和计算表

评价员	样品					秩和
	A	B	C	D	E	
1						15
2						15
3						15
4						15
5						15
6						15
7						15
8						15
秩和 R						120

4.2 Friedman 检验

（1）没有相同秩次时，用下式求出统计量 F：

$$F = 12(R_1^2 + R_2^2 + \cdots + R_p^2)/JP(P+1) - 3J(P+1)$$

式中：J——评定员数；

$\quad\quad$ P——样品（或产品）数；

$\quad\quad$ $R_1, R_2, \cdots, R_p$——每种样品的秩和。

查 Friedman 秩和检验近似临界值表，若计算出的 F 值大于或等于表中对应于 P、J、a 的临界值（$P=5$，$J=8$ 时，临界值为 13.28），则可以判定样品之间有显著性差异；若小于临界值，则可以判定样品之间没有显著差异。

(2)当评定员实在分不出某两种样品之间的差异时，可以允许将两种样品排为同一秩次，这时用 F' 代替 F

$$F' = \frac{F}{1 - E/[JP(P^2-1)]}$$

式中，$E = (n_1^3 - n_1) + (n_2^3 - n_2) + \cdots + (n_k^3 - n_k)$

其中，$n_1, n_2, \cdots, n_k$ 为出现相同秩次的样品数，若没有相同秩次，$n_k = 1$。

查 Friedman 秩和检验近似临界值表，若计算出的 F' 值大于或等于表中对应于 P、J、a 的临界值，则可以判定样品之间有显著性差异；相反则无显著性差异。

5　注意事项

(1)在实验中，尽量同时提供样品，评定员同时收到以均衡、随机顺序排列的样品。

(2)采用排序检验时，样品数量一般不多于 6 个，每个样品被检验的次数应相等。

(3)每组样品的数量应根据被检样品的性质和所选的实验设计来确定，并根据样品所归属的产品种类或采用的评价准则进行调整。如：优选评定员或专家最多一次只能评价 15 个风味较淡的样品，而普通消费者最多只能评价 3 个涩味的、辛辣的或高脂的样品。

6　思考题

(1)排序检验法的适用范围有哪些？

(2)排序法常用的统计检验方法都有哪些？

实验八　感官（风味）剖面检验

1　实验原理与目的

1.1　实验原理

产品的风味是由可识别的味觉和嗅觉特性以及不能单独识别特性的复合体两部分组成。本方法用可再现的方式描述和评估产品风味。鉴别形成产品综合印象的各种风味特性，评估其强度，从而建立一个描述产品风味的方法。

完成风味描述分析的方法分成两大类型，描述产品风味达到一致的称为一致方法，不需要一致的称为独立方法。本实验采用一致方法。

1.2 实验目的

掌握感官剖面检验的一般方法,通过实验使评定员掌握鉴别产品间差别的一定能力,还可用于培训和选拔评定员。

2 试剂(样品)及设备

2.1 实验试剂

市售某一品牌番茄沙司,漱口用纯净水。

2.2 实验器具

足够数量味碟,保证干燥、清洁。

3 实验步骤

(1)开始评定员单独工作,按感性认识记录特性特征,感觉顺序,强度、余味和滞留度。

(2)对每种特性特征进行强度(质量和持续时间)评价。特性特征强度用数字评估。

(3)对样品进行余味和滞留度的测定。

(4)对产品进行综合印象评估。

(5)当评定员测完剖面时,就开始讨论,由评价小组负责人收集各自的结果,讨论到小组意见达到一致为止。为了达到意见一致可推荐参比样或者评价小组要多次开会。

4 结果分析

将评价小组讨论的结果填入附表 8.1,或者绘制图式。

附表 8.1 番茄沙司风味剖面检验记录表

产品	
日期	
感觉顺序	强度(标度 A)
特性特征	
综合印象	

5 注意事项

(1)应对被选定的评定员进行培训,其目的是增强他们对产品风味特性强度的识别和鉴定能力,提高他们对术语的熟悉程度,从而保证结果的重复性。

(2)不管是用一致方法还是独立方法建立产品风味剖面,在正式小组成立之前,需有一个熟悉情况的阶段。此间召开一次或多次信息会议,以检验被研究的样品,介绍类似产品以便建立比较的办法。

(3)建立描述和检验样品的最好方法。

6　思考题

(1)本实验样品的什么品质在配方改变时会发生变化?

(2)感官剖面检验方法的检验程序有哪些?

(3)试用质地剖面检验法检验一种食品。

附录 2
统计分析相关参数表

f	α											
	0.995	0.99	0.975	0.95	0.90	0.75	0.25	0.10	0.05	0.025	0.01	0.005
1	—	—	0.001	0.004	0.016	0.102	1.323	2.706	3.841	5.024	6.635	7.879
2	0.010	0.020	0.051	0.103	0.211	0.575	2.773	4.605	5.991	7.378	9.210	10.579
3	0.072	0.115	0.216	0.352	0.584	1.213	4.108	6.251	7.815	9.348	11.345	12.838
4	0.207	0.297	0.484	0.711	1.064	1.923	5.385	7.779	9.488	11.143	13.277	14.860
5	0.412	0.554	0.831	1.145	1.610	2.675	6.626	9.236	11.071	12.833	15.086	16.750
6	0.676	0.872	1.237	1.635	2.204	3.455	7.779	10.645	12.592	14.449	16.812	18.548
7	0.989	1.239	1.690	2.167	2.833	4.255	9.037	12.017	14.067	16.013	18.475	20.278
8	1.344	1.646	2.180	2.733	3.490	5.071	10.219	13.362	15.507	17.535	20.090	21.955
9	0.735	2.088	2.700	3.325	4.168	5.899	11.389	14.684	16.919	19.023	21.666	23.589
10	2.156	2.588	3.247	3.940	4.856	6.737	12.549	15.987	18.307	20.483	23.209	25.188
11	2.603	3.053	3.816	4.575	5.578	7.584	13.701	17.275	19.675	21.920	24.725	26.757
12	3.074	3.571	4.404	5.226	6.304	8.438	14.845	18.549	21.026	23.337	26.217	28.299
13	3.565	4.107	5.009	5.892	7.042	9.233	15.984	19.812	22.362	24.736	27.688	29.819
14	4.075	4.660	5.629	6.571	7.790	10.165	17.117	21.064	23.685	26.119	29.141	31.319
15	4.601	5.229	6.262	7.231	8.547	11.037	18.245	22.307	24.996	27.488	30.578	32.801
16	5.142	5.812	6.908	7.962	9.312	12.212	19.369	23.542	26.296	28.845	32.000	34.267
17	5.679	6.408	7.564	8.672	10.085	12.792	20.489	24.769	27.587	30.191	33.409	35.718
18	6.256	7.015	8.231	9.390	10.865	13.675	21.605	25.989	28.869	31.526	34.805	37.156
19	6.844	7.633	8.907	10.117	11.651	14.562	22.718	27.204	30.114	32.852	36.191	38.582
20	7.434	8.260	9.591	10.851	12.443	15.452	23.828	28.412	31.410	34.170	37.566	39.997
21	8.034	8.897	10.283	11.591	13.240	16.344	24.935	29.615	32.671	35.479	38.932	41.401
22	8.634	9.542	10.982	12.338	14.848	17.240	26.039	30.813	33.924	36.781	40.289	42.796
23	9.260	10.193	11.689	13.091	15.659	18.137	27.141	32.007	35.172	38.076	41.638	44.181
24	9.885	10.593	12.401	13.848	16.473	19.037	28.241	33.196	36.415	39.364	42.980	45.559

续附表 1

f	α											
	0.995	0.99	0.975	0.95	0.90	0.75	0.25	0.10	0.05	0.025	0.01	0.005
25	10.520	11.524	13.120	14.611	17.292	19.939	29.339	34.382	37.652	40.646	44.314	46.928
26	11.160	12.198	13.844	15.379	18.114	20.843	30.435	35.365	38.885	41.923	45.642	48.290
27	11.808	12.879	14.573	16.151	18.114	21.749	31.528	36.741	40.113	43.194	46.963	49.645
28	12.461	13.555	15.308	16.928	18.939	22.657	32.602	37.916	41.337	44.461	48.278	50.933
29	13.121	14.257	16.047	17.708	19.768	23.567	33.711	39.081	42.557	45.722	49.588	52.336
30	13.787	14.954	16.791	18.493	20.599	24.478	34.800	40.256	43.773	46.979	50.892	53.672
31	14.458	15.655	17.539	19.281	21.434	25.890	35.887	41.422	44.985	48.232	52.191	55.003
32	15.134	16.362	18.291	20.072	22.271	26.304	36.973	42.585	46.194	49.480	53.486	56.328
33	15.815	17.047	19.047	20.867	23.110	27.219	38.058	43.745	47.400	50.725	54.776	57.648
34	16.501	17.789	19.806	21.664	23.952	28.136	39.141	44.903	48.602	51.966	56.061	58.964
35	17.682	18.509	20.569	22.465	24.797	29.054	40.223	46.059	49.802	53.203	57.342	60.275
36	17.887	19.233	21.336	23.269	25.643	29.973	41.304	47.212	50.998	54.437	58.619	61.581
37	18.586	19.950	22.106	24.075	25.492	30.893	42.383	48.363	52.192	55.668	59.892	62.883
38	19.289	20.691	22.878	24.884	27.343	31.815	43.462	49.513	53.384	56.896	61.162	64.181
39	19.996	21.426	23.654	25.695	28.196	32.737	44.539	50.660	54.572	58.120	62.428	65.476
40	20.707	22.164	24.433	26.509	29.051	33.660	45.616	51.805	55.758	59.342	63.691	66.766
41	21.421	22.906	25.215	27.326	29.907	34.585	46.692	52.949	56.942	60.561	64.950	68.053
42	22.138	23.650	25.999	28.144	30.765	35.510	47.766	54.090	58.124	61.777	66.206	69.336
43	22.859	24.398	26.785	28.965	31.625	36.436	48.840	55.230	59.304	62.990	67.459	70.615
44	23.584	25.148	27.575	29.787	32.487	37.363	49.913	56.369	60.481	64.201	68.710	71.893
45	24.311	25.901	28.366	31.612	33.350	38.291	50.985	57.505	61.656	65.410	69.957	73.166
46	25.041	26.557	29.160	31.439	34.215	3.220	52.056	58.641	62.830	66.617	71.201	74.437
47	25.775	27.416	29.956	32.268	35.081	40.149	53.127	59.774	64.001	67.821	72.443	75.704
48	26.511	28.177	30.755	33.098	35.949	41.079	54.196	60.907	65.171	69.023	73.683	76.969
49	27.249	28.941	31.555	33.930	36.818	42.010	55.265	62.038	66.339	70.222	74.919	78.231
50	27.991	29.707	32.357	34.764	37.689	42.942	56.334	63.167	67.505	71.420	76.154	79.490
51	28.735	30.475	33.162	35.600	38.560	43.874	57.401	64.295	68.669	72.616	77.386	80.747
52	29.481	31.246	33.968	36.437	39.433	44.808	58.468	65.422	69.832	73.810	78.616	82.001
53	30.230	32.018	34.776	37.276	40.303	45.741	59.534	66.548	70.993	75.002	79.843	83.253
54	30.981	32.793	35.586	38.166	41.183	46.676	60.600	67.673	72.153	76.192	81.069	84.502
55	31.735	33.570	36.398	38.958	42.060	47.610	61.665	68.769	73.311	77.380	82.292	85.749
56	32.490	34.350	37.212	39.801	42.937	48.546	62.729	69.919	74.468	78.567	83.513	86.994
57	33.248	35.131	38.027	40.646	43.816	49.482	63.793	71.040	75.624	79.752	84.733	88.236
58	34.008	35.913	38.844	41.492	44.696	50.419	64.857	72.160	76.778	80.936	85.950	89.477

续附表1

f	α											
	0.995	0.99	0.975	0.95	0.90	0.75	0.25	0.10	0.05	0.025	0.01	0.005
59	34.770	36.698	39.662	42.339	45.577	51.356	65.919	73.279	77.931	82.117	87.166	90.715
60	35.534	37.485	40.482	43.188	46.459	52.294	66.981	74.397	79.082	83.298	88.379	91.952
61	36.300	38.273	41.303	44.038	47.342	53.232	68.043	75.514	80.232	84.476	89.591	93.186
62	37.058	39.063	42.126	44.889	48.226	54.171	69.104	76.630	81.381	85.654	90.802	94.419
63	37.838	39.855	42.950	45.741	49.111	55.110	70.165	77.754	83.529	86.830	92.010	95.649
64	38.610	40.649	43.776	46.595	49.996	56.050	71.225	78.860	83.675	88.004	93.217	96.878
65	39.383	41.444	44.603	47.450	50.883	56.990	72.285	79.973	84.821	89.117	94.422	98.105
66	40.158	42.240	45.431	48.305	51.770	57.931	73.344	81.085	85.965	90.349	95.626	99.330
67	40.935	43.038	46.261	49.162	52.659	58.872	74.403	82.197	87.108	91.519	96.828	100.554
68	41.713	43.838	47.092	50.020	53.543	59.814	75.461	83.308	88.250	92.689	98.028	101.776
69	42.494	44.639	47.924	50.879	54.483	60.756	76.519	84.418	89.391	93.856	99.228	102.996
70	43.275	45.442	48.758	51.739	55.329	61.698	77.577	85.527	90.531	95.023	100.425	104.215
71	44.058	46.246	49.592	52.600	56.221	62.641	78.634	86.635	91.670	96.189	101.621	105.432
72	44.843	47.051	50.428	53.462	57.113	63.585	79.690	87.743	92.808	97.353	102.816	106.648
73	45.629	47.858	51.265	54.325	58.006	64.528	80.747	88.850	93.945	98.516	104.010	107.862
74	46.417	48.666	52.103	55.189	58.900	65.472	81.803	89.956	95.081	99.678	105.202	109.074
75	47.206	49.475	52.945	56.054	59.795	66.417	82.858	91.061	96.217	100.839	106.393	110.286
76	47.977	50.286	53.782	56.920	60.690	67.362	83.913	92.166	97.351	101.999	107.583	111.495
77	48.788	51.097	54.623	57.786	61.585	68.307	84.968	93.270	98.484	103.158	108.771	112.704
78	49.582	51.910	55.466	58.654	62.483	69.252	86.022	94.374	99.617	104.316	109.958	113.911
79	50.376	52.725	56.309	59.522	63.380	70.198	87.077	95.476	100.749	105.473	111.144	115.117
80	51.172	53.540	57.153	60.391	64.278	71.145	88.130	96.578	101.879	106.627	112.329	116.321
81	51.969	54.357	57.998	61.261	65.176	72.091	89.184	97.680	103.010	107.783	113.512	117.524
82	52.767	55.174	58.845	62.132	66.075	73.038	90.237	98.780	104.139	108.937	114.695	118.726
83	53.567	55.993	59.692	63.044	66.976	73.985	91.289	99.880	105.267	110.090	115.876	119.927
84	54.368	56.813	60.540	63.876	67.875	74.933	92.342	100.980	106.395	111.242	117.057	121.126
85	55.170	57.634	61.389	64.749	68.777	75.881	93.394	102.079	107.522	112.393	118.236	122.325
86	55.973	58.456	62.239	65.623	69.679	76.829	94.446	103.177	108.648	113.544	119.414	123.522
87	56.777	59.279	63.089	66.498	70.581	77.777	95.497	104.275	109.773	114.693	120.591	124.718
88	57.582	60.103	63.941	67.373	71.484	78.726	96.548	105.372	110.898	115.841	121.767	125.913
89	58.389	60.928	64.793	68.249	72.387	79.675	97.599	106.469	112.022	116.980	122.942	127.406
90	59.192	61.754	65.647	69.126	73.291	80.625	98.650	107.365	113.145	118.136	124.116	128.299

附表 2 t 分布表

自由度	α								
	0.500	0.400	0.200	0.100	0.050	0.025	0.010	0.005	0.001
1	1.000	1.376	3.078	6.314	12.706	25.425	63.657	—	—
2	0.815	1.061	1.886	2.920	4.303	6.205	9.925	14.089	31.598
3	0.785	0.978	1.638	2.363	3.182	4.176	5.841	7.453	12.941
4	0.777	0.941	1.533	2.132	2.776	3.495	4.604	5.598	8.610
5	0.727	0.920	1.476	2.015	2.571	3.163	4.032	4.773	6.859
6	0.718	0.906	1.440	1.943	2.417	2.989	3.707	4.317	5.959
7	0.711	0.896	1.415	1.895	2.385	2.841	3.489	4.029	5.405
8	0.706	0.889	1.397	1.860	2.306	2.752	3.335	3.832	5.041
9	0.703	0.883	1.383	1.833	2.262	2.685	3.250	3.630	4.781
10	0.700	0.879	1.372	1.812	2.226	2.634	3.169	3.581	4.587
11	0.697	0.876	1.363	1.795	2.201	2.593	3.106	3.497	4.437
12	0.695	0.873	1.356	1.782	2.179	2.590	3.055	3.428	4.318
13	0.694	0.870	1.350	1.771	2.160	2.533	3.012	3.372	4.221
14	0.692	0.868	1.345	1.761	2.145	2.510	2.977	3.326	4.140
15	0.691	0.866	1.341	1.753	2.131	2.490	2.947	3.286	4.073
16	0.690	0.865	1.337	1.746	2.120	2.473	2.921	3.252	4.015
17	0.689	0.863	1.333	1.740	2.110	2.459	2.898	3.222	3.965
18	0.688	0.862	1.330	1.734	2.101	2.445	2.878	3.197	3.922
19	0.688	0.861	1.328	1.728	2.093	2.433	2.861	3.174	3.883
20	0.687	0.860	1.325	1.725	2.086	2.423	2.845	3.153	3.850
21	0.686	0.859	1.323	1.717	2.080	2.414	2.831	3.135	3.789
22	0.686	0.858	1.321	1.717	2.074	2.406	2.819	3.119	3.782
23	0.685	0.858	1.319	1.714	2.069	2.393	2.807	3.104	3.767
24	0.685	0.857	1.313	1.711	2.064	2.391	2.799	3.090	3.745
25	0.684	0.856	1.315	1.706	2.060	2.385	2.787	3.078	3.725
26	0.684	0.856	1.315	1.706	2.055	2.379	2.779	3.067	3.707
27	0.684	0.855	1.314	1.703	2.052	2.373	2.771	3.056	3.690
28	0.683	0.855	1.313	1.701	2.048	2.368	2.763	3.047	3.674
29	0.683	0.854	1.311	1.696	2.045	2.364	2.756	3.038	3.659
30	0.683	0.854	1.310	1.691	2.042	2.360	2.750	3.030	3.646
35	0.682	0.852	1.306	1.690	2.030	2.342	2.724	2.996	3.591
40	0.681	0.851	1.303	1.684	2.201	2.329	2.704	2.971	3.551
45	0.680	0.850	1.301	1.680	2.014	2.319	2.690	2.952	3.520
50	0.680	0.849	1.299	1.676	2.008	2.310	2.678	2.937	3.496
55	0.679	0.849	1.297	1.673	2.004	2.304	2.669	2.925	3.476
60	0.679	0.849	1.296	1.671	2.000	2.229	2.660	2.915	3.460
70	0.678	0.847	1.294	1.667	1.994	2.290	2.648	2.899	3.435
80	0.678	0.847	1.293	1.665	1.989	2.284	2.638	2.887	3.416
90	0.678	0.846	1.291	1.662	1.986	2.278	2.631	2.878	3.402
100	0.677	0.846	1.290	1.661	1.982	2.276	2.625	2.871	3.390
120	0.677	0.845	1.289	1.658	1.980	2.270	2.617	2.860	3.373
∞	0.6745	0.8418	1.2816	1.6448	1.9800	2.2414	2.5758	2.8070	3.2905

附表3　F 分布表

$$P(F>F_{1-\alpha})=\alpha$$

$\alpha=0.005$

f_2	f_1									
	1	2	3	4	5	6	8	12	24	∞
1	16211	20000	21615	22500	23056	23437	23925	24426	24940	25465
2	198.5	199.0	199.2	199.2	199.3	199.3	199.4	199.4	199.5	199.5
3	55.55	49.80	47.47	46.19	45.39	44.84	44.13	43.39	42.62	41.83
4	31.33	26.28	24.26	23.15	22.46	21.97	21.35	20.70	20.03	19.32
5	22.78	18.31	16.53	15.56	14.94	14.51	13.96	13.38	12.78	12.14
6	18.63	14.45	12.92	12.03	11.46	11.07	10.57	10.03	9.47	8.88
7	16.24	12.40	10.88	10.05	9.52	9.16	8.68	8.18	7.65	7.08
8	14.69	11.04	9.60	8.81	8.30	7.95	7.50	7.01	6.50	5.95
9	13.61	10.11	8.72	7.96	7.47	7.13	6.69	6.23	5.73	5.19
10	12.83	9.43	8.08	7.34	6.87	6.54	6.12	5.66	5.17	4.64
11	12.23	8.91	7.60	6.88	6.42	6.10	5.68	5.24	4.76	4.23
12	11.75	8.51	7.23	6.52	6.07	5.76	5.35	4.91	4.43	3.90
13	11.37	8.19	6.93	6.23	5.79	5.48	5.08	4.64	4.17	3.65
14	11.06	7.92	6.68	6.00	5.56	5.26	4.86	4.43	3.96	3.44
15	10.08	7.70	6.48	5.80	5.37	5.07	4.67	4.25	3.79	3.26
16	10.58	7.51	6.30	5.64	5.21	4.91	4.52	4.10	3.64	3.11
17	10.38	7.35	6.16	5.50	5.07	4.78	4.39	3.97	3.51	2.98
18	10.22	7.21	6.03	5.37	4.96	4.66	4.28	3.86	3.40	2.87
19	10.07	7.09	5.92	5.27	4.85	4.56	4.18	3.76	3.31	2.78
20	9.94	6.99	5.82	5.17	4.76	4.47	4.09	3.68	3.22	2.69
21	9.83	6.89	5.73	5.09	4.68	4.39	4.01	3.60	3.15	2.61
22	9.73	6.81	5.65	5.02	4.61	4.32	3.94	3.54	3.08	2.55
23	9.63	6.73	5.58	4.95	4.54	4.26	3.88	3.47	3.02	2.48
24	9.55	6.66	5.52	4.89	4.49	4.20	3.83	3.42	2.97	2.43
25	9.48	6.60	5.46	4.84	4.43	4.15	3.78	3.37	2.92	2.38
26	9.41	6.54	5.41	4.79	4.38	4.10	3.73	3.33	2.87	2.33
27	9.34	6.49	5.36	4.74	4.34	4.06	3.69	3.28	2.83	2.29
28	9.28	6.44	5.32	4.70	4.30	4.02	3.65	3.25	2.79	2.25
29	9.23	6.40	5.28	4.66	4.26	3.98	3.61	3.21	2.76	2.21
30	9.18	6.35	5.24	4.62	4.23	3.95	3.58	3.18	2.73	2.18
40	8.83	6.07	4.98	4.37	3.99	3.71	3.35	2.95	2.50	1.93
60	8.49	5.79	4.73	4.14	3.76	3.49	3.13	2.74	2.29	1.69
120	8.18	5.54	4.50	3.92	3.55	3.28	2.93	2.54	2.09	1.43
∞	7.88	5.30	4.28	3.72	3.35	3.09	2.74	2.36	1.90	1.00

$\alpha = 0.01$

f_2	f_1									
	1	2	3	4	5	6	8	12	24	∞
1	4052	4999	5403	5625	5764	5859	59.81	6106	6234	6366
2	98.49	99.01	99.17	99.25	99.30	99.33	99.36	99.42	99.46	99.50
3	34.12	30.81	29.46	28.71	28.24	27.91	27.49	27.05	26.60	26.12
4	21.20	18.00	16.69	15.98	15.52	15.21	14.80	14.37	13.93	13.46
5	16.26	13.27	12.06	11.39	10.97	10.67	10.29	9.89	9.47	9.02
6	13.74	10.92	9.78	9.15	8.75	8.47	8.10	7.72	7.31	6.88
7	12.25	9.55	8.45	7.85	7.46	7.19	6.84	6.47	6.07	5.65
8	11.26	8.65	7.59	7.01	6.63	6.37	6.03	5.67	5.28	4.86
9	10.56	8.02	6.99	6.42	6.06	5.80	5.47	5.11	4.73	4.31
10	10.04	7.56	6.55	5.99	5.64	5.39	6.06	4.71	4.33	3.91
11	9.65	7.20	6.22	5.67	5.32	5.07	4.74	4.40	4.02	3.60
12	9.33	6.93	5.95	5.41	5.06	4.82	4.50	416	3.78	3.36
13	9.07	6.70	5.74	5.20	4.86	4.62	4.30	3.96	3.59	3.16
14	8.86	6.51	5.56	5.03	4.69	4.46	4.14	3.80	3.43	3.00
15	8.68	6.36	5.42	4.89	4.56	4.32	4.00	3.67	3.29	2.87
16	8.53	6.23	5.29	4.77	4.44	4.20	3.89	3.55	3.18	2.75
17	8.40	6.11	5.18	4.67	4.34	4.10	3.79	3.45	3.08	2.65
18	8.28	6.01	5.09	4.58	4.25	4.01	3.71	3.37	3.00	2.57
19	8.18	5.93	5.01	4.50	4.17	3.94	3.63	3.30	2.92	2.49
20	8.10	5.85	4.94	4.43	4.10	3.87	3.56	3.23	2.86	2.42
21	8.02	5.78	4.87	4.37	4.04	3.81	3.51	3.17	2.80	2.36
22	7.94	5.72	4.82	4.31	3.99	3.76	3.45	4.12	2.75	2.31
23	7.88	5.66	4.76	4.26	3.94	3.71	3.41	3.07	2.70	2.26
24	7.82	5.61	4.72	4.22	3.90	3.67	3.36	3.03	2.66	2.21
25	7.77	5.57	4.68	4.18	3.85	3.63	3.32	2.99	2.62	2.17
26	7.72	5.53	4.64	4.14	3.82	3.59	3.29	2.96	2.58	2.13
27	7.68	5.49	4.60	4.11	3.78	3.56	3.26	2.93	2.55	2.10
28	7.64	5.45	4.57	4.07	3.75	3.53	3.23	2.90	2.52	2.06
29	7.60	5.42	4.54	4.04	3.73	3.50	3.20	2.87	2.49	2.03
30	7.56	5.39	4.51	4.02	3.70	3.47	3.17	2.84	2.47	2.01
40	7.31	5.18	4.31	3.83	3.51	3.29	2.99	2.66	2.29	1.80
60	7.08	4.98	4.13	3.65	3.34	3.12	2.82	2.50	2.12	1.60
120	6.85	4.79	3.95	3.48	3.17	2.96	2.66	2.34	1.95	1.38
∞	6.64	4.60	3.78	3.32	3.02	2.80	2.51	2.18	1.79	1.00

$\alpha = 0.025$

f_2	f_1									
	1	2	3	4	5	6	8	12	24	∞
1	647.8	799.5	864.2	899.6	921.8	937.1	956.7	976.7	997.2	1018
2	38.51	39.00	39.17	39.25	39.30	39.33	39.37	39.41	39.46	39.50
3	17.44	16.04	15.44	15.10	14.88	14.73	14.54	14.34	14.12	13.90
4	12.22	10.65	9.98	9.60	9.36	9.20	8.98	8.75	8.51	8.26
5	10.01	8.43	7.76	7.39	7.15	6.98	6.76	6.52	6.28	6.02
6	8.81	7.26	6.60	6.23	5.99	5.82	5.60	5.37	5.12	4.85
7	8.07	6.54	5.89	5.52	5.29	5.12	4.90	4.67	4.42	4.14
8	7.57	6.06	5.42	5.05	4.82	4.65	4.43	4.20	3.95	3.67
9	7.21	5.71	5.08	4.72	4.48	4.32	4.10	3.87	3.61	3.33
10	6.94	5.46	4.83	4.47	4.24	4.07	3.85	3.62	3.37	3.08
11	6.72	5.26	4.63	4.28	4.04	3.88	3.66	3.43	3.17	2.88
12	6.55	5.10	4.47	4.12	3.89	3.73	3.51	3.28	3.02	2.72
13	6.41	4.97	4.35	4.00	3.77	3.60	3.39	3.15	2.89	2.60
14	6.30	4.86	4.24	3.89	3.66	3.50	3.29	3.05	2.79	2.49
15	6.20	4.77	4.15	3.80	3.58	3.41	3.20	2.96	2.70	2.40
16	6.12	4.69	4.08	3.73	3.50	3.34	3.12	2.89	2.63	2.32
17	6.04	4.62	4.01	3.66	3.44	3.28	3.06	2.82	2.56	2.25
18	5.98	4.56	3.95	3.61	3.38	3.22	3.01	2.77	2.50	2.19
19	5.92	4.51	3.90	3.56	3.33	3.17	2.96	2.72	2.45	2.13
20	5.87	4.46	3.86	3.51	3.29	3.13	2.91	2.68	2.41	2.09
21	5.83	4.42	3.82	3.48	3.25	3.09	2.87	2.64	2.37	2.04
22	5.79	4.38	3.78	3.44	3.22	3.05	2.84	2.60	2.33	2.00
23	5.75	4.35	3.75	3.41	3.18	3.02	2.81	2.57	2.30	1.97
24	5.72	4.32	3.72	3.38	3.15	2.99	2.78	2.54	2.27	1.94
25	5.69	4.29	3.69	3.35	3.13	2.97	2.75	2.51	2.24	1.91
26	5.66	4.27	3.67	3.33	3.10	2.94	2.73	2.49	2.22	1.88
27	5.63	4.24	3.65	3.31	3.08	2.92	2.71	2.47	2.19	1.85
28	5.61	4.22	3.63	3.29	3.06	2.90	2.69	2.45	2.17	1.83
29	5.59	4.20	3.61	3.27	3.04	2.88	2.67	2.43	2.15	1.81
30	5.57	4.18	3.59	3.25	3.03	2.87	2.65	2.41	2.14	1.79
40	5.42	4.05	3.46	3.13	2.90	2.74	2.53	2.29	2.01	1.64
60	5.29	3.93	3.34	3.01	2.79	2.63	2.41	2.17	1.88	1.48
120	5.15	3.80	3.23	2.89	2.67	2.62	2.30	2.05	1.76	1.31
∞	5.02	3.69	3.12	2.79	2.57	2.41	2.19	1.94	1.64	1.00

α = 0.05

f_2	f_1									
	1	2	3	4	5	6	8	12	24	∞
1	161.4	199.5	215.7	224.6	230.2	234.0	238.9	243.9	249.0	254.3
2	18.51	19.00	19.16	19.25	19.30	19.33	19.37	19.41	19.45	19.50
3	10.13	9.55	9.28	9.12	9.01	8.94	8.84	8.74	8.64	8.53
4	7.71	6.94	6.59	6.39	6.26	6.16	6.04	5.91	5.77	5.63
5	6.61	5.79	5.41	5.19	5.05	4.95	4.82	4.68	4.53	4.36
6	5.99	5.14	4.76	4.53	4.39	4.28	4.15	4.00	3.84	3.67
7	5.59	4.74	4.35	4.12	3.97	3.87	3.73	3.57	3.41	3.23
8	5.32	4.46	4.07	3.84	3.69	3.58	3.44	3.28	3.12	2.93
9	5.12	4.26	3.86	3.63	3.48	3.37	3.23	3.07	2.90	2.71
10	4.96	4.10	3.71	3.48	3.33	3.22	3.07	2.91	2.74	2.54
11	4.84	3.98	3.59	3.36	3.20	3.09	2.95	2.79	2.61	2.40
12	4.75	3.88	3.49	3.26	3.11	3.00	2.85	2.69	2.50	2.30
13	4.67	3.80	3.41	3.18	3.02	2.92	2.77	2.60	2.42	2.21
14	4.60	3.74	3.34	3.11	2.96	2.85	2.70	2.53	2.35	2.13
15	4.54	3.68	3.29	3.06	2.90	2.79	2.64	2.48	2.29	2.07
16	4.49	3.63	3.24	3.01	2.85	2.74	2.59	2.42	2.24	2.01
17	4.45	3.59	3.20	2.96	2.81	2.70	2.55	2.38	2.19	1.96
18	4.41	3.55	3.16	2.93	2.77	2.66	2.51	2.34	2.15	1.92
19	4.38	3.52	3.13	2.90	2.74	2.63	2.48	2.31	2.11	1.88
20	4.35	3.49	3.10	2.87	2.71	2.60	2.45	2.28	2.08	1.84
21	4.32	3.47	3.07	2.84	2.68	2.57	2.42	2.25	2.05	1.81
22	4.30	3.44	3.05	2.82	2.66	2.55	2.40	2.23	2.03	1.78
23	4.28	3.42	3.03	2.80	2.64	2.53	2.38	2.20	2.00	1.76
24	4.26	3.40	3.01	2.78	2.62	2.51	2.36	2.18	1.98	1.73
25	4.24	3.38	2.99	2.76	2.60	2.49	2.34	2.16	1.96	1.71
26	4.22	3.37	2.98	2.74	2.59	2.47	2.32	2.15	1.95	1.69
27	4.21	3.35	2.96	2.73	2.57	2.46	2.30	2.13	1.93	1.67
28	4.20	3.34	2.95	2.71	2.56	2.44	2.29	2.12	1.91	1.65
29	4.18	3.33	2.93	2.70	2.54	2.43	2.28	2.10	1.90	1.64
30	4.17	3.32	2.92	2.69	2.53	2.42	2.27	2.09	1.89	1.62
40	4.08	3.23	2.84	2.61	2.45	2.34	2.18	2.00	1.79	1.51
60	4.00	3.15	2.76	2.52	2.37	2.25	2.10	1.92	1.70	1.39
120	3.92	3.07	2.68	2.45	2.29	2.17	2.02	1.83	1.61	1.25
∞	3.84	2.99	2.60	2.37	2.21	2.09	1.94	1.75	1.52	1.00

$\alpha = 0.10$

f_2	f_1									
	1	2	3	4	5	6	8	12	24	∞
1	39.86	49.50	53.59	55.83	57.24	58.20	59.44	60.71	62.00	63.33
2	8.53	9.00	9.16	9.24	9.29	9.33	9.37	9.41	9.45	9.49
3	5.54	5.46	5.36	5.32	5.31	5.28	5.25	5.22	5.18	5.13
4	4.54	4.32	4.19	4.11	4.05	4.01	3.95	3.90	3.83	3.76
5	4.06	3.78	3.62	3.52	3.45	3.40	3.34	3.27	3.19	3.10
6	3.78	3.46	3.29	3.18	3.11	3.05	2.98	2.90	2.82	2.72
7	3.59	3.26	3.07	2.96	2.88	2.83	2.75	2.67	2.58	2.47
8	3.46	3.11	2.92	2.81	2.73	2.67	2.59	2.50	2.40	2.29
9	3.36	3.01	2.81	2.69	2.61	2.55	2.47	2.38	2.28	2.16
10	3.29	2.92	2.73	2.61	2.52	2.46	2.38	2.28	2.18	2.06
11	3.23	2.86	2.66	2.54	2.45	2.39	2.30	2.21	2.10	1.97
12	3.18	2.81	2.61	2.48	2.39	2.33	2.24	2.15	2.04	1.90
13	3.14	2.76	2.56	2.43	2.35	2.28	2.20	2.10	1.98	1.85
14	3.10	2.73	2.52	2.39	2.31	2.24	2.15	2.05	1.94	1.80
15	3.07	2.70	2.49	2.36	2.27	2.21	2.12	2.02	1.90	1.76
16	3.05	2.67	2.46	2.33	2.24	2.18	2.09	1.99	1.87	1.72
17	3.03	2.64	2.44	2.31	2.22	2.15	2.06	1.96	1.84	1.69
18	3.01	2.62	2.42	2.29	2.20	2.13	2.04	1.93	1.81	1.66
19	2.99	2.61	2.40	2.27	2.18	2.11	2.02	1.91	1.79	1.63
20	2.97	2.59	2.38	2.25	2.16	2.09	2.00	1.89	1.77	1.61
21	2.96	2.57	2.36	2.23	2.14	2.08	1.98	1.87	1.75	1.59
22	2.95	2.56	2.35	2.22	2.13	2.06	1.97	1.86	1.73	1.57
23	2.94	2.55	2.34	2.21	2.11	2.05	1.95	1.84	1.72	1.55
24	2.93	2.54	2.33	2.19	2.10	2.04	1.94	1.83	1.70	1.53
25	2.92	2.53	2.32	2.18	2.09	2.02	1.93	1.82	1.69	1.52
26	2.91	2.52	2.31	2.17	2.08	2.01	1.92	1.81	1.68	1.50
27	2.90	2.51	2.30	2.17	2.07	2.00	1.91	1.80	1.67	1.49
28	2.89	2.50	2.29	2.16	2.06	2.00	1.90	1.79	1.66	1.48
29	2.89	2.50	2.28	2.15	2.06	1.99	1.89	1.78	1.65	1.47
30	2.88	2.49	2.28	2.14	2.05	1.98	1.88	1.77	1.64	1.46
40	2.84	2.44	2.23	2.09	2.00	1.93	1.83	1.71	1.57	1.38
60	2.79	2.39	2.18	2.04	1.95	1.87	1.77	1.66	1.51	1.29
120	2.75	2.35	2.13	1.99	1.90	1.82	1.72	1.60	1.45	1.19
∞	2.71	2.30	2.08	1.94	1.85	1.17	1.67	1.55	1.38	1.00

附表 4　三位随机数字表

742	648	278	258	797	755	155	619	551	787	473	505	734	439	817	680	474	270	179	187
996	897	791	183	770	370	974	932	954	254	576	351	232	747	177	586	552	415	352	415
726	520	915	872	843	569	188	131	400	315	764	674	876	109	394	645	215	714	212	321
946	262	700	129	138	659	779	565	369	416	693	502	704	136	225	154	814	917	154	873
812	520	350	274	962	988	361	433	112	167	355	242	615	803	669	587	388	866	498	377
791	619	447	131	458	221	624	574	600	690	692	872	403	571	864	941	799	880	409	129
504	564	624	534	292	436	543	645	911	925	616	256	575	123	805	244	698	594	247	186
719	368	109	276	647	362	676	560	229	502	527	501	601	543	728	995	563	591	155	412
710	830	961	305	920	192	612	795	925	524	368	672	503	295	395	532	935	933	642	744
532	939	238	625	303	382	581	843	626	460	339	407	361	987	409	309	415	282	869	699
976	404	862	859	221	452	674	207	443	195	510	295	896	840	748	813	913	515	712	931
402	941	226	995	533	163	847	814	426	199	416	298	236	648	249	513	344	102	492	132
675	826	751	139	683	509	824	994	359	234	819	185	396	361	799	310	123	679	570	450
569	209	187	353	939	263	717	249	278	778	145	334	646	343	796	441	694	478	635	614
175	255	412	822	329	138	390	392	962	175	340	560	354	238	697	897	476	473	306	301
843	479	843	136	368	341	714	921	440	432	532	621	837	579	529	840	632	720	365	289
674	923	697	364	739	617	469	499	793	251	681	528	364	523	135	869	407	481	727	993
838	917	187	608	134	421	487	233	917	455	329	841	827	244	607	733	901	684	617	654
136	174	394	145	932	882	690	685	994	243	425	227	942	470	485	421	552	885	517	337
999	202	683	809	545	503	767	482	268	661	582	370	462	755	358	888	276	851	697	581
159	246	150	983	279	324	934	192	871	847	380	612	302	472	370	180	964	617	915	410
841	246	658	338	262	519	806	582	882	681	731	621	622	926	462	472	794	862	799	426
409	995	580	568	850	908	494	787	587	372	670	737	503	610	358	222	243	880	983	419
526	722	608	444	388	406	215	786	445	386	774	830	566	395	203	594	612	699	480	500
307	432	528	224	161	690	580	825	163	771	372	150	272	373	462	412	768	762	993	716
762	612	207	937	377	328	778	781	173	445	310	505	641	254	873	465	482	628	666	701
397	725	351	138	904	307	547	536	328	512	165	961	325	195	958	259	561	660	549	580
641	587	846	981	233	781	341	730	322	759	481	689	242	403	863	278	446	445	577	481
557	283	937	476	584	839	613	668	325	491	699	122	506	254	110	217	767	245	808	950
700	477	486	960	186	227	398	458	843	857	908	382	822	647	860	192	284	435	687	667
314	470	795	697	994	502	340	154	296	946	343	981	297	526	391	394	400	813	174	992
779	340	513	649	694	980	142	790	676	885	959	424	640	621	291	972	915	238	376	946
255	897	749	989	694	979	722	874	122	616	698	544	368	324	550	837	714	297	867	948
356	494	320	373	664	184	311	269	943	304	884	524	944	345	755	462	594	550	199	596
669	813	885	225	792	641	567	754	387	291	904	907	397	108	150	476	985	494	229	236

参考文献

[1]赵晋府.食品技术原理[M].北京:中国轻工业出版社,2002.

[2]沈明浩,谢主兰.食品感官评定[M].郑州:郑州大学出版社,2017.

[3]张水华,孙军社,薛毅.食品感官评定[M].2版.广州:华南理工大学出版社,2005.

[4]吴谋成.食品分析与感官分析评定[M].北京:中国农业出版社,2002.

[5]罗阳,王锡昌,邓德文.近红外光谱技术及其在食品感官分析中的应用[J].食品科学,2009,30(07):273-276.

[6]生庆海,张爱霞,马蕊.乳与乳制品感官品评[M].北京:中国轻工业出版社,2009.

[7]王秀山.中国食品大典(开篇卷:民以食为天)[M].北京:中国城市出版社,2002.

[8]吕晓华.调味品的安全性评价[J].中国调味品,2010,3(35):22-27.

[9]彭亚锋,张文珠,薛峰,等.调味品中掺假检验技术研究进展[J].中国调味品,2009,12(34):30-32.

[10]周家春.食品感官分析基础[M].北京:中国计量出版社,2006.

[11]金明琴.食品分析[M].北京:化学工业出版社,2008.

[12]马永强,韩春然,刘静波.食品感官检验[M].北京:化学工业出版社,2005.

[13]张爱霞,陆淳,生庆海.感官分析技术在食品工业中的应用[J].中国乳品工业,2005,33(3):39-41.

[14]高昉.感官刺激对消费者行为作用研究的回顾与展望[J].品牌研究,2016(2):63-66.

[15]杜明松.感官鉴评在白酒生产中的作用[J].酿酒科技,2007,7(157):57-60.

[16]陈玉铭.食品感官分析技术在产品开发中的应用[J].食品研究与开发,2007,28(2):182-186.

[17]杨庆莹,谢克英,焦镭,等.食品感官分析综述[J].河南农业,2015(6):42-43.

[18]易敏英,李敏,李宪华.食品感官检验在食品卫生监督中的意义和作用[J].职业与健康,2009,8(25):872-873.

[19]赵镭,刘文,牛丽影.食品感官科学技术:发展的机遇和挑战[J].中国食品学报,2009,6(9):138-144.

[20]吕虹,张璇.五大结合法在《食品感官评定》课程中的应用[J].科技创新导报,2013(12):183.

[21]吴鸣.调味品感官品评与品评员的培训方法[J].中国酿造,2008(21):102-105.

[22]马蕊,张爱霞,生庆海.Friedman检验和Kramer检验在感官排序测试中的比较[J].中国乳品工业,2007,35(9):14-16.

[23]彭珍.感官分析的应用及其评定结果分析方法的研究进展[J].肉类研究,2010(12):68-71.

[24]程望斌,吴珍薇.葡萄酒感官评价结果的显著性检验方法研究[J].湖南理工学院学报,2013,26(2):16-19.